国家基本职业培训包（指南包　课程包）

焊　　工

（试行）

人力资源和社会保障部职业能力建设司编制

中国劳动社会保障出版社

图书在版编目(CIP)数据

焊工：试行/人力资源和社会保障部职业能力建设司编制. --北京：中国劳动社会保障出版社，2017

(国家基本职业培训包：指南包 课程包)

ISBN 978-7-5167-3330-1

Ⅰ.①焊… Ⅱ.①人… Ⅲ.①焊接-职业培训-教学参考资料 Ⅳ.①TG4

中国版本图书馆 CIP 数据核字(2017)第 286222 号

中国劳动社会保障出版社出版发行

(北京市惠新东街 1 号 邮政编码：100029)

*

北京谊兴印刷有限公司印刷装订 新华书店经销

880 毫米×1230 毫米 16 开本 20.5 印张 392 千字

2017 年 11 月第 1 版 2020 年 7 月第 2 次印刷

定价：60.00 元

读者服务部电话：(010) 64929211/84209101/64921644

营销中心电话：(010) 64962347

出版社网址：http://www.class.com.cn

编 制 说 明

为贯彻落实《中华人民共和国国民经济和社会发展第十三个五年规划纲要》提出的“实行国家基本职业培训包制度”的要求，按照《人力资源和社会保障部办公厅关于推进职业培训包工作的通知》(人社厅发〔2016〕162号)的部署安排，“十三五”期间，组织开发培训需求量大的100个左右国家基本职业培训包，指导开发100个左右地方(行业)特色职业培训包。到“十三五”末，力争全面建立国家基本职业培训包制度，普遍应用职业培训包开展各类职业培训。在征求各地培训需求的基础上，经调研论证，人力资源和社会保障部组织有关行业专家编制了首批中式烹调师等10个职业的国家基本职业培训包。

国家基本职业培训包是集培养目标、培训要求、培训内容、课程规范、考核大纲、教学资源等为一体的职业培训资源总合，是职业培训机构对劳动者开展政府补贴职业培训服务的工作规范和指南，对于加强职业培训规范化、科学化管理，促进职业培训与就业需求有效衔接，推行终身职业培训制度具有积极作用。

此次编制的中式烹调师等10个职业的国家基本职业培训包遵循《职业培训包开发技术规程(试行)》的要求，依据国家职业技能标准或企业岗位技术规范，结合新经济、新产业、新职业发展编制，力求客观反映现阶段本职业(工种)的技术水平、对从业人员的要求和职业培训教学规律。

《国家基本职业培训包(指南包　课程包)——焊工(试行)》是在各有关

专家的共同努力下完成的。参加编审的主要人员有汤日光、吴定国、林伟标、孙立文、裘红军、潘蛟亮、姜波、吴广、曲英良、平德纯、韩红芹、吴从跃、周陆军、杨培强、黄强、黄海、黄富、邱霞、黄煌、张贵、雷肖，在编制过程中得到了宁波技师学院、黑龙江技师学院、徐州工程机械技师学院、长治技师学院和广西工业技师学院等有关单位的大力支持，在此一并致谢。

国家基本职业培训包编审委员会

主　任　张立新

副主任　张　斌　王晓君　袁　芳　魏丽君

委　员　王　霄　项声闻　杨　奕　蔡　兵　陈　蕾

张　伟　赵　欢　吕红文

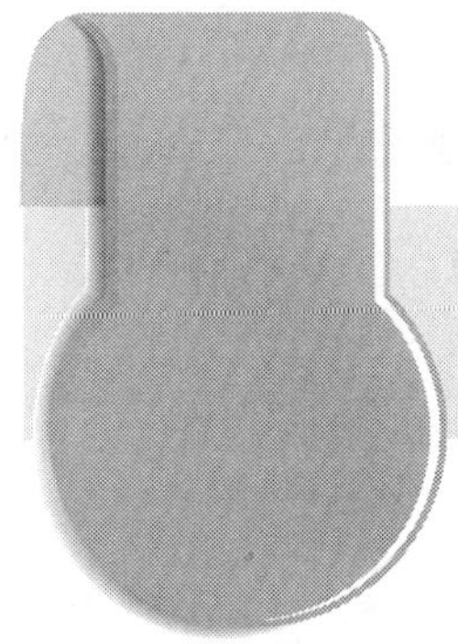

目录

1 指南包

2 课程包

1

指南包

1.1 职业培训包使用指南

1.1.1 职业培训包结构与内容

焊工职业培训包由指南包、课程包、资源包三个子包构成，结构如图1所示。

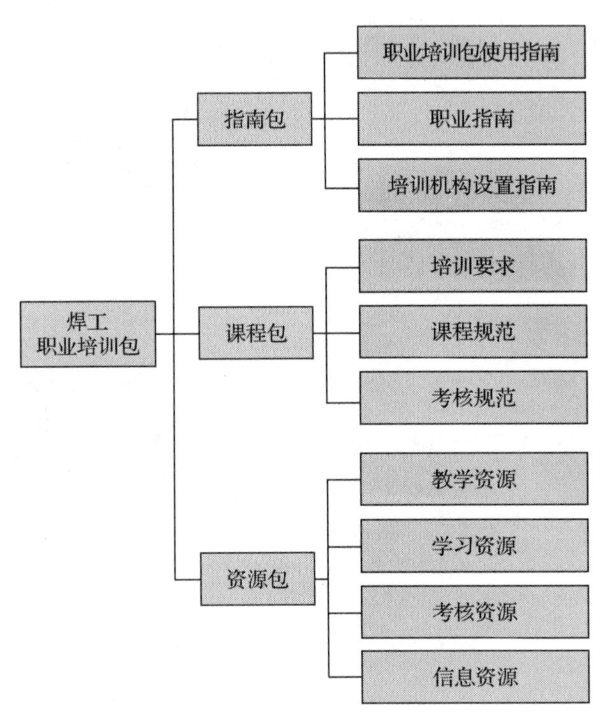

图1 职业培训包结构图

指南包是指导培训机构、培训教师与学员开展职业培训的服务性内容总合，包括职业培训包使用指南、职业指南和培训机构设置指南。职业培训包使用指南是培训教师与学员了解职业培训包内容、选择培训课程、使用培训资源的说明性文本；职业指南是对职业信息的概述；培训机构设置指南是对培训机构开展职业培训提出的具体要求。

课程包是培训机构与教师实施职业培训、培训学员接受职业培训必须遵守的规范总合，包括培训要求、课程规范、考核规范。培训要求是参照国家职业技能标准、结合职业岗位工作实际需求制定的职业培训规范；课程规范是依据培训要求、结合职业培训教学规律，对课程设置、培训学时、课程内容与培训方法等所做的统一规定；考核规范是针对课程规范中所规定的课程内容开发的，能够科学评价培训学员过程性学习效果与终结性培训成果的规则，是客观衡量培训学员职业基本素质与职业技能水平的标准，也是实施职业培训过程性与终结性考核的依据。

资源包是依据课程包要求，基于培训学员特征，遵循职业培训教学规律，应用先进职业培训课程理念，开发的多媒介、多形式的职业培训与考核资源总合，包括教学资源、学习资源、考核资源和信息资源。教学资源是为培训教师组织实施职业培训教学活动提供的相关资源；学习资源是为培训学员学习职业培训课程提供的相关资源；考核资源是为培训机构和教师实施职业培训考核提供的相关资源；信息资源是为培训教师和学员拓展视野提供的体现科技进步、职业发展的相关动态资源。

1.1.2 培训课程体系介绍

焊工职业培训课程体系依据职业技能等级分为职业基本素质培训课程、初级职业技能培训课程、中级职业技能培训课程、高级职业技能培训课程、技师职业技能培训课程和高级技师职业技能培训课程，每一类课程有模块、课程和学习单元三个层级。焊工职业培训课程体系均源自本职业培训包课程包中的课程规范，以学习单元为基础，形成职业层次清晰、内容丰富的“培训课程超市”。

焊工职业培训课程学时分配一览表

职业技能等级	课堂学时			其他学时	培训总学时
	职业基本素质培训课程	职业技能培训课程			
初级	98	焊条电弧焊	74	140	不少于280
		熔化极气体保护焊	46		
		非熔化极气体保护焊	70		
		埋弧焊	48		
		气焊	42		
		钎焊	54		
		电阻焊	50		
		压力焊	42		
		切割	48		
		机器人焊接	66		

续表

<table>
<tr><th rowspan="2">职业技能等级</th><th colspan="3">课堂学时</th><th rowspan="2">其他学时</th><th rowspan="2">培训总学时</th></tr>
<tr><th>职业基本素质培训课程</th><th colspan="2">职业技能培训课程</th></tr>
<tr><td rowspan="7">中级</td><td rowspan="7">70</td><td>焊条电弧焊</td><td>136</td><td rowspan="7">150</td><td rowspan="7">不少于320</td></tr>
<tr><td>熔化极气体保护焊</td><td>50</td></tr>
<tr><td>非熔化极气体保护焊</td><td>50</td></tr>
<tr><td>埋弧焊</td><td>52</td></tr>
<tr><td>气焊</td><td>60</td></tr>
<tr><td>切割</td><td>60</td></tr>
<tr><td>机器人焊接</td><td>50</td></tr>
<tr><td rowspan="5">高级</td><td rowspan="5">40</td><td>焊条电弧焊</td><td>216</td><td rowspan="5">80</td><td rowspan="5">不少于240</td></tr>
<tr><td>熔化极气体保护焊</td><td>60</td></tr>
<tr><td>非熔化极气体保护焊</td><td>180</td></tr>
<tr><td>气焊</td><td>60</td></tr>
<tr><td>机器人焊接</td><td>60</td></tr>
<tr><td rowspan="9">技师</td><td rowspan="9">20</td><td>不锈钢管或异种钢管的焊接</td><td>90</td><td rowspan="9">70</td><td rowspan="9">不少于180</td></tr>
<tr><td>铸铁的焊补</td><td>24</td></tr>
<tr><td>铝及其合金的焊接</td><td>46</td></tr>
<tr><td>钛及其合金的焊接</td><td>30</td></tr>
<tr><td>铜及其合金的焊接</td><td>30</td></tr>
<tr><td>新型材料的焊接</td><td>90</td></tr>
<tr><td>机器人焊接</td><td>30</td></tr>
<tr><td>焊接生产</td><td>24</td></tr>
<tr><td>焊接技术管理</td><td>12</td></tr>
<tr><td rowspan="5">高级技师</td><td rowspan="5">—</td><td>焊接问题的解决</td><td>102</td><td rowspan="5">40</td><td rowspan="5">不少于200</td></tr>
<tr><td>焊接生产</td><td>30</td></tr>
<tr><td>焊接技术管理</td><td>8</td></tr>
<tr><td>焊接质量控制</td><td>14</td></tr>
<tr><td>培训与指导</td><td>6</td></tr>
</table>

注：课堂学时是指培训机构开展的理论课程教学及实操课程教学的建议最低学时数。除课堂学时外，培训总学时还应包括岗位实习、现场观摩、自学自练等其他学时。

初级共分为焊条电弧焊、熔化极气体保护焊、非熔化极气体保护焊、埋弧焊、气焊、钎焊、电阻焊、压力焊、切割、机器人焊接十个职业功能模块，培训学员应选择其中一个职业功能模块进行学习。培训机构开展培训的课堂学时不应少于相应职业功能模块所规定的学时数。

中级共分为焊条电弧焊、熔化极气体保护焊、非熔化极气体保护焊、埋弧焊、气焊、切割、机器人焊接七个职业功能模块，培训学员应选择其中两个职业功能模块进行学习。培训机构开展培训的课堂学时不应少于相应职业功能模块所规定的学时数。

高级共分为焊条电弧焊、熔化极气体保护焊、非熔化极气体保护焊、气焊、机器人焊接五个职业功能模块，培训学员应选择其中两个职业功能模块进行学习。培训机构开展培训的课堂学时不应少于相应职业功能模块所规定的学时数。

技师共分为不锈钢管或异种钢管的焊接、铸铁的焊补、铝及其合金的焊接、钛及其合金的焊接、铜及其合金的焊接、新型材料的焊接、机器人焊接、焊接生产、焊接技术管理九个职业功能模块，培训学员应从前七项中选择其中两个职业功能模块进行学习，焊接生产和焊接技术管理为必学内容。培训机构开展培训的课堂学时不应少于相应职业功能模块所规定的学时数。

高级技师共分为焊接问题的解决、焊接生产、焊接技术管理、焊接质量控制、培训与指导五个职业功能模块，培训机构开展培训的课堂学时不应少于相应职业功能模块所规定的学时数。

（1）焊工职业基本素质培训课程

模块	课程	学习单元	课堂学时
1．焊工职业认知	1–1　职业认知	（1）职业认知	1
	1–2　职业道德与职业守则	（1）职业道德与焊工职业守则	1
2．基础知识	2–1　焊接识图	（1）制图常识与投影的基本原理	4
		（2）常用零部件的画法及其代号标注	6
		（3）简单装配图的识读	4
		（4）焊缝符号和焊接方法代号	8

续表

模块	课程	学习单元	课堂学时
2．基础知识	2-2　常用金属材料知识	（1）金属材料的物理性能、化学性能和力学性能	6
		（2）金属的晶体结构、合金的组织及 Fe—C 相图	6
		（3）常用钢材的分类、牌号、成分、性能和用途	4
		（4）钢的热处理	6
	2-3　焊接基础知识	（1）焊接方法的分类及常用的焊接方法	4
		（2）焊接接头与坡口	4
		（3）焊接变形和焊接应力	4
		（4）焊接缺陷与焊接质量检测	8
		（5）焊接工艺文件	2
	2-4　焊接材料知识	（1）焊接材料的类别、保管及选用	4
	2-5　电焊机和焊接辅助设备基本知识	（1）电焊机和焊接辅助设备基本知识	6
	2-6　电工基本知识	（1）交流电基本概念、变压器的结构和工作原理	2
	2-7　安全卫生和焊接环境保护知识	（1）安全用电知识	4
		（2）焊接环境保护及焊接安全操作规程	4
		（3）焊接劳动保护知识	2
3．相关法律知识	3-1　相关法律、法规知识	（1）相关法律、法规知识	8
课堂学时合计			98

注：本表所列为初级职业基本素质培训课程，其他等级职业基本素质培训课程按“焊工职业培训课程学时分配一览表”中相应的课堂学时进行必要的调整。

（2）焊工初级职业技能培训课程

模块	课程	学习单元	课堂学时
1．焊条电弧焊	1-1　厚度 δ=8 ～ 12 mm低碳钢板或低合金钢板角接接头焊接	（1）认识焊条电弧焊	6
		（2）焊前准备	2
		（3）组对、焊接	20
		（4）焊缝外观质量检查	2
	1-2　厚度 δ ≥ 6 mm 低碳钢板或低合金钢板对接平焊	（1）焊前准备	2
		（2）组对、焊接	20
		（3）焊缝外观质量检查	2
	1-3　管径 ϕ ≥ 60 mm 低碳钢管水平转动对接焊	（1）焊前准备	2
		（2）组对、焊接	16
		（3）焊缝外观质量检查	2
2．熔化极气体保护焊	2-1　低碳钢板或低合金钢板角接接头熔化极气体保护焊	（1）认识熔化极气体保护焊	6
		（2）焊前准备	2
		（3）组对、焊接	20
		（4）焊缝外观质量检查	2
	2-2　低碳钢板或低合金钢板平位对接熔化极气体保护焊（双面焊或背部加衬垫）	（1）焊前准备	2
		（2）组对、焊接	12
		（3）焊缝外观质量检查	2
3．非熔化极气体保护焊	3-1　低碳钢板厚度 δ< 6 mm 平位对接手工钨极氩弧焊	（1）认识手工钨极氩弧焊	8
		（2）焊前准备	2
		（3）组对、焊接	18
		（4）焊缝外观质量检查	2
	3-2　不锈钢板厚度 δ< 6 mm 平位对接手工钨极氩弧焊	（1）焊前准备	2
		（2）组对、焊接	16
		（3）焊缝外观质量检查	2
	3-3　管径 ϕ<60 mm 低碳钢管对接水平转动手工钨极氩弧焊	（1）焊前准备	2
		（2）组对、焊接	16
		（3）焊缝外观质量检查	2

续表

模块	课程	学习单元	课堂学时
4．埋弧焊	4–1 低碳钢板或低合金钢板平位对接焊	（1）认识埋弧焊	8
		（2）焊前准备	2
		（3）组对、焊接	16
		（4）焊缝外观质量检查	2
	4–2 厚度 δ=8 ~ 12 mm 低碳钢板对接平焊（背部加衬垫或双面焊双面成型）	（1）焊前准备	2
		（2）组对、焊接	16
		（3）焊缝外观质量检查	2
5．气焊	5–1 管径 ϕ<60 mm 低碳钢管对接水平转动和垂直固定气焊	（1）认识气焊	14
		（2）焊前准备	2
		（3）组对、焊接	24
		（4）焊缝外观质量检查	2
6．钎焊	6–1 低碳钢板搭接手工火焰钎焊	（1）认识钎焊	6
		（2）焊前准备	2
		（3）组对、焊接	24
		（4）焊缝外观质量检查	2
	6–2 不锈钢板搭接手工火焰钎焊	（1）焊前准备	2
		（2）组对、焊接	16
		（3）焊缝外观质量检查	2
7．电阻焊	7–1 低碳钢薄板电阻点焊	（1）认识电阻焊	6
		（2）焊前准备	2
		（3）组对、焊接	12
		（4）焊点外观质量检查	2
	7–2 光圆钢筋或带筋钢筋闪光对焊	（1）焊前准备	2
		（2）组对、焊接	4
		（3）焊缝外观质量检查	2
	7–3 低碳钢薄板电阻缝焊	（1）焊前准备	2
		（2）组对、焊接	8
		（3）焊缝外观质量检查	2

续表

模块	课程	学习单元	课堂学时
7．电阻焊	7–4　低碳钢螺柱焊	（1）焊前准备	2
		（2）组对、焊接	4
		（3）焊缝外观质量检查	2
8．压力焊	8–1　低碳钢板扩散焊	（1）认识扩散焊	4
		（2）焊前准备	2
		（3）装夹、焊接	12
		（4）焊缝外观质量检查	2
	8–2　小径I级钢筋电渣压力焊	（1）认识电渣压力焊	4
		（2）焊前准备	2
		（3）装夹、焊接	14
		（4）焊缝外观质量检查	2
9．切割	9–1　低碳钢板手工气割	（1）认识气割	4
		（2）割前准备	2
		（3）手工气割	16
		（4）割缝质量检查	2
	9–2　低碳钢板碳弧气刨	（1）认识碳弧气刨	4
		（2）气刨准备	2
		（3）手工气刨	16
		（4）割缝质量检查	2
10．机器人焊接	10–1　厚度 $\delta \geqslant 8$ mm 低碳钢板机器人平位堆焊（二氧化碳气体保护焊）	（1）认识机器人弧焊	16
		（2）焊前准备	8
		（3）组对、焊接	40
		（4）焊缝外观质量检查	2
课堂学时合计 焊条电弧焊 / 熔化极气体保护焊 / 非熔化极气体保护焊 / 埋弧焊 / 气焊 / 钎焊 / 电阻焊 / 压力焊 / 切割 / 机器人焊接			74/46/70/48/42/54/50/42/48/66

（3）焊工中级职业技能培训课程

模块	课程	学习单元	课堂学时
1. 焊条电弧焊	1–1 管板插入式或骑座式焊接的单面焊双面成型	（1）焊前准备	2
		（2）组对、焊接	30
		（3）焊缝外观质量检查	2
	1–2 厚度 $\delta \geqslant 6$ mm 低碳钢板或低合金钢板的对接立焊单面焊双面成型	（1）焊前准备	2
		（2）组对、焊接	30
		（3）焊缝外观质量检查	2
	1–3 厚度 $\delta \geqslant 6$ mm 低碳钢板或低合金钢板的对接横焊单面焊双面成型	（1）焊前准备	2
		（2）组对、焊接	30
		（3）焊缝外观质量检查	2
	1–4 管径 $\phi \geqslant 76$ mm 低碳钢管或低合金钢管的对接水平固定、垂直固定或 45° 固定焊接	（1）焊前准备	2
		（2）组对、焊接	30
		（3）焊缝外观质量检查	2
2. 熔化极气体保护焊	2–1 厚度 δ=8 ~ 12 mm 低碳钢板或低合金钢板横位或立位对接的熔化极气体保护焊（单面焊双面成型）	（1）焊前准备	2
		（2）组对、焊接	12
		（3）焊缝外观质量检查	2
	2–2 管径 ϕ=76 ~ 168 mm 低碳钢管或低合金钢管对接水平固定和垂直固定的二氧化碳气体保护焊	（1）焊前准备	2
		（2）组对、焊接	12
		（3）焊缝外观质量检查	2
	2–3 厚度 $\delta \geqslant 6$ mm 低碳钢板或低合金钢板气电立焊	（1）认识气电立焊	2
		（2）焊前准备	2
		（3）组对、焊接	12
		（4）焊缝外观质量检查	2

续表

模块	课程	学习单元	课堂学时
3. 非熔化极气体保护焊	3-1　低碳钢管板插入式或骑座式的手工钨极氩弧焊	（1）焊前准备	2
		（2）组对、焊接	18
		（3）焊缝外观质量检查	2
	3-2　管径 ϕ<60 mm 低合金钢管对接水平固定和垂直固定的手工钨极氩弧焊	（1）焊前准备	2
		（2）组对、焊接	24
		（3）焊缝外观质量检查	2
4. 埋弧焊	4-1　低碳钢板或低合金钢板的双丝埋弧焊	（1）焊前准备	2
		（2）组对、焊接	22
		（3）焊缝外观质量检查	2
	4-2　不锈钢覆层的带极埋弧堆焊	（1）焊前准备	2
		（2）焊接	22
		（3）焊缝外观质量检查	2
5. 气焊	5-1　管径 ϕ<60 mm 低碳钢管的对接水平固定和45° 固定气焊	（1）焊前准备	2
		（2）组对、焊接	18
		（3）焊缝外观质量检查	2
	5-2　管径 ϕ<60 mm 低合金钢管的对接水平固定或垂直固定气焊	（1）焊前准备	2
		（2）组对、焊接	18
		（3）焊缝外观质量检查	2
	5-3　铝管搭接接头的手工火焰钎焊	（1）焊前准备	2
		（2）组对、焊接	12
		（3）焊缝外观质量检查	2
6. 切割	6-1　不锈钢板的空气等离子弧切割	（1）认识空气等离子弧切割	4
		（2）割前准备	2
		（3）切割	12
		（4）割缝外观检查	2

续表

模块	课程	学习单元	课堂学时
6. 切割	6–2 不锈钢板的激光切割	(1) 认识激光切割	8
		(2) 切割准备	2
		(3) 切割	12
		(4) 割缝外观检查	2
	6–3 厚度 $\delta \geqslant 50$ mm 低碳钢的气割	(1) 气割准备	2
		(2) 气割	12
		(3) 割缝外观检查	2
7. 机器人焊接	7–1 厚度 $\delta \geqslant 8$ mm 低碳钢板平位角接接头机器人弧焊（二氧化碳气体保护焊 +TIG 焊）	(1) 认识机器人弧焊	4
		(2) 焊前准备	4
		(3) 组对、焊接	16
		(4) 焊缝外观质量检查	1
	7–2 低碳钢薄板机器人点焊	(1) 认识点焊机器人	8
		(2) 焊前准备	4
		(3) 装夹、焊接	12
		(4) 焊缝外观质量检查	1
课堂学时合计 焊条电弧焊 / 熔化极气体保护焊 / 非熔化极气体保护焊 / 埋弧焊 / 气焊 / 切割 / 机器人焊接			136/50/50/52/60/60/50

（4）焊工高级职业技能培训课程

模块	课程	学习单元	课堂学时
1. 焊条电弧焊	1–1 厚度 $\delta \geqslant 6$ mm 低碳钢板对接仰焊的单面焊双面成型	(1) 焊前准备	2
		(2) 组对、焊接	32
		(3) 焊缝外观质量检查	2
	1–2 管径 $\phi \leqslant 76$ mm 低碳钢管对接垂直固定、水平固定或 45° 固定加排管障碍的单面焊双面成型	(1) 焊前准备	4
		(2) 组对、焊接	54
		(3) 焊缝外观质量检查	2
	1–3 管径 $\phi \leqslant 76$ mm 不锈钢管对接水平固定、垂直固定或 45° 倾斜固定的焊接	(1) 焊前准备	4
		(2) 组对、焊接	54
		(3) 焊缝外观质量检查	2

续表

模块	课程	学习单元	课堂学时
1．焊条电弧焊	1-4 管径 $\phi \leqslant 76$ mm 异种钢管对接水平固定、垂直固定或 45° 倾斜固定的焊接	（1）焊前准备	4
		（2）组对、焊接	54
		（3）焊缝外观质量检查	2
2．熔化极气体保护焊	2-1 厚度 δ=8 ~ 12 mm 低碳钢板或低合金钢板的仰焊位置对接熔化极活性气体保护焊单面焊双面成型	（1）焊前准备	2
		（2）组对、焊接	26
		（3）焊缝外观质量检查	2
	2-2 不锈钢板对接平焊的富氩混合气体熔化极脉冲气体保护焊	（1）认识富氩混合气体熔化极脉冲保护焊	2
		（2）焊前准备	2
		（3）组对、焊接	24
		（4）焊缝外观质量检查	2
3．非熔化极气体保护焊	3-1 管径 $\phi \leqslant 76$ mm 低合金钢管对接水平固定、垂直固定或 45° 固定加排管障碍的手工钨极氩弧焊	（1）焊前准备	4
		（2）组对、焊接	54
		（3）焊缝外观质量检查	2
	3-2 管径 $\phi \leqslant 76$ mm 不锈钢管对接水平固定、垂直固定或 45° 固定手工钨极氩弧焊	（1）焊前准备	4
		（2）组对、焊接	36
		（3）焊缝外观质量检查	2
	3-3 管径 $\phi \leqslant 76$ mm 异种钢管对接水平固定、垂直固定或 45° 固定手工钨极氩弧焊	（1）焊前准备	4
		（2）组对、焊接	54
		（3）焊缝外观质量检查	2
	3-4 不锈钢薄板等离子弧焊接	（1）认识等离子弧焊接	2
		（2）焊前准备	2
		（3）组对、焊接	12
		（4）焊缝外观质量检查	2

续表

模块	课程	学习单元	课堂学时
4．气焊	4-1 铸铁的气焊	（1）焊前准备	2
		（2）组对、焊接	26
		（3）焊缝外观质量检查	2
	4-2 管径 ϕ<60 mm 低合金钢管对接 45° 固定气焊	（1）焊前准备	2
		（2）组对、焊接	26
		（3）焊缝外观质量检查	2
5．机器人焊接	5-1 厚度 $\delta \geqslant 8$ mm 低碳钢板 V 型坡口平位对接机器人弧焊（二氧化碳气体保护焊）	（1）认识中厚板机器人弧焊	16
		（2）焊前准备	10
		（3）组对、焊接	32
		（4）焊缝外观质量检查	2
课堂学时合计 焊条电弧焊 / 熔化极气体保护焊 / 非熔化极气体保护焊 / 气焊 / 机器人焊接			216/60/ 180/60/60

（5）焊工技师职业技能培训课程

模块	课程	学习单元	课堂学时
1．不锈钢管或异种钢管的焊接	1-1 管径 $\phi \leqslant 76$ mm 不锈钢管对接 45° 固定加障碍焊条电弧焊	（1）焊前准备	2
		（2）组对、焊接	26
		（3）焊缝外观质量检查	2
	1-2 管径 $\phi \leqslant 76$ mm 异种钢管对接 45° 固定加障碍焊条电弧焊	（1）焊前准备	2
		（2）组对、焊接	26
		（3）焊缝外观质量检查	2
	1-3 管径 $\phi \leqslant 76$ mm 不锈钢管或异种钢管对接 45° 加排管障碍的手工钨极氩弧焊	（1）焊前准备	2
		（2）组对、焊接	26
		（3）焊缝外观质量检查	2

续表

模块	课程	学习单元	课堂学时
2．铸铁的焊补	2–1　铸铁焊条电弧焊焊补	（1）铸铁基本知识	4
		（2）焊前准备	2
		（3）预热、焊接	16
		（4）焊缝外观质量检查	2
3．铝及其合金的焊接	3–1　铝及其合金薄板对接平焊位置（加衬垫）的熔化极脉冲氩弧焊	（1）铝及其合金基本知识	2
		（2）焊前准备	2
		（3）组对、焊接	18
		（4）焊缝外观质量检查	2
	3–2　铝及其合金薄板对接平焊位置（加衬垫）的钨极氩弧焊	（1）焊前准备	2
		（2）组对、焊接	18
		（3）焊缝外观质量检查	2
4．钛及其合金的焊接	4–1　钛及其合金板的熔化极氩弧焊	（1）钛及其合金基本知识	2
		（2）焊前准备	2
		（3）组对、焊接	24
		（4）焊缝外观质量检查	2
5．铜及其合金的焊接	5–1　铜及其合金板的熔化极氩弧焊	（1）铜及其合金基本知识	2
		（2）焊前准备	2
		（3）组对、焊接	24
		（4）焊缝外观质量检查	2
6．新型材料的焊接	6–1　镍及其合金的熔焊	（1）镍及其合金基本知识	2
		（2）焊前准备	2
		（3）组对、焊接	12
		（4）焊缝外观质量检查	2
	6–2　锆及其合金的熔焊	（1）锆及其合金基本知识	2
		（2）焊前准备	2
		（3）组对、焊接	12
		（4）焊缝外观质量检查	2

续表

<table>
<tr><th>模块</th><th>课程</th><th>学习单元</th><th>课堂学时</th></tr>
<tr><td rowspan="12">6．新型材料的焊接</td><td rowspan="4">6–3　铂及其合金的熔焊</td><td>（1）铂及其合金基本知识</td><td>2</td></tr>
<tr><td>（2）焊前准备</td><td>2</td></tr>
<tr><td>（3）组对、焊接</td><td>12</td></tr>
<tr><td>（4）焊缝外观质量检查</td><td>2</td></tr>
<tr><td rowspan="4">6–4　低温钢的熔焊</td><td>（1）低温钢基本知识</td><td>2</td></tr>
<tr><td>（2）焊前准备</td><td>2</td></tr>
<tr><td>（3）组对、焊接</td><td>12</td></tr>
<tr><td>（4）焊缝外观质量检查</td><td>2</td></tr>
<tr><td rowspan="4">6–5　高合金细晶粒钢的熔焊</td><td>（1）高合金细晶粒钢基本知识</td><td>2</td></tr>
<tr><td>（2）焊前准备</td><td>2</td></tr>
<tr><td>（3）组对、焊接</td><td>12</td></tr>
<tr><td>（4）焊缝外观质量检查</td><td>2</td></tr>
<tr><td rowspan="2">7．机器人焊接</td><td rowspan="2">7–1　复杂工件多机器人焊接系统建立</td><td>（1）认识多机器人焊接系统</td><td>10</td></tr>
<tr><td>（2）复杂工件多机器人焊接系统仿真模型建立</td><td>20</td></tr>
<tr><td rowspan="6">8．焊接生产</td><td rowspan="2">8–1　焊接性试验和焊接工艺评定</td><td>（1）焊接性试验</td><td>4</td></tr>
<tr><td>（2）焊接工艺评定与试件焊接</td><td>2</td></tr>
<tr><td rowspan="2">8–2　焊接设备的使用</td><td>（1）焊接设备验收</td><td>3</td></tr>
<tr><td>（2）常用焊接设备故障分析</td><td>3</td></tr>
<tr><td>8–3　焊接质量验收</td><td>（1）焊接接头质量检查与缺陷分析</td><td>9</td></tr>
<tr><td>8–4　工装夹具的应用</td><td>（1）工装夹具选择与改进</td><td>3</td></tr>
<tr><td rowspan="5">9．焊接技术管理</td><td rowspan="2">9–1　焊接生产管理</td><td>（1）成本核算</td><td>2</td></tr>
<tr><td>（2）定额管理</td><td>2</td></tr>
<tr><td rowspan="2">9–2　技术文件编写</td><td>（1）技术总结撰写</td><td>2</td></tr>
<tr><td>（2）技术论文撰写</td><td>2</td></tr>
<tr><td>9–3　焊工培训</td><td>（1）焊工培训</td><td>4</td></tr>
<tr><td colspan="3">课堂学时合计
不锈钢管或异种钢管的焊接 / 铸铁的焊补 / 铝及其合金的焊接 / 钛及其合金的焊接 / 铜及其合金的焊接 / 新型材料的焊接 / 机器人焊接 / 焊接生产 / 焊接技术管理</td><td>90/24/46/
30/30/90/
30/24/12</td></tr>
</table>

（6）焊工高级技师职业技能培训课程

模块	课程	学习单元	课堂学时
1．焊接问题的解决	1–1　复杂环境障碍、可达性差的结构焊接	（1）复杂环境障碍、可达性差的结构焊接	12
		（2）焊后问题处理	4
	1–2　厚度 δ >3 mm 的不锈钢与纯铜的焊条电弧焊	（1）焊前准备	4
		（2）组对、焊接	12
		（3）焊缝外观质量检查	2
	1–3　管径 $\phi \geqslant$ 168 mm 高合金马氏体钢管的手工钨极氩弧焊打底，焊条电弧焊盖面	（1）焊前准备	2
		（2）组对、焊接	16
		（3）焊缝外观质量检查	2
	1–4　铝及其他有色金属合金薄管或薄板材料制成组合结构件的焊接	（1）结构件装配图和零件图识读	2
		（2）焊前准备	2
		（3）组对、焊接	12
		（4）焊缝外观质量检查	2
	1–5　机器人焊接新工艺与问题解决	（1）低碳钢板机器人激光焊	10
		（2）铝合金机器人搅拌摩擦焊	10
		（3）机器人焊接工艺问题解决	10
2．焊接生产	2–1　焊接设备调试	（1）焊条电弧焊机调试	2
		（2）埋弧焊机调试	2
		（3）钨极氩弧焊机调试	2
		（4）二氧化碳气体保护焊焊机调试	2
	2–2　技术创新	（1）工装夹具设计	8
	2–3　结构焊接	（1）焊接结构件生产	6
	2–4　焊接生产安全管理	（1）焊接安全操作规程的构成	4
		（2）安全生产指导	4

续表

模块	课程	学习单元	课堂学时
3．焊接技术管理	3-1 焊接接头静载强度计算	（1）焊接接头静载强度计算	4
	3-2 施工过程管理	（1）焊接技术指导和监督	2
		（2）工程管理实施	2
4．焊接质量控制	4-1 质量检查	（1）焊接结构及工程质量验收标准	2
		（2）典型焊接结构及工程焊后质量验收	4
	4-2 质量管理	（1）焊接质量分析与改进	6
		（2）焊接质量管理	2
5．培训与指导	5-1 焊工培训	（1）焊工培训与指导	6
	5-2 指导		
课堂学时合计 焊接问题的解决 / 焊接生产 / 焊接技术管理 / 焊接质量控制 / 培训与指导			102/30/8/14/6

1.1.3 培训课程选择指导

职业基本素质培训课程为必修课程，相当于本职业的入门课程。各级别职业技能培训课程由培训机构教师根据培训学员实际情况，遵循高级别涵盖低级别的原则进行选择。

原则上，初入职的培训学员应学习职业基本素质培训课程和初级职业技能培训课程，有职业技能等级提升需求的培训学员，可按照国家职业技能标准的“鉴定要求”，对照自身需求选择更高等级的培训课程。

具有一定从业经验、无职业技能等级晋升要求的培训学员，可根据自身实际情况自主选择本职业培训课程。具体方法为：（1）选择课程模块；（2）在模块中筛选课程；（3）在课程中筛选学习单元；（4）组合成本次培训的整个课程。

培训教师可以根据以上方法对培训学员进行单独指导。对于订单培训，培训教师可以按照如上方法，对照订单要求进行培训课程的选择。

1.1.4 各类资源使用说明

（待各类资源开发完成后补充。）

1.2 职业指南

1.2.1 职业描述

焊工是指操作焊接和气割设备，进行金属工件的焊接或切割成型的人员，包括手工焊工和焊接操作工。手工焊工是指用手操持焊钳、焊枪、焊炬、割炬进行焊接或切割的人员；焊接操作工是指从事机械化和自动化焊接或切割的操作人员。

1.2.2 职业培训对象

参加焊工职业培训的对象主要包括：城乡未继续升学的应届初高中毕业生、农村转移就业劳动者、城镇登记失业人员、转岗转业人员、退役军人、企业在职职工和高校毕业生等各类有培训需求的人员。

1.2.3 就业前景

焊工的工作岗位有焊接加工、焊接质量检测、焊接用品的生产营销、技术服务及焊接技术应用与研发等。

1.3 培训机构设置指南

1.3.1 师资配备要求

（1）培训教师任职基本条件

1）培训初级、中级、高级焊工的教师应具有本职业技师及以上职业资格证书或相关专业中级及以上专业技术职务任职资格。

2）培训焊工技师的教师应具有本职业高级技师职业资格证书或相关专业高级专业技术职务任职资格。

3）培训焊工高级技师的教师具有本职业高级技师职业资格证书 2 年以上或相关

专业高级专业技术职务任职资格。

(2) 培训教师数量要求（以30人培训班为基准）

1) 理论课教师：1人以上；培训规模超过30人的，按教师与学员之比不低于1∶30配备教师。

2) 实习指导教师：1人以上；培训规模超过30人的，按教师与学员之比不低于1∶30配备教师。

1.3.2 培训场所设备配置要求

培训场所设备配置要求如下（以30人培训班为基准）：

(1) 理论知识培训场所设备配置要求：70～80平方米标准教室，多媒体教学设备（计算机、投影仪、幕布或显示屏、网络接入设备、音响设备）、黑板、30套以上桌椅，符合照明、通风、安全等相关规定。

(2) 操作技能培训场所设备、设施配置要求：每个实训工位面积不少于4平方米，并配置满足工件定位、变位用夹具，设备设施配套齐全，符合环保、劳保、安全、卫生、消防、通风和照明等相关规定及安全规程。

实训场地应分为焊材二级库房和实训区两部分。

1) 焊材二级库房：焊材二级库房是专门对由一级库房领来的焊材进行存放、烘焙、发放的仓库，其功能是烘干焊条、焊剂，控制发放焊材并回收焊剩的焊条和焊条头。二级库房内应设置焊条烘干箱、焊剂烘干箱和恒温箱。

2) 实训区。实训区应准备的设备、焊材、母材和工装夹具见下表：

初级工实训区设备器材配置要求

焊接方法	设备	设施	主要工机具、检验工具
一、焊条电弧焊	焊条电弧焊焊机30台，焊条烘干箱1台，恒温箱1台	工位不少于30个（配置辅助夹具）	拉紧器、管口钳、扳手、钢丝刷、敲渣锤、直尺、角尺、錾子、角磨机、直磨机、锉刀、焊条保温桶、钢印、焊缝检验尺、放大镜、钢直尺等30套
二、熔化极气体保护焊	二氧化碳气体保护焊焊机30套	工位不少于30个（配置辅助夹具），供气系统等	大力钳、扳手、角磨机、直磨机、尖嘴钳、防堵剂、钢丝刷、锤子、旋具、直尺、角尺、锉刀、钢印、焊缝检验尺、放大镜、钢直尺等30套

续表

焊接方法	设备	设施	主要工机具、检验工具
三、非熔化极气体保护焊	钨极氩弧焊焊机 30 台	工位不少于 30 个（配置辅助夹具），供气系统	拉紧器、管口钳、扳手、钢丝刷、角磨机、锤子、尖嘴钳、錾子、直磨机、钢印、放大镜、钢直尺、焊缝检验尺等 30 套
四、埋弧焊	埋弧焊焊机 30 套，焊剂烘干箱 1 台，碳弧气刨设备 30 套	工位不少于 30 个（配置辅助夹具）	扳手、钢丝刷、焊剂回收铲、錾子、角磨机、锉刀、焊剂筛、敲渣锤、直尺、放大镜、焊缝检验尺等 30 套
五、气焊	气焊设备 30 套	工位不少于 30 个（配置辅助夹具），供气系统	钢筋夹具、通针、打火机、扳手、钢丝刷、防护用品、砂轮锯、角磨机、钢丝钳、焊缝检验尺等 30 套
六、钎焊	手工火焰钎焊设备 30 套	工位不少于 30 个（配置辅助夹具），供气系统	扳手、通针、点火枪、钢丝刷、錾子、锉刀、尖嘴钳、焊缝检验尺等 30 套
七、电阻焊	点焊机 30 套，缝焊机 30 套，螺柱焊机 30 套，闪光对焊机 30 套	工位不少于 30 个（配置辅助夹具）	钢丝刷、锉刀、直尺、角尺、角磨机、焊缝检验尺等 30 套
八、压力焊	扩散焊设备 30 套，电渣压力焊设备 30 套	工位不少于 30 个（配置辅助夹具）	钢丝刷、角磨机、调直机、锤子、锉刀、直尺、角尺、内磨机、焊缝检验尺等 30 套
九、切割	火焰气割设备 30 套、碳弧气刨设备 30 套	工位不少于 30 个（配置辅助夹具）	通针、打火枪、扳手、钢丝刷、防护用品、角磨机、划针、平头锤等 30 套
十、机器人焊接	弧焊机器人系统 6 套（配离线仿真系统可减少至 3 套）	工位不少于 6 个（配置柔性工作台、辅助夹具）	直尺、角尺、焊缝检验尺、大力钳、锉刀、钢丝刷、电极拆卸钳、錾子、管口钳、扳手、角磨机、直磨机、尖嘴钳等 6 套

中级工实训区设备器材配置要求

焊接方法	设备	设施	主要工机具、检验工具
一、焊条电弧焊	焊条电弧焊焊机30台，焊条烘干箱1台，恒温箱1台	工位不少于30个（配置辅助夹具）	拉紧器、管口钳、扳手、钢丝刷、敲渣锤、直尺、角尺、錾子、角磨机、直磨机、锉刀、焊条保温桶、钢印、焊缝检验尺、放大镜、钢直尺等30套
二、熔化极气体保护焊	二氧化碳气体保护焊焊接设备30套，气电立焊设备30套	工位不少于30个（配置辅助夹具）	管口钳、大力钳、扳手、角磨机、直磨机、尖嘴钳、防堵剂、钢丝刷、锤子、旋具、直尺、角尺、锉刀、钢印、焊缝检验尺、放大镜、钢直尺等30套
三、非熔化极气体保护焊	钨极氩弧焊焊接设备30台	工位不少于30个（配置辅助夹具）	拉紧器、管口钳、扳手、钢丝刷、角磨机、锤子、尖嘴钳、錾子、直磨机、钢印、放大镜、钢直尺、焊缝检验尺等30套
四、埋弧焊	双丝埋弧焊焊接设备30套，带极埋弧堆焊焊接设备30套，焊剂烘干箱1台，碳弧气刨设备30套	工位不少于30个（配置辅助夹具）	扳手、钢丝刷、焊剂回收铲、錾子、角磨机、锉刀、焊剂筛、敲渣锤、直尺、放大镜、焊缝检验尺等30套
五、气焊	气焊设备30套	工位不少于30个（配置辅助夹具）	射吸式焊炬、钢筋夹具、通针、打火机、扳手、钢丝刷、防护用品、砂轮锯、角磨机、钢丝钳、焊缝检验尺等30套
六、切割	火焰气割设备30套，等离子切割机设备30套，激光切割设备30套	工位不少于30个（配置辅助夹具）	通针、打火枪、扳手、钢丝刷、防护用品、角磨机、划针、平头锤等30套
七、机器人焊接	点焊机器人系统3套、二氧化碳气体保护焊机器人系统3套、TIG焊机器人系统3套（配离线仿真系统可各减少1套）	工位不少于9个（配置柔性工作台、辅助夹具）	直尺、角尺、焊缝检验尺、大力钳、锉刀、钢丝刷、电极拆卸钳、錾子、管口钳、扳手、角磨机、直磨机、尖嘴钳等9套

高级工实训区设备器材配置要求

焊接方法	设备	设施	主要工机具、检验工具
一、焊条电弧焊	焊条电弧焊焊机30台，焊条烘干箱1台，恒温箱1台	工位不少于30个（配置辅助夹具）	拉紧器、管口钳、扳手、钢丝刷、敲渣锤、直尺、角尺、錾子、角磨机、直磨机、锉刀、焊条保温桶、钢印、焊缝检验尺、放大镜、钢直尺等30套
二、熔化极气体保护焊	二氧化碳气体保护焊焊接设备30套，熔化极脉冲气体保护焊焊接设备30套	工位不少于30个（配置辅助夹具）	管口钳、大力钳、扳手、角磨机、直磨机、尖嘴钳、防堵剂、钢丝刷、锤子、旋具、直尺、角尺、锉刀、钢印、焊缝检验尺、放大镜、钢直尺等30套
三、非熔化极气体保护焊	钨极氩弧焊焊接设备30套，等离子弧焊焊接设备30套	工位不少于30个（配置辅助夹具）	拉紧器、管口钳、扳手、钢丝刷、角磨机、锤子、尖嘴钳、錾子、直磨机、钢印、放大镜、钢直尺、焊缝检验尺等30套
四、气焊	气焊设备30套	工位不少于30个（配置辅助夹具）	射吸式焊炬、通针、点火枪、扳手、钢丝刷、防护用品、砂轮锯、角磨机、钢丝钳、焊缝检验尺等30套
五、机器人焊接	弧焊机器人系统6套（支持中厚板焊缝寻位与多层多道焊，配离线仿真系统可减少至3套）	工位不少于6个（配置柔性工作台、辅助夹具）	直尺、角尺、焊缝检验尺、大力钳、锉刀、钢丝刷、电极拆卸钳、錾子、管口钳、扳手、角磨机、直磨机、尖嘴钳等6套

技师实训区设备器材配置要求

焊接方法	设备	设施	主要工机具、检验工具
一、焊条电弧焊	焊条电弧焊焊机30台，焊条烘干箱1台，恒温箱1台	工位不少于30个（配置辅助夹具）	拉紧器、管口钳、扳手、钢丝刷、敲渣锤、直尺、角尺、錾子、角磨机、直磨机、锉刀、焊条保温桶、钢印、焊缝检验尺、放大镜、钢直尺等30套

续表

焊接方法	设备	设施	主要工机具、检验工具
二、熔化极脉冲氩弧焊	熔化极氩弧焊焊接设备30套	工位不少于30个（配置辅助夹具）	管口钳、大力钳、扳手、角磨机、直磨机、尖嘴钳、防堵剂、钢丝刷、锤子、旋具、直尺、角尺、锉刀、钢印、焊缝检验尺、放大镜、钢直尺等30套
三、非熔化极气体保护焊	钨极氩弧焊焊接设备30套，等离子弧焊焊接设备30套	工位不少于30个（配置辅助夹具）	拉紧器、管口钳、扳手、钢丝刷、角磨机、锤子、尖嘴钳、錾子、直磨机、钢印、放大镜、钢直尺、焊缝检验尺等30套
四、机器人焊接	多机器人弧焊系统2套（各含不少于3台机器人单体）、离线编程模拟仿真系统10套（含离线编程模拟仿真软件）	电脑机房1间、工位不少于6个（配置柔性工作台、辅助夹具）	直尺、角尺、焊缝检验尺、大力钳、锉刀、钢丝刷、电极拆卸钳、錾子、管口钳、扳手、角磨机、直磨机、尖嘴钳等6套
预热设备		火焰加热或电加热设备10套	

高级技师实训区设备器材配置要求

焊接方法	设备	设施	主要工机具、检验工具
一、焊条电弧焊	直流焊条电弧焊焊机30台，焊条烘干箱1台，恒温箱1台	工位不少于30个（配置辅助夹具）	管口钳、扳手、钢丝刷、敲渣锤、直尺、角尺、角磨机、内磨机、直磨机、焊缝检验尺、焊条保温桶等30套
二、熔化极气体保护焊	二氧化碳气体保护焊焊接设备30套，气电立焊设备30套	工位不少于30个（配置辅助夹具）	管口钳、大力钳、扳手、角磨机、直磨机、尖嘴钳、防堵剂、钢丝刷、锤子、旋具、直尺、角尺、锉刀、钢印、焊缝检验尺、放大镜、钢直尺等30套

续表

焊接方法	设备	设施	主要工机具、检验工具
三、非熔化极气体保护焊	钨极氩弧焊焊机 30 台	工位不少于 30 个（配置辅助夹具），供气系统	管口钳、尖嘴钳、扳手、钢丝刷、直尺、角磨机、直磨机、焊缝检验尺、通球等 30 套
四、机器人焊接	激光焊机器人系统 3 套、搅拌摩擦焊机器人系统 3 套、离线编程模拟仿真系统 10 套（含离线编程模拟仿真软件）	工位不少于 6 个（配置柔性工作台、辅助夹具）	直尺、角尺、焊缝检验尺、大力钳、锉刀、钢丝刷、电极拆卸钳、錾子、管口钳、扳手、角磨机、直磨机、尖嘴钳等 6 套
预热设备		火焰加热或电加热设备 10 套	

注：机器人焊接设备中，如配置有独立编程用机房（配备不少于 30 台电脑，并有安装相应机器人应用软件），可在电脑上开展离线编程或模拟仿真学习，可适当减少焊接机器人的数量。

1.3.3 教学资料配备要求

（1）培训规范：《焊工国家职业技能标准》《焊工职业基本素质培训要求》《焊工职业技能培训要求》《焊工职业基本素质培训课程规范》《焊工职业技能培训课程规范》《焊工职业基本素质培训考核规范》《焊工职业技能培训理论知识考核规范》《焊工职业技能培训操作技能考核规范》。

（2）教学资源：教材教辅、网络资源等内容必须符合“（1）培训规范”。

1.3.4 管理人员配备要求

（1）专职校长：1 人，应具有大专及以上文化程度、中级及以上专业技术职务任职资格，从事职业技术教育及教学管理 5 年以上，熟悉职业培训的有关法律法规。

（2）教学管理人员：1 人以上，专职不少于 1 人；应具有大专及以上文化程度、中级及以上专业技术职务任职资格，从事职业技术教育及教学管理 5 年以上，具有丰富的教学管理经验。

（3）办公室人员：1 人以上，应具有大专及以上文化程度。

（4）财务管理人员：2人，应具有大专及以上文化程度。

1.3.5 管理制度要求

应建立健全完备的管理制度，包括办学章程与发展规划、教学管理、教师管理、学员管理、财务管理、设备管理等制度。

2

课程包

2.1 培训要求

2.1.1 职业基本素质培训要求

职业基本素质模块	培训内容	培训细目
1．焊工职业认知	1-1 职业认知	(1) 焊接的定义及应用
		(2) 焊工职业简介
	1-2 职业道德与职业守则	(1) 职业道德的内涵
		(2) 职业道德的基本要素
		(3) 职业道德的特征
		(4) 焊工职业守则
2．基础知识	2-1 焊接识图	(1) 制图常识与投影的基本原理
		(2) 常用零部件的画法及代号标注
		(3) 简单装配图的识读
		(4) 焊缝符号和焊接方法代号标注
		(5) 焊接装配图识读
	2-2 常用金属材料知识	(1) 金属材料的物理性能、化学性能和力学性能
		(2) 金属的晶体结构
		(3) 合金的组织结构及铁碳合金的基本组织
		(4) Fe—C 相图的构造及应用
		(5) 非合金钢（碳素钢）、合金钢的分类、牌号、成分、性能和用途
		(6) 钢的热处理知识

续表

职业基本素质模块	培训内容	培训细目
2．基础知识	2-3　焊接基础知识	（1）焊接方法的分类
		（2）常用焊接方法的基本原理
		（3）焊接接头种类、坡口形式及坡口尺寸
		（4）焊接变形及反变形的相关知识
		（5）焊接应力的相关知识
		（6）焊接缺陷的分类、定义、形成原因及防止措施
		（7）焊缝外观质量的检验与验收
		（8）无损检测方法、特点、选用以及法规、标准中有关无损检测方面的规定
		（9）焊接工艺文件
	2-4　焊接材料知识	（1）焊材的类别
		（2）焊材的保管
		（3）焊材的选用原则
	2-5　电焊机和焊接辅助设备基本知识	（1）电焊机的基本原理
		（2）电焊机的种类及型号
		（3）电焊机的铭牌号
		（4）电焊机的选择、应用和日常维护常识
		（5）焊接辅助设备
	2-6　电工基本知识	（1）交流电基本概念
		（2）变压器的结构和基本工作原理
	2-7　安全卫生和焊接环境保护知识	（1）安全用电知识
		（2）焊接环境保护及安全操作规程
		（3）焊接劳动保护知识
		（4）焊接安全操作规程

续表

职业基本素质模块	培训内容	培训细目
3．相关法律知识	3–1　相关法律、法规知识	（1）《中华人民共和国劳动法》相关知识
		（2）《中华人民共和国合同法》相关知识
		（3）安全生产相关法律、法规知识
		（4）《特种作业人员安全技术培训考核管理规定》相关知识
		（5）《特种设备焊接操作人员考核细则》相关知识

2.1.2　初级职业技能培训要求

职业功能模块	培训内容	技能目标	培训细目
1．焊条电弧焊	1–1　厚度 δ = 8 ～ 12 mm 低碳钢板或低合金钢板角接接头焊接	1–1–1　能根据焊接工艺文件要求进行钢板角接接头焊接所用设备、工机具、夹具安全检查	（1）焊条电弧焊设备安全检查
			（2）焊条电弧焊工机具安全检查
			（3）焊条电弧焊夹具安全检查
		1–1–2　能进行钢板角接接头坡口清理、组对及定位焊	（1）钢板角接接头焊件焊前清理
			（2）钢板角接接头焊件组对及定位焊
		1–1–3　能进行角接接头焊条电弧焊引弧、运条、收弧操作	（1）角接接头焊条电弧焊引弧
			（2）角接接头焊条电弧焊运条
			（3）角接接头焊条电弧焊收弧
		1–1–4　能焊接符合工艺要求角焊缝	（1）角焊缝焊接
		1–1–5　能根据工艺文件对角接接头焊缝外观质量进行自检	（1）角接接头焊缝常见表面缺陷识别及其预防
			（2）焊缝外观质量检查

续表

职业功能模块	培训内容	技能目标	培训细目
1．焊条电弧焊	1-2　厚度$\delta \geq$ 6 mm低碳钢板或低合金钢板对接平焊	1-2-1　能进行钢板对接平焊焊接所用设备、工具、夹具安全检查	（1）钢板对接平焊焊接设备安全检查
			（2）钢板对接平焊工具安全检查
			（3）钢板对接平焊夹具安全检查
		1-2-2　能进行钢板对接平焊坡口清理、组对及定位焊	（1）对接平焊焊前清理
			（2）对接平焊组对
			（3）焊件定位焊
		1-2-3　能预留焊件反变形	（1）预留反变形量
		1-2-4　能根据焊接工艺文件选择钢板对接平焊焊条电弧焊参数	（1）钢板对接平焊焊接参数确认与调节
		1-2-5　能根据焊接工艺文件要求确定钢板对接平焊打底层的焊接道及其他焊道运条方式完成焊接	（1）钢板对接平焊
		1-2-6　能根据工艺文件对对接平焊焊缝外观质量进行自检	（1）对接平焊焊缝常见表面缺陷识别及其预防
			（2）焊缝外观质量检查
	1-3　管径$\phi \geq$ 60 mm低碳钢管水平转动对接焊	1-3-1　能进行管径$\phi \geq$ 60 mm低碳钢管水平转动对接焊所用设备、工具、夹具安全检查	（1）钢管水平转动对接焊设备安全检查
			（2）钢管水平转动对接焊工具安全检查
			（3）钢管水平转动对接焊夹具安全检查
		1-3-2　能进行管径$\phi \geq$ 60 mm低碳钢管坡口清理、组对和定位焊	（1）钢管水平转动对接焊焊前清理
			（2）焊件组对
			（3）焊件定位焊
		1-3-3　能根据焊接工艺文件选择中径低碳钢管水平转动对接焊参数	（1）焊接参数确认与调节

续表

职业功能模块	培训内容	技能目标	培训细目
1．焊条电弧焊	1-3 管径 $\phi \geqslant$ 60 mm 低碳钢管水平转动对接焊	1-3-4 能根据焊接工艺文件要求确定 $\phi \geqslant$ 60 mm 低碳钢管水平转动对接焊打底层的焊接道及其他焊道运条方式完成焊接	（1）低碳钢管水平转动对接焊打底层焊接
			（2）低碳钢管水平转动对接焊填充层焊接
			（3）低碳钢管水平转动对接焊盖面层焊接
		1-3-5 低碳钢管水平转动对接焊焊缝外观质量检验	（1）钢管水平转动对接焊焊缝常见表面缺陷识别及其预防
			（2）钢管水平转动对接焊焊缝外观检查
2．熔化极气体保护焊	2-1 低碳钢板或低合金钢板角接接头熔化极气体保护焊	2-1-1 能进行钢板角接接头熔化极气体保护焊所用设备、工具、夹具安全检查	（1）熔化极气体保护焊设备安全检查
			（2）熔化极气体保护焊工具安全检查
			（3）钢板角接接头焊接夹具安全检查
		2-1-2 能进行钢板角接接头熔化极气体保护焊焊件清理、组对及定位焊	（1）钢板角接接头焊前清理
			（2）钢板角接接头组对
			（3）焊件定位焊
		2-1-3 能选择符合钢板角接接头焊接工艺要求的焊接材料	（1）二氧化碳气体保护焊焊丝确认
			（2）二氧化碳气体保护焊保护气体选择
		2-1-4 能进行钢板角接熔化极气体保护焊引弧、收弧、送丝	（1）二氧化碳气体保护焊引弧
			（2）二氧化碳气体保护焊送丝
			（3）二氧化碳气体保护焊收弧
		2-1-5 能焊出符合钢板角接接头焊接工艺文件要求角焊缝	（1）钢板角接接头二氧化碳气体保护焊焊接
		2-1-6 能根据工艺文件对钢板角接接头熔化极气体保护焊焊缝外观质量进行自检	（1）钢板角接接头或T形接头焊接常见表面缺陷识别及其预防
			（2）焊缝外观质量检查

续表

职业功能模块	培训内容	技能目标	培训细目
2．熔化极气体保护焊	2-2　低碳钢板或低合金钢板平位对接熔化极气体保护焊（双面焊或背部加衬垫）	2-2-1　能进行钢板平位对接熔化极气体保护焊所用设备、工具、夹具安全检查	（1）二氧化碳气体保护焊设备安全检查
			（2）二氧化碳气体保护焊工具安全检查
			（3）钢板平位对接接头焊接夹具安全检查
		2-2-2　能选择符合钢板平位对接熔化极气体保护焊工艺要求焊接材料	（1）二氧化碳气体保护焊焊丝领用
			（2）二氧化碳气体确认
		2-2-3　能进行钢板平位对接熔化极气体保护焊件清理、组对、预防反变形及定位焊	（1）焊件焊前清理
			（2）焊件组对
			（3）焊件定位焊
		2-2-4　能进行钢板平位对接熔化极气体保护焊引弧、收弧和焊接	（1）钢板平位对接二氧化碳气体保护焊引弧
			（2）钢板平位对接二氧化碳气体保护焊收弧
			（3）二氧化碳气体保护焊焊接
		2-2-5　能根据工艺文件对钢板平位对接熔化极气体焊焊缝外观质量进行自检	（1）钢板平位对接熔化极气体保护焊焊缝常见表面缺陷识别及其预防
			（2）焊缝外观质量检查
3．非熔化极气体保护焊	3-1　低碳钢板厚度 $\delta<6$ mm 平位对接手工钨极氩弧焊	3-1-1　能进行低碳钢板厚度 $\delta<6$ mm 平位对接手工钨极氩弧焊所用设备、工具、夹具安全检查	（1）手工钨极氩弧焊设备安全检查
			（2）手工钨极氩弧焊工具安全检查
			（3）钢板手工钨极氩弧焊夹具安全检查
		3-1-2　能选择符合低碳钢板厚度 $\delta<6$ mm 平位对接手工钨极氩弧焊工艺要求的工艺参数	（1）手工钨极氩弧焊焊接参数确认与调节

续表

职业功能模块	培训内容	技能目标	培训细目
3. 非熔化极气体保护焊	3-1 低碳钢板厚度 δ<6 mm 平位对接手工钨极氩弧焊	3-1-3 能进行低碳钢板厚度 δ<6 mm 平位对接手工钨极氩弧焊焊件清理、组对和定位焊	（1）焊件焊前清理
			（2）焊件组对
			（3）焊件定位焊
		3-1-4 能在低碳钢板厚度 δ<6 mm 平位对接手工钨极氩弧焊前预留焊件的反变形	（1）预留焊件反变形量
		3-1-5 能进行低碳钢板厚度 δ<6 mm 平位对接手工钨极氩弧焊引弧、焊接、收弧操作	（1）低碳钢板手工钨极氩弧焊引弧
			（2）低碳钢板手工钨极氩弧焊送丝
			（3）低碳钢板手工钨极氩弧焊焊接
			（4）低碳钢板手工钨极氩弧焊收弧
		3-1-6 能根据焊接工艺文件进行低碳钢板厚度 δ<6 mm 平位对接手工钨极氩弧焊打底层的焊接及其他焊道焊接	（1）低碳钢板平位对接手工钨极氩弧焊打底层焊接
			（2）低碳钢板平位对接手工钨极氩弧焊盖面层焊接
		3-1-7 能根据焊接工艺文件要求进行低碳钢板厚度 δ<6 mm 平位对接手工钨极氩弧焊焊缝外观质量自检	（1）低碳钢板平位对接手工钨极氩弧焊焊缝常见表面缺陷识别及其预防
			（2）焊缝外观质量检查
	3-2 不锈钢板厚度 δ<6 mm 平位对接手工钨极氩弧焊	3-2-1 能进行不锈钢板厚度 δ<6 mm 平位对接手工钨极氩弧焊所用设备、工具、夹具安全检查	（1）手工钨极氩弧焊设备安全检查
			（2）手工钨极氩弧焊工具安全检查
			（3）钢板手工钨极氩弧焊夹具安全检查
		3-2-2 能选择符合不锈钢板厚度 δ<6 mm 平位对接手工钨极氩弧焊工艺要求工艺参数	（1）手工钨极氩弧焊焊接参数确认与调节

续表

职业功能模块	培训内容	技能目标	培训细目
3．非熔化极气体保护焊	3-2 不锈钢板厚度 δ <6 mm 平位对接手工钨极氩弧焊	3-2-3 能进行不锈钢板厚度 δ <6 mm 平位对接手工钨极氩弧焊焊件清理、组对和定位焊	（1）不锈钢板焊件焊前清理
			（2）不锈钢板焊件组对
			（3）不锈钢板焊件定位焊
		3-2-4 能在不锈钢板厚度 δ <6 mm 平位对接手工钨极氩弧焊前预留焊件反变形	（1）预留焊件反变形量
		3-2-5 能进行不锈钢板厚度 δ <6 mm 平位对接手工钨极氩弧焊引弧、焊接、收弧操作	（1）不锈钢板手工钨极氩弧焊引弧
			（2）不锈钢板手工钨极氩弧焊送丝
			（3）不锈钢板手工钨极氩弧焊焊接
			（4）不锈钢板手工钨极氩弧焊收弧
		3-2-6 能根据焊接工艺文件进行不锈钢板厚度 δ <6 mm 平位对接手工钨极氩弧焊打底层的焊接及其他焊道焊接	（1）不锈钢板平位对接手工钨极氩弧焊打底层焊接
			（2）不锈钢板平位对接手工钨极氩弧焊盖面层焊接
		3-2-7 能根据焊接工艺文件要求进行不锈钢板厚度 δ <6 mm 平位对接手工钨极氩弧焊焊缝外观质量自检	（1）不锈钢板平位对接手工钨极氩弧焊焊缝常见表面缺陷识别及其预防
			（2）焊缝外观质量检查
	3-3 管径 ϕ< 60 mm 低碳钢管对接水平转动手工钨极氩弧焊	3-3-1 能进行管径 ϕ< 60 mm 低碳钢管对接水平转动手工钨极氩弧焊所用设备、工具、夹具安全检查	（1）手工钨极氩弧焊设备安全检查
			（2）手工钨极氩弧焊工具安全检查
			（3）钢管水平转动手工钨极氩弧焊夹具安全检查

续表

<table>
<tr><th>职业功能模块</th><th>培训内容</th><th>技能目标</th><th>培训细目</th></tr>
<tr><td rowspan="11">3．非熔化极气体保护焊</td><td rowspan="11">3-3 管径 ϕ< 60 mm 低碳钢管对接水平转动手工钨极氩弧焊</td><td>3-3-2 能根据焊接工艺文件选择符合管径 ϕ< 60 mm 低碳钢管对接水平转动手工钨极氩弧焊工艺要求的工艺参数</td><td>（1）低碳钢管对接水平转动手工钨极氩弧焊焊接参数确认与调节</td></tr>
<tr><td rowspan="3">3-3-3 能进行管径 ϕ< 60 mm 低碳钢管对接水平转动手工钨极氩弧焊焊件清理、组对和定位焊</td><td>（1）焊件焊前清理</td></tr>
<tr><td>（2）焊件组对</td></tr>
<tr><td>（3）焊件定位焊</td></tr>
<tr><td rowspan="2">3-3-4 能根据焊接工艺文件进行管径 ϕ< 60 mm 低碳钢管对接水平转动手工钨极氩弧焊打底层的焊接及其他焊道焊接</td><td>（1）低碳钢管对接水平转动手工钨极氩弧焊打底层焊接</td></tr>
<tr><td>（2）低碳钢管对接水平转动手工钨极氩弧焊焊接</td></tr>
<tr><td rowspan="2">3-3-5 能根据焊接工艺文件要求对管径 ϕ< 60 mm 低碳钢管对接水平转动手工钨极氩弧焊焊缝外观质量进行自检</td><td>（1）低碳钢管对接水平转动手工钨极氩弧焊常见表面缺陷识别及其预防</td></tr>
<tr><td>（2）焊缝外观质量检查</td></tr>
<tr><td rowspan="3" style="display:none"></td></tr>
</table>

<table>
<tr><th>职业功能模块</th><th>培训内容</th><th>技能目标</th><th>培训细目</th></tr>
<tr><td rowspan="9">4．埋弧焊</td><td rowspan="9">4-1 低碳钢板或低合金钢板平位对接焊</td><td rowspan="3">4-1-1 能根据工艺文件进行低碳钢板或低合金钢板平位对接埋弧焊接坡口清理、组对和定位焊</td><td>（1）焊件焊前清理</td></tr>
<tr><td>（2）焊件组对</td></tr>
<tr><td>（3）焊件定位焊</td></tr>
<tr><td>4-1-2 能根据工艺文件选择低碳钢板或低合金钢板平位对接埋弧焊接工艺参数</td><td>（1）埋弧焊焊接参数确认与调节</td></tr>
<tr><td rowspan="2">4-1-3 能进行低碳钢板或低合金钢板平位对接双面埋弧焊</td><td>（1）钢板平位对接双面埋弧焊引弧</td></tr>
<tr><td>（2）钢板平位对接双面埋弧焊焊接</td></tr>
<tr><td>4-1-4 能用碳弧气刨进行背部清根</td><td>（1）碳弧气刨背部清根</td></tr>
<tr><td rowspan="2">4-1-5 能根据焊接工艺文件要求对低碳钢板或低合金钢板埋弧焊焊缝外观质量进行自检</td><td>（1）平位对接埋弧焊常见表面缺陷识别及其预防</td></tr>
<tr><td>（2）焊缝外观质量检查</td></tr>
</table>

续表

职业功能模块	培训内容	技能目标	培训细目
4．埋弧焊	4-2　厚度 δ = 8 ～ 12 mm 低碳钢板对接平焊（背部加衬垫或双面焊双面成型）	4-2-1　能进行厚度 δ = 8 ～ 12 mm 低碳钢板埋弧焊所用设备、工具、夹具安全检查	（1）埋弧焊平焊设备安全检查
			（2）埋弧焊平焊工具安全检查
			（3）埋弧焊平焊夹具安全检查
		4-2-2　能根据厚度 δ = 8 ～ 12 mm 低碳钢板埋弧焊工艺文件选择焊接材料	（1）焊丝选用
			（2）焊剂选用
		4-2-3　能选择厚度 δ = 8 ～ 12 mm 低碳钢板埋弧焊工艺参数	（1）钢板对接平焊焊接参数确认与调节
		4-2-4　能对厚度 δ = 8 ～ 12 mm 低碳钢板埋弧焊件采取防变形措施	（1）钢板对接埋弧焊件焊接防变形控制
		4-2-5　能进行厚度 δ = 8 ～ 12 mm 低碳钢板对接埋弧焊焊件清理	（1）焊件焊前清理
		4-2-6　能进行厚度 δ = 8 ～ 12 mm 低碳钢板对接埋弧焊焊件组对与定位焊	（1）焊件组对
			（2）焊件定位焊
		4-2-7　能使用厚度 δ = 8 ～ 12 mm 低碳钢板对接埋弧焊的焊接跟踪装置进行焊接	（1）钢板对接埋弧焊辅助设备使用
			（2）钢板对接埋弧焊焊接
		4-2-8　能根据焊接工艺文件要求对厚度 δ = 8 ～ 12 mm 低碳钢板对接埋弧焊焊缝外观质量进行自检	（1）钢板对接埋弧焊常见表面缺陷识别及其预防
			（2）焊缝外观质量检查

续表

职业功能模块	培训内容	技能目标	培训细目
5. 气焊	5-1 管径 $\phi <$ 60 mm 低碳钢管对接水平转动和垂直固定气焊	5-1-1 能进行管径 $\phi <$ 60 mm 低碳钢管气焊所用设备、工具、夹具安全检查	(1) 钢管气焊设备安全检查
			(2) 钢管气焊工具安全检查
			(3) 钢管气焊夹具安全检查
		5-1-2 能进行焊件及焊丝清理	(1) 焊件清理
			(2) 焊丝清理
		5-1-3 能调整可燃气体和助燃气体比值，将火焰类别调整到适应被焊材料	(1) 气焊火焰调节
		5-1-4 能根据工件厚度和焊接位置确定坡口尺寸和接头间隙	(1) 焊件组对
		5-1-5 能确定定位焊焊点位置，并能进行定位焊	(1) 焊件定位焊
		5-1-6 能根据焊接工艺文件要求选择工艺参数，起焊、焊接和焊接收尾	(1) 钢管对接水平转动气焊
			(2) 钢管对接垂直固定气焊
		5-1-7 能根据焊接工艺文件要求对管径 $\phi <$ 60 mm 低碳钢管对接气焊焊缝外观质量进行自检	(1) 钢管对接气焊常见表面缺陷识别及其预防
			(2) 焊缝外观质量检查
6. 钎焊	6-1 低碳钢板搭接手工火焰钎焊	6-1-1 能进行低碳钢板搭接手工火焰钎焊所用设备、工具、夹具安全检查	(1) 钢板搭接手工火焰钎焊设备安全检查
			(2) 钢板搭接手工火焰钎焊工具安全检查
			(3) 钢板搭接手工火焰钎焊夹具安全检查
		6-1-2 能进行低碳钢板焊件清理、装配和固定	(1) 焊件清理
			(2) 焊件装配
			(3) 焊件固定

续表

职业功能模块	培训内容	技能目标	培训细目
6．钎焊	6-1　低碳钢板搭接手工火焰钎焊	6-1-3　能选择低碳钢板搭接手工火焰钎焊接头间隙	（1）钢板搭接手工火焰钎焊接头间隙选择
		6-1-4　能根据焊接工艺文件选择低碳钢板手工火焰钎焊钎料和钎剂	（1）钎料领取和确认
			（2）钎剂领取和确认
		6-1-5　能选择低碳钢板搭接手工火焰钎焊工艺参数	（1）钎焊焊接参数确认与调节
		6-1-6　能用火焰设备、工具进行低碳钢板搭接手工火焰钎焊	（1）低碳钢板手工火焰钎焊操作
		6-1-7　能进行低碳钢板搭接手工火焰钎焊钎缝清洗	（1）钎焊钎缝清洗
		6-1-8　能根据工艺文件要求对低碳钢板搭接手工火焰钎焊钎缝外观质量进行自检	（1）低碳钢板手工火焰钎焊常见表面缺陷识别及其预防
			（2）焊缝外观质量检查
	6-2　不锈钢板搭接手工火焰钎焊	6-2-1　能进行不锈钢板搭接手工火焰钎焊所用设备、工具、夹具安全检查	（1）不锈钢板搭接手工火焰钎焊设备安全检查
			（2）不锈钢板搭接手工火焰钎焊工具安全检查
			（3）不锈钢板搭接手工火焰钎焊夹具安全检查
		6-2-2　能进行不锈钢板焊件清理、装配和固定	（1）焊件清理
			（2）焊件装配
			（3）焊件固定
		6-2-3　能选择不锈钢板搭接手工火焰钎焊接头间隙	（1）不锈钢板搭接手工火焰钎焊接头间隙选择
		6-2-4　能根据焊接工艺文件选择不锈钢板搭接手工火焰钎焊钎料和钎剂	（1）钎料领取和确认
			（2）钎剂领取和确认

续表

职业功能模块	培训内容	技能目标	培训细目
6．钎焊	6-2　不锈钢板搭接手工火焰钎焊	6-2-5　能选择不锈钢板搭接手工火焰钎焊工艺参数	（1）钎焊焊接参数确认与调节
		6-2-6　能用火焰设备、工具进行不锈钢板搭接手工火焰钎焊	（1）不锈钢板搭接手工火焰钎焊
		6-2-7　能进行不锈钢板搭接手工火焰钎焊钎缝清洗	（1）钎焊钎缝清洗
		6-2-8　能根据工艺文件要求对不锈钢板搭接手工火焰钎焊钎缝外观质量进行自检	（1）不锈钢板搭接手工火焰钎焊常见表面缺陷识别及其预防
			（2）焊缝外观质量检查
7．电阻焊	7-1　低碳钢薄板电阻点焊	7-1-1　能进行电阻点焊所用设备、工具、夹具安全检查	（1）电阻点焊设备安全检查
			（2）电阻点焊工具安全检查
			（3）电阻点焊夹具安全检查
		7-1-2　能进行低碳钢薄板清理	（1）电阻点焊低碳钢薄板清理
		7-1-3　能根据被焊低碳钢薄板选择电极	（1）电阻点焊电极选择
		7-1-4　能对电极进行清理和修整，满足低碳钢薄板电阻点焊工艺要求	（1）电阻点焊电极清理
			（2）电阻点焊电极修整
		7-1-5　能根据焊接工艺文件工艺参数要求设定焊机参数和点焊压力	（1）电阻点焊薄板焊接参数确认与调节
		7-1-6　能对低碳钢薄板进行装夹和点焊	（1）电阻点焊低碳钢薄板装夹
			（2）电阻点焊低碳钢薄板点焊
		7-1-7　能根据焊接工艺文件要求对焊点外观质量进行自检	（1）电阻点焊常见表面缺陷识别及其预防
			（2）焊点外观质量检查

续表

职业功能模块	培训内容	技能目标	培训细目
7．电阻焊	7-2　光圆钢筋或带筋钢筋闪光对焊	7-2-1　能进行闪光对焊所用设备、工具、夹具安全检查	（1）闪光对焊设备安全检查
			（2）闪光对焊工具安全检查
			（3）闪光对焊夹具安全检查
		7-2-2　能进行光圆钢筋或带筋钢筋焊接区域清理	（1）焊接区域清理
		7-2-3　能根据被焊接材料选择电极	（1）闪光对焊电极选择
		7-2-4　能对电极进行清理和修整，满足闪光对焊工艺要求	（1）闪光对焊电极清理
			（2）闪光对焊电极修整
		7-2-5　能根据焊接工艺文件要求设定对焊机参数	（1）焊机工艺参数确认与调节
		7-2-6　能对Ⅰ级和Ⅱ级钢筋进行装夹和闪光对焊	（1）钢筋装夹
			（2）钢筋闪光对焊
		7-2-7　能根据焊接工艺文件要求对闪光对焊接头外观质量进行自检	（1）闪光对焊常见表面缺陷识别及其预防
			（2）焊缝外观质量检查
	7-3　低碳钢薄板电阻缝焊	7-3-1　能进行电阻缝焊所用设备、工具、夹具安全检查	（1）电阻缝焊设备安全检查
			（2）电阻缝焊工具安全检查
			（3）电阻缝焊夹具安全检查
		7-3-2　能进行焊件焊接区域清理	（1）焊接区域清理
		7-3-3　能根据被焊接材料选择电阻缝焊电极	（1）电阻缝焊电极选择
		7-3-4　能对电阻缝焊电极进行清理和修整	（1）电阻缝焊电极清理
			（2）电阻缝焊电极修整

续表

职业功能模块	培训内容	技能目标	培训细目
7．电阻焊	7-3　低碳钢薄板电阻缝焊	7-3-5　能根据焊接工艺文件工艺参数要求设定缝焊机参数和缝焊压力	（1）电阻缝焊焊接参数确认与调节
			（2）电阻焊缝压力确认
		7-3-6　能对低碳钢薄板进行装夹和缝焊	（1）电阻缝焊低碳钢薄板装夹
			（2）低碳钢薄板缝焊
		7-3-7　能根据焊接工艺文件要求对焊缝外观质量进行自检	（1）低碳钢薄板缝焊常见表面缺陷识别及其预防
			（2）焊缝外观质量检查
	7-4　低碳钢螺柱焊	7-4-1　能进行螺柱焊所有设备、工具、夹具安全检查	（1）螺柱焊设备安全检查
			（2）螺柱焊工具安全检查
			（3）螺柱焊夹具安全检查
		7-4-2　能调节电弧螺柱焊设备	（1）电弧螺柱焊设备调节
		7-4-3　能根据工艺文件选择电弧螺柱焊工艺参数	（1）电弧螺柱焊焊接参数确认与调节
		7-4-4　能对螺柱进行装夹和引弧、焊接	（1）螺柱焊焊件装夹
			（2）螺柱焊焊接
		7-4-5　能根据焊接工艺文件要求对电弧螺柱焊接头质量进行自检	（1）电弧螺柱焊常见表面缺陷识别及其预防
			（2）焊缝外观质量检查
8．压力焊	8-1　低碳钢板扩散焊	8-1-1　能进行扩散焊所用设备、工具、夹具安全检查	（1）扩散焊设备安全检查
			（2）扩散焊工具安全检查
			（3）扩散焊夹具安全检查
		8-1-2　能进行焊件清理，满足扩散焊工艺要求	（1）焊件焊前清理
		8-1-3　能根据焊接工艺文件设定扩散焊工艺参数	（1）扩散焊焊接参数确认与调节

续表

职业功能模块	培训内容	技能目标	培训细目
8．压力焊	8-1 低碳钢板扩散焊	8-1-4 能装夹被焊工件	（1）扩散焊焊件装夹
		8-1-5 能在真空或保护气氛下对低碳钢板进行扩散焊	（1）扩散焊焊接
		8-1-6 能根据焊接工艺文件要求对扩散焊接头外观质量进行自检	（1）扩散焊常见表面缺陷识别及其预防
			（2）焊缝外观质量检查
	8-2 小径Ⅰ级钢筋电渣压力焊	8-2-1 能进行电渣压力焊所用设备、工具、夹具安全检查	（1）电渣压力焊设备安全检查
			（2）电渣压力焊工具安全检查
			（3）电渣压力焊夹具安全检查
		8-2-2 能进行钢筋清理，并将钢筋端面切平，无毛刺	（1）钢筋清理
			（2）钢筋端面切平
		8-2-3 能将钢筋装夹于焊接夹具	（1）钢筋装夹
		8-2-4 能根据焊接工艺文件设定电渣压力焊工艺参数	（1）电渣压力焊焊接参数确认与调节
		8-2-5 能完成电渣压力焊电弧过程、电渣过程以及断电和加压，得到完好接头	（1）电渣压力焊焊接
		8-2-6 能根据焊接工艺文件要求对电渣压力焊接头外观质量进行自检	（1）电渣压力焊接头表面缺陷识别及其预防
			（2）焊缝外观质量检查
9．切割	9-1 低碳钢板手工气割	9-1-1 能进行气割所用设备、工具安全检查	（1）气割设备安全检查
			（2）气割工具安全检查
		9-1-2 能连接氧气瓶、乙炔瓶、氧气减压器、乙炔减压器、割炬、割嘴、氧气胶管、乙炔胶管	（1）气割设备连接

续表

职业功能模块	培训内容	技能目标	培训细目
9．切割	9-1 低碳钢板手工气割	9-1-3 能清理待割件表面油、锈，并划线	（1）待割件表面清理
			（2）待割件划线
		9-1-4 能调整火焰为中性焰或者轻微氧化焰	（1）气割火焰调整
		9-1-5 能调节切割气压力	（1）气割参数调节
		9-1-6 能在钢板上进行手工直线切割或手工切割出直线组合形状部件	（1）手工气割
		9-1-7 能对手工气割割缝质量进行自检	（1）手工气割割缝缺陷识别及其预防
			（2）割缝质量检查
	9-2 低碳钢板碳弧气刨	9-2-1 能选用碳弧气刨的焊材、工具、夹具	（1）碳弧气刨焊材、工具、夹具选用
		9-2-2 能进行碳弧气刨所用设备、工具、夹具的安全检查	（1）碳弧气刨设备安全检查
			（2）碳弧气刨工具安全检查
			（3）碳弧气刨夹具安全检查
		9-2-3 能连接及调整碳弧气刨设备	（1）碳弧气刨设备连接
			（2）碳弧气刨设备调整
		9-2-4 能根据工艺文件选择碳弧气刨工艺参数	（1）碳弧气刨工艺参数确认与调节
		9-2-5 能用碳弧气刨刨削U形坡口，并达到两个工件对接焊接坡口的要求	（1）碳弧气刨刨削U形坡口
		9-2-6 能用碳弧气刨清除焊缝缺陷	（1）割缝缺陷识别及其预防
			（2）用碳弧气刨清除焊缝缺陷操作
10．机器人焊接	10-1 厚度$\delta \geq$ 8 mm低碳钢板机器人平位堆焊（二氧化碳气体保护焊）	10-1-1 能根据焊接工艺文件选择低碳钢板机器人平位堆焊参数	（1）焊接参数确认与调节
		10-1-2 能根据工艺文件要求进行低碳钢板机器人平位堆焊所用设备、工具、夹具的安全检查	（1）弧焊机器人设备安全检查
			（2）弧焊机器人工机具安全检查
			（3）弧焊机器人夹具安全检查

续表

职业功能模块	培训内容	技能目标	培训细目
10．机器人焊接	10–1 厚度$\delta \geqslant$ 8 mm低碳钢板机器人平位堆焊（二氧化碳气体保护焊）	10–1–3 能进行低碳钢板机器人平位堆焊的焊前清理	（1）低碳钢板机器人平位堆焊焊前清理
		10–1–4 能按照工艺文件要求完成低碳钢板机器人平位堆焊	（1）弧焊机器人编程及焊接
		10–1–5 能根据工艺文件对低碳钢板机器人平位堆焊焊缝外观质量进行自检	（1）常见低碳钢板机器人平位堆焊焊缝表面缺陷识别及其预防
			（2）焊缝外观质量检查

2.1.3 中级职业技能培训要求

职业功能模块	培训内容	技能目标	培训细目
1．焊条电弧焊	1–1 管板插入式或骑座式焊接的单面焊双面成型	1–1–1 能选择符合管板焊接要求的焊条	（1）焊条领取和确认
		1–1–2 能根据焊接工艺文件要求进行管板的坡口清理	（1）坡口清理
		1–1–3 能根据焊接工艺文件选择焊接参数，调整焊条角度，焊出符合要求的角焊缝	（1）骑座式管板水平固定全位置焊接
			（2）插入式管板水平固定全位置焊接
		1–1–4 能根据工艺文件对管板焊缝外观质量进行自检	（1）管板焊缝常见表面缺陷识别及其预防
			（2）焊缝外观质量检查
	1–2 厚度$\delta \geqslant$ 6 mm低碳钢板或低合金钢板的对接立焊单面焊双面成型	1–2–1 能进行钢板对接立焊坡口清理	（1）钢板对接立焊坡口清理
		1–2–2 能根据焊接工艺文件选择钢板对接立焊焊条电弧焊的参数	（1）焊接参数确认与调节
		1–2–3 能预留焊件的反变形，完成焊件的组对和定位焊	（1）焊件组对
			（2）焊件定位焊

续表

职业功能模块	培训内容	技能目标	培训细目
1. 焊条电弧焊	1-2 厚度 $\delta \geqslant$ 6 mm 低碳钢板或低合金钢板的对接立焊单面焊双面成型	1-2-4 能根据焊接工艺文件要求确定钢板对接立焊打底焊道及其他焊道的运条方式，焊接符合根部透度要求的焊缝，单面焊双面成型	(1) 对接立焊单面焊双面成型焊接
		1-2-5 能根据工艺文件对厚度 $\delta \geqslant$ 6 mm 低碳钢板或低合金钢板对接立焊焊缝外观质量进行自检	(1) 钢板对接立焊常见表面缺陷识别及其预防
			(2) 焊缝外观质量检查
	1-3 厚度 $\delta \geqslant$ 6 mm 低碳钢板或低合金钢板的对接横焊单面焊双面成型	1-3-1 能选择符合中等厚度低碳钢板或低合金钢板对接横焊要求的焊条	(1) 焊条领取和确认
		1-3-2 能根据图样对厚度 $\delta \geqslant$ 6 mm 低碳钢板或低合金钢板的对接坡口进行检查与清理	(1) 焊件坡口检查
			(2) 焊件清理
		1-3-3 能通过焊件的反变形降低焊接残余变形	(1) 焊接残余变形的降低
		1-3-4 能焊接符合根部透度要求的钢板对接打底焊道，清理中间焊道以及成型良好的盖面焊缝	(1) 板对接横焊单面焊双面成型焊接
		1-3-5 能根据工艺文件对厚度 $\delta \geqslant$ 6 mm 低碳钢板或低合金钢板对接横焊焊缝外观质量进行自检	(1) 板对接横焊常见表面缺陷识别及其预防
			(2) 焊缝外观质量检查
	1-4 管径 $\phi \geqslant$ 76 mm 低碳钢管或低合金钢管的对接水平固定、垂直固定或 45° 固定焊接	1-4-1 能选择符合管径 $\phi \geqslant$ 76 mm 低碳钢管或低合金钢管对接要求的焊条	(1) 焊条领取和确认
		1-4-2 能根据图样对管径 $\phi \geqslant$ 76 mm 低碳钢管或低合金钢管进行坡口检查与清理	(1) 坡口检查
			(2) 焊件清理

续表

职业功能模块	培训内容	技能目标	培训细目
1．焊条电弧焊	1-4　管径 $\phi \geqslant$ 76 mm 低碳钢管或低合金钢管的对接水平固定、垂直固定或 45° 固定焊接	1-4-3　能根据焊接工艺文件确定定位焊位置	(1) 焊件组对
			(2) 焊件定位焊
		1-4-4　根据焊接位置调整焊条角度，能焊接符合焊缝尺寸要求的管径 $\phi \geqslant$ 76 mm 低碳钢管或低合金钢管对接打底焊道，清理中间焊道以及成型良好的盖面焊缝	(1) 对接水平固定焊接
			(2) 对接垂直固定焊接
			(3) 对接 45° 固定焊接
		1-4-5　能根据工艺文件对管径 $\phi \geqslant$ 76 mm 低碳钢管或低合金钢管对接焊缝外观质量进行自检	(1) 钢管对接焊接常见表面缺陷识别及其预防
			(2) 焊缝外观质量检查
2．熔化极气体保护焊	2-1　厚度 δ = 8 ～ 12 mm 低碳钢板或低合金钢板横位或立位对接的熔化极气体保护焊（单面焊双面成型）	2-1-1　能选择符合低碳钢板或低合金钢板横位或立位对接要求的二氧化碳气体保护焊焊丝	(1) 焊丝领取与确认
		2-1-2　能根据图样对厚度 δ =8 ～ 12 mm 钢板对接横焊或立焊的坡口进行检查与清理	(1) 焊件坡口检查
			(2) 焊件清理
		2-1-3　能根据焊接工艺文件选择厚度 δ =8 ～ 12 mm 钢板横位或立位对接的焊接参数	(1) 焊接参数确认与调节
		2-1-4　能选择熔化极气体保护焊左向焊和右向焊	(1) 焊接方向选择
		2-1-5　能焊接符合要求的打底焊道，中间焊道，以及成型良好的盖面焊缝	(1) 钢板立位对接的熔化极气体保护焊焊接
			(2) 钢板横位对接的熔化极气体保护焊焊接
		2-1-6　能根据工艺文件对中等厚度低碳钢板或低合金钢板焊缝外观质量进行自检	(1) 钢板对接横焊或立焊常见表面缺陷识别及其预防
			(2) 焊缝外观质量检查

续表

职业功能模块	培训内容	技能目标	培训细目
2．熔化极气体保护焊	2-2 管径 ϕ=76 ～ 168 mm 低碳钢管或低合金钢管对接水平固定和垂直固定的二氧化碳气体保护焊	2-2-1 能选择符合管径 ϕ=76 ～ 168 mm 低碳钢管或低合金钢管对接工艺要求的二氧化碳气体保护焊焊丝	（1）焊丝领取与确认
		2-2-2 能根据图样对管径 ϕ=76 ～ 168 mm 低碳钢管或低合金钢管对接二氧化碳气体保护焊的坡口进行检查与清理	（1）焊件坡口检查
			（2）焊件清理
		2-2-3 能根据工艺文件选择管径 ϕ=76 ～ 168 mm 低碳钢管或低合金钢管水平固定和垂直固定的焊接参数	（1）焊接参数确认与调节
		2-2-4 能根据焊接工艺文件选择管径 ϕ=76 ～ 168 mm 低碳钢管或低合金钢管水平固定和垂直固定的二氧化碳气体保护焊的定位焊位置	（1）焊件组对
			（2）焊件定位焊
		2-2-5 能根据管径 ϕ=76 ～ 168 mm 钢管焊接位置方向的变化调整焊枪角度，焊接符合透度要求的焊缝	（1）钢管对接水平固定焊接
			（2）钢管对接垂直固定焊接
		2-2-6 能根据工艺文件对管径 ϕ=76 ～ 168 mm 低碳钢或低合金钢管水平固定和垂直固定焊缝外观质量进行自检	（1）钢管对接水平固定和垂直固定焊接常见表面缺陷识别及其预防
			（2）焊缝外观质量检验
	2-3 厚度 $\delta \geq$ 6 mm 低碳钢板或低合金钢板气电立焊	2-3-1 能选择符合低碳钢板气电立焊要求的焊丝	（1）焊丝领取及确认
			（2）保护气体确认
		2-3-2 能根据图样对低碳钢板气电立焊进行坡口检查、焊件清理、组对及定位焊	（1）坡口检查及清理
			（2）焊件组对
			（3）焊件定位焊
		2-3-3 能根据焊接工艺文件选择焊接参数	（1）焊接参数确认与调节
		2-3-4 能进行气电立焊设备及工艺设备的调试	（1）气电立焊设备及工艺设备调试

续表

职业功能模块	培训内容	技能目标	培训细目
2．熔化极气体保护焊	2–3　厚度 $\delta \geqslant$ 6 mm 低碳钢板或低合金钢板气电立焊	2–3–5　能进行气电立焊的引弧、焊接和收弧	（1）钢板气电立焊的焊接
			（2）焊后清理
		2–3–6　能根据工艺文件对低碳钢板气电立焊焊缝外观质量进行自检	（1）钢板气电立焊常见表面缺陷识别及其预防
			（2）焊缝外观质量检查
3．非熔化极气体保护焊	3–1　低碳钢管板插入式或骑座式的手工钨极氩弧焊	3–1–1　能选择符合低碳钢管板插入式或骑座式手工钨极氩弧焊的焊接材料	（1）焊丝领取及确认
			（2）钨极领取及确认
		3–1–2　能进行低碳钢管板插入式或骑座式手工钨极氩弧焊的坡口检查与清理	（1）坡口检查
			（2）焊件清理
		3–1–3　能选择低碳钢管板手工钨极氩弧焊焊接参数	（1）焊接参数确认与调节
		3–1–4　能进行低碳钢管板插入式或骑座式的手工钨极氩弧焊打底、填充、盖面成型的焊接	（1）管板插入式手工钨极氩弧焊焊接
			（2）管板骑座式手工钨极氩弧焊焊接
		3–1–5　能根据焊接工艺文件要求对低碳钢管板的手工钨极氩弧焊焊缝外观质量进行自检	（1）管板手工钨极氩弧焊常见表面缺陷识别及其预防
			（2）焊缝外观质量检查
	3–2　管径 ϕ< 60 mm 低合金钢管对接水平固定和垂直固定的手工钨极氩弧焊	3–2–1　能进行管径 ϕ< 60 mm 低合金钢管对接水平固定和垂直固定手工钨极氩弧焊的坡口检查与清理	（1）焊件坡口检查
			（2）焊件清理
		3–2–2　能选择管径 ϕ< 60 mm 低合金钢管对接水平固定和垂直固定的手工钨极氩弧焊焊接参数	（1）焊接参数确认与调节

续表

职业功能模块	培训内容	技能目标	培训细目
3．非熔化极气体保护焊	3-2 管径 ϕ< 60 mm 低合金钢管对接水平固定和垂直固定的手工钨极氩弧焊	3-2-3 能进行管径 ϕ<60 mm 低合金钢管对接水平固定和垂直固定手工钨极氩弧焊打底焊道、填充焊道、盖面焊缝的焊接，单面焊双面成型	（1）低合金钢管对接水平固定手工钨极氩弧焊焊接
			（2）低合金钢管对接垂直固定手工钨极氩弧焊焊接
		3-2-4 能根据焊接工艺文件要求对管径 ϕ< 60 mm 低合金钢管对接水平固定和垂直固定焊缝外观质量进行自检	（1）低合金钢管对接焊缝常见表面缺陷识别及其预防
			（2）焊缝外观质量检查
4．埋弧焊	4-1 低碳钢板或低合金钢板的双丝埋弧焊	4-1-1 能选择低碳钢板或低合金钢板双丝埋弧焊的焊接材料	（1）焊丝领取与确认
			（2）焊剂领取与确认
		4-1-2 能根据被焊材料和焊接材料选择双丝埋弧焊焊接参数	（1）焊接参数确认与调节
		4-1-3 能根据低碳钢板或低合金钢板双丝埋弧焊的工艺要求进行焊件组对与定位焊	（1）焊件组对
			（2）焊件定位焊
		4-1-4 能根据双丝埋弧焊工艺要求进行焊接	（1）钢板双丝埋弧焊焊接
		4-1-5 能对低碳钢板或低合金钢板双丝埋弧焊的焊缝外观质量进行自检	（1）钢板双丝埋弧焊常见表面缺陷识别及其预防
			（2）焊缝外观质量检查
	4-2 不锈钢覆层的带极埋弧堆焊	4-2-1 能根据焊接工艺文件选择带极和基板材料	（1）带极和焊剂领取与确认
			（2）基板检查与清理
		4-2-2 能选择带极埋弧堆焊的焊接参数	（1）焊接参数确认与调节
		4-2-3 能根据带极埋弧堆焊工艺要求进行堆焊	（1）带极埋弧堆焊焊接
		4-2-4 能根据焊接工艺文件对带极埋弧堆焊焊缝外观质量进行自检	（1）带极埋弧堆焊常见表面缺陷识别及其预防
			（2）焊缝外观质量检查

续表

职业功能模块	培训内容	技能目标	培训细目
5．气焊	5-1　管径 ϕ<60 mm 低碳钢管的对接水平固定和 45° 固定气焊	5-1-1　能根据图样进行管径 ϕ<60 mm 低碳钢管的坡口检查与清理	（1）坡口检查
			（2）焊件清理
		5-1-2　能根据工艺文件确定可燃气体、助燃气体和焊炬，以满足低碳钢管气焊要求	（1）可燃气体和助燃气体确认
			（2）焊炬确认
		5-1-3　能根据焊接工艺文件要求调整火焰类别，以适应低碳钢管的气焊	（1）气焊火焰类别确认与调节
		5-1-4　能根据管径 ϕ<60 mm 低碳钢管厚度确定焊接的层数	（1）焊接层数确认
		5-1-5　能根据管径 ϕ<60 mm 低碳钢管气焊工艺文件要求起焊、焊接和收尾	（1）低碳钢管水平固定气焊焊接
			（2）低碳钢管 45° 固定气焊焊接
		5-1-6　能对管径 ϕ<60 mm 低碳钢管气焊焊缝的外观质量进行自检	（1）低碳钢管气焊焊缝常见表面缺陷识别及其预防
			（2）焊缝外观质量检查
	5-2　管径 ϕ<60 mm 低合金钢管的对接水平固定或垂直固定气焊	5-2-1　能根据图样进行管径 ϕ<60 mm 低碳钢管的坡口检查与清理	（1）坡口检查
			（2）焊件清理
		5-2-2　能根据工艺文件确定可燃气体、助燃气体和焊炬，以满足低碳钢管气焊要求	（1）可燃气体和助燃气体确认
			（2）焊炬确认
		5-2-3　能根据焊接工艺文件要求调整火焰类别，以适应低碳钢管的气焊	（1）火焰类别的确认与调节
		5-2-4　能根据管径 ϕ<60 mm 低碳钢管厚度确定焊接的层数	（1）焊接层数确认

续表

职业功能模块	培训内容	技能目标	培训细目
5．气焊	5-2　管径 ϕ<60 mm 低合金钢管的对接水平固定或垂直固定气焊	5-2-5　能根据管径 ϕ<60 mm 低碳钢管气焊工艺文件要求起焊、焊接和收尾	（1）低合金钢管的对接水平固定气焊焊接
			（2）低合金钢管的垂直固定气焊焊接
		5-2-6　能对管径 ϕ<60 mm 低碳钢管气焊焊缝的外观质量进行自检	（1）低碳钢管气焊焊缝常见表面缺陷识别及其预防
			（2）焊缝外观质量检查
	5-3　铝管搭接接头的手工火焰钎焊	5-3-1　能进行铝管手工火焰钎焊前的清洗和表面处理	（1）焊件清洗
			（2）焊件表面处理
		5-3-2　能进行铝管手工火焰钎焊前的装配和固定	（1）铝及铝合金接头装配与固定
		5-3-3　能采用夹具调整钎焊接头间隙	（1）接头间隙调整
		5-3-4　能根据工艺文件选择钎剂、钎料	（1）钎剂领取与确认
			（2）钎料领取与确认
		5-3-5　能选择铝管手工火焰钎焊钎剂、钎料的施加方法	（1）钎焊钎剂、钎料的施加
		5-3-6　能选择火焰类别，以适应铝管钎焊	（1）铝及铝合金钎焊火焰确认与调节
		5-3-7　能用火焰设备、工具进行铝管搭接的手工火焰钎焊	（1）铝管搭接的手工火焰钎焊操作
		5-3-8　能进行铝管手工火焰钎焊钎缝的清洗	（1）铝管手工火焰钎焊钎缝清洗
		5-3-9　能根据焊接工艺文件要求对铝管搭接接头手工火焰钎焊焊缝外观质量进行自检	（1）铝管搭接接头手工火焰钎焊常见表面缺陷识别及其预防
			（2）焊缝外观质量检查

续表

职业功能模块	培训内容	技能目标	培训细目
6．切割	6-1 不锈钢板的空气等离子弧切割	6-1-1 能进行等离子弧切割设备的组装和调整	(1) 等离子弧切割设备的组装和调整
		6-1-2 能依据被切割材料的材质和厚度选择空气等离子弧切割参数	(1) 切割参数确认与调节
		6-1-3 能进行直线、曲线和各种封闭孔的空气等离子弧切割	(1) 手工等离子弧切割
			(2) 自动等离子弧切割
		6-1-4 能根据工艺文件对割缝外观质量进行自检	(1) 不锈钢板等离子弧切割常见表面缺陷识别及其预防
			(2) 割缝外观质量检查
	6-2 不锈钢板的激光切割	6-2-1 能根据板厚选择割嘴型号、气体流量	(1) 激光切割割嘴型号确认
			(2) 激光切割气体流量确认与调节
		6-2-2 能根据工艺文件选择激光切割的参数	(1) 激光切割参数确认与调节
		6-2-3 能进行直线、曲线的激光切割	(1) 激光直线切割
			(2) 激光曲线切割
		6-2-4 能根据工艺文件对割缝外观质量进行自检	(1) 不锈钢激光切割常见表面缺陷识别及其预防
			(2) 割缝外观质量检查
	6-3 厚度 $\delta \geqslant$ 50 mm 低碳钢的气割	6-3-1 能根据厚度选择割炬的型号、调整气体的流量	(1) 割炬的型号确认
			(2) 气体流量确认与调节
		6-3-2 能根据低碳钢的厚度确定火焰能率	(1) 火焰能率确认与调节
		6-3-3 能通过调整割炬角度进行厚度 $\delta \geqslant$ 50 mm 低碳钢板的直线、曲线气割	(1) 中厚板手工气割
			(2) 中厚板自动气割
		6-3-4 能根据工艺文件对割缝外观质量进行自检	(1) 中厚板气割常见表面缺陷识别及其预防
			(2) 割缝外观质量检查

续表

职业功能模块	培训内容	技能目标	培训细目
7．机器人焊接	7-1 厚度$\delta \geq$ 8 mm 低碳钢板平位角接接头机器人弧焊（二氧化碳气体保护焊 +TIG 焊）	7-1-1 能根据焊接工艺文件选择低碳钢板平位角接头机器人弧焊参数	（1）焊接参数确认与调节
		7-1-2 能进行低碳钢板平位角接坡口检查、组对及定位焊	（1）焊件坡口检查
			（2）焊件组对
			（3）焊件定位焊
		7-1-3 能按照工艺文件要求进行低碳钢板平位角接接头机器人弧焊	（1）低碳钢板平位对接机器人二氧化碳气体保护焊
			（2）低碳钢板平位对接机器人 TIG 焊
		7-1-4 能根据工艺文件对低碳钢板角接焊缝外观质量进行自检	（1）常见表面缺陷识别及其预防
			（2）焊缝外观质量检查
	7-2 低碳钢薄板机器人点焊	7-2-1 能根据工艺文件要求进行薄板机器人点焊所用设备、工具、夹具的安全检查	（1）点焊机器人设备安全检查
			（2）点焊机器人工机具安全检查
			（3）点焊机器人夹具安全检查
		7-2-2 能进行低碳钢薄板焊件的清理	（1）焊件清理
		7-2-3 能按工艺文件要求使用夹具进行零件的清理、装配、定位与夹紧	（1）焊件装配、定位与夹紧
		7-2-4 能根据工艺文件选择低碳钢薄板机器人点焊工艺参数	（1）机器人点焊工艺参数确认与调节
		7-2-5 能焊接符合工艺要求的焊点	（1）薄板机器人点焊
		7-2-6 能根据工艺文件要求对低碳钢薄板机器人点焊焊点外观质量进行自检	（1）焊缝外观质量检查

2.1.4 高级职业技能培训要求

职业功能模块	培训内容	技能目标	培训细目
1．焊条电弧焊	1-1 厚度 $\delta \geqslant$ 6 mm 低碳钢板对接仰焊的单面焊双面成型	1-1-1 能根据焊接工艺文件选择低碳钢板对接焊条电弧焊工艺参数	（1）焊接参数确认与调节
		1-1-2 能进行厚度 $\delta \geqslant$ 6 mm 低碳钢板对接仰焊坡口检查清理、组对及定位焊	（1）焊件坡口检查清理
			（2）焊件组对
			（3）焊件定位焊
		1-1-3 能按照工艺文件要求进行厚度 $\delta \geqslant$ 6 mm 低碳钢板对接仰焊的焊接	（1）低碳钢板对接仰焊打底层焊接
			（2）低碳钢板对接仰焊填充层焊接
			（3）低碳钢板对接仰焊盖面层焊接
		1-1-4 能根据工艺文件对中等厚度低碳钢板对接仰焊焊缝外观质量进行自检	（1）对接仰焊常见表面缺陷识别及其预防
			（2）焊缝外观质量检查
	1-2 管径 $\phi \leqslant$ 76 mm 低碳钢管对接垂直固定、水平固定或 45° 固定加排管障碍的单面焊双面成型	1-2-1 能根据焊接工艺文件选择低碳钢管对接加障碍焊条电弧焊工艺参数	（1）焊接参数确认与调节
		1-2-2 能进行管径 $\phi \leqslant$76 mm 低碳钢管对接坡口检查清理、组对及定位焊	（1）焊件坡口检查清理
			（2）焊件组对
			（3）焊件定位焊
		1-2-3 能按照工艺文件要求进行管径 $\phi \leqslant$ 76 mm 低碳钢管加排管障碍的焊接	（1）低碳钢管垂直固定加排管障碍焊接
			（2）低碳钢管水平固定加排管障碍焊接
			（3）低碳钢管 45° 固定加排管障碍焊接
		1-2-4 能根据工艺文件对小径低碳钢管对接手工焊条电弧焊焊缝外观质量进行自检	（1）小径低碳钢管对接手工焊条电弧焊常见表面缺陷识别及其预防
			（2）焊缝外观质量检查

续表

职业功能模块	培训内容	技能目标	培训细目
1．焊条电弧焊	1-3　管径 $\phi \leqslant$ 76 mm 不锈钢管对接水平固定、垂直固定或 45° 倾斜固定的焊接	1-3-1　能根据焊接工艺文件选择不锈钢管对接焊条电弧焊参数	（1）焊接参数确认与调节
		1-3-2　能进行管径 $\phi \leqslant$ 76 mm 不锈钢管对接坡口检查清理、组对及定位焊	（1）焊件坡口检查清理
			（2）焊件组对
			（3）焊件定位焊
		1-3-3　能按照工艺文件要求进行管径 $\phi \leqslant$ 76 mm 不锈钢管的焊接	（1）不锈钢管对接水平固定焊接
			（2）不锈钢管对接垂直固定焊接
			（3）不锈钢管对接 45° 固定焊接
		1-3-4　能根据工艺文件对小径不锈钢管对接焊缝外观质量进行自检	（1）小径不锈钢管对接焊条电弧焊常见表面缺陷识别及其预防
			（2）焊缝外观质量检查
	1-4　管径 $\phi \leqslant$ 76 mm 异种钢管对接水平固定、垂直固定或 45° 倾斜固定的焊接	1-4-1　能根据焊接工艺文件选择不锈钢管对接焊条电弧焊参数	（1）焊接参数确认与调节
		1-4-2　能进行管径 $\phi \leqslant$ 76 mm 异种钢管对接坡口检查清理、组对及定位焊	（1）焊件坡口检查清理
			（2）焊件组对
			（3）焊件定位焊
		1-4-3　能按照工艺文件要求进行管径 $\phi \leqslant$ 76 mm 异种钢管的焊接	（1）异种钢管对接水平固定焊接
			（2）异种钢管对接垂直固定焊接
			（3）异种钢管对接 45° 固定焊接
		1-4-4　能根据工艺文件对管径 $\phi \leqslant$ 76 mm 异种钢管对接焊缝外观质量进行自检	（1）异种钢管对接焊条电弧焊常见表面缺陷识别及其预防
			（2）焊缝外观质量检查

续表

职业功能模块	培训内容	技能目标	培训细目
2. 熔化极气体保护焊	2-1　厚度 δ = 8 ~ 12 mm 低碳钢板或低合金钢板的仰焊位置对接熔化极活性气体保护焊单面焊双面成型	2-1-1　能根据焊接工艺文件选择低碳钢板或低合金钢板仰位对接熔化极活性气体保护焊参数	（1）焊接参数确认与调节
		2-1-2　能进行低碳钢板或低合金钢板仰位对接坡口检查清理、组对及定位焊	（1）焊件坡口检查清理
			（2）焊件组对
			（3）焊件定位焊
		2-1-3　能按照工艺文件要求进行厚度 δ =8 ~ 12 mm 低碳钢板或低合金钢板仰位对接的熔化极活性气体保护焊	（1）低碳钢板或低合金钢板对接仰焊打底层焊接
			（2）低碳钢板或低合金钢板对接仰焊填充层焊接
			（3）低碳钢板或低合金钢板对接仰焊盖面层焊接
		2-1-4　能根据工艺文件对中等厚度低碳钢板或低合金钢板对接仰焊的焊缝外观质量进行自检	（1）低碳钢板或低合金钢板对接仰焊常见表面缺陷识别及其预防
			（2）焊缝外观质量检查
	2-2　不锈钢板对接平焊的富氩混合气体熔化极脉冲气体保护焊	2-2-1　能根据焊接工艺文件选择不锈钢板对接平焊的富氩混合气体熔化极脉冲气体保护焊参数	（1）焊接参数确认与调节
		2-2-2　能进行不锈钢板对接平焊坡口检查清理、组对及定位焊	（1）焊件坡口检查清理
			（2）焊件组对
			（3）焊件定位焊
		2-2-3　能按照工艺文件要求进行不锈钢板对接平焊的富氩混合气体熔化极脉冲气体保护焊	（1）不锈钢板对接平焊的富氩混合气体熔化极脉冲气体保护焊焊接
		2-2-4　能根据工艺文件对不锈钢板的富氩混合气体熔化极脉冲气体保护焊焊缝外观质量进行自检	（1）不锈钢板对接平焊常见表面缺陷识别及其预防
			（2）焊缝外观质量检查

续表

职业功能模块	培训内容	技能目标	培训细目
3. 非熔化极气体保护焊	3-1 管径 $\phi \leqslant$ 76 mm 低合金钢管对接水平固定、垂直固定或 45° 固定加排管障碍的手工钨极氩弧焊	3-1-1 能根据焊接工艺文件选择低合金钢管对接加排管障碍的手工钨极氩弧焊参数	（1）焊接参数确认与调节
		3-1-2 能进行管径 $\phi \leqslant$ 76 mm 低合金钢管对接手工钨极氩弧焊坡口检查清理、组对及定位焊	（1）焊件坡口检查清理
			（2）焊件组对
			（3）焊件定位焊
		3-1-3 能按照工艺文件要求进行管径 $\phi \leqslant$76 mm 低合金钢管管对接加排管障碍手工钨极氩弧焊	（1）低合金钢管对接水平固定加排管障碍焊接
			（2）低合金钢管对接垂直固定加排管障碍焊接
			（3）低合金钢管对接 45° 固定加排管障碍焊接
		3-1-4 能按照工艺文件规定，对管径 $\phi \leqslant$76 mm 低合金钢管的对接加排管障碍手工钨极氩弧焊焊缝外观质量进行自检	（1）低合金钢管加排管障碍焊常见表面缺陷识别及其预防
			（2）焊缝外观质量检查
	3-2 管径 $\phi \leqslant$ 76 mm 不锈钢管对接水平固定、垂直固定或 45° 固定手工钨极氩弧焊	3-2-1 能根据焊接工艺文件选择不锈钢管对接手工钨极氩弧焊参数	（1）焊接参数确认与调节
		3-2-2 能进行管径 $\phi \leqslant$ 76 mm 不锈钢管对接手工钨极氩弧焊坡口检查清理、组对及定位焊	（1）焊件坡口检查清理
			（2）焊件组对
			（3）焊件定位焊
		3-2-3 能按照工艺文件要求进行管径 $\phi \leqslant$ 76 mm 不锈钢管对接手工钨极氩弧焊	（1）不锈钢管水平固定手工钨极氩弧焊
			（2）不锈钢管垂直固定手工钨极氩弧焊
			（3）不锈钢管 45° 固定手工钨极氩弧焊
		3-2-4 能按照工艺文件规定，对管径 $\phi \leqslant$ 76 mm 不锈钢管的对接手工钨极氩弧焊焊缝外观质量进行自检	（1）不锈钢管对接手工钨极氩弧焊常见表面缺陷识别及其预防
			（2）焊缝外观质量检查

续表

职业功能模块	培训内容	技能目标	培训细目
3．非熔化极气体保护焊	3-3　管径 $\phi \leqslant$ 76 mm 异种钢管对接水平固定、垂直固定或 45° 固定手工钨极氩弧焊	3-3-1　能根据焊接工艺文件选择异种钢管对接手工钨极氩弧焊参数	（1）焊接参数确认与调节
		3-3-2　能进行管径 $\phi \leqslant$ 76 mm 异种钢管对接手工钨极氩弧焊坡口检查清理、组对及定位焊	（1）焊件坡口检查清理
			（2）焊件组对
			（3）焊件定位焊
		3-3-3　能按照工艺文件要求进行管径 $\phi \leqslant$ 76 mm 异种钢管对接手工钨极氩弧焊	（1）异种钢管水平固定焊接
			（2）异种钢管垂直固定焊接
			（3）异种钢管 45° 固定焊接
		3-3-4　能按照工艺文件规定，对管径 $\phi \leqslant$ 76 mm 异种钢管的对接手工钨极氩弧焊焊缝外观质量进行自检	（1）异种钢管对接手工钨极氩弧焊常见表面缺陷识别及其预防
			（2）焊缝外观质量检查
	3-4　不锈钢薄板等离子弧焊接	3-4-1　能使用等离子弧焊接设备、工器具、卡具	（1）等离子弧焊接设备使用
			（2）等离子弧焊接工器具使用
			（3）等离子弧焊接卡具使用
		3-4-2　能根据焊接工艺文件选择不锈钢薄板等离子弧焊接参数	（1）焊接参数确认与调节
		3-4-3　能进行不锈钢薄板等离子弧焊接坡口检查清理、组对及定位焊	（1）焊件坡口检查清理
			（2）焊件组对
			（3）焊件定位焊
		3-4-4　能按照工艺文件要求进行不锈钢薄板等离子弧焊接	（1）不锈钢薄板等离子弧穿透型焊接
			（2）不锈钢薄板等离子弧熔透型焊接
		3-4-5　能按照工艺文件规定，对不锈钢薄板等离子弧焊接外观质量进行自检	（1）不锈钢薄板等离子焊接常见表面缺陷识别及其预防
			（2）焊缝外观质量检查

续表

职业功能模块	培训内容	技能目标	培训细目
4．气焊	4-1 铸铁的气焊	4-1-1 能根据焊接工艺文件选择铸铁气焊的参数	（1）焊接参数确认与调节
		4-1-2 能进行铸铁气焊坡口检查清理、组对及定位焊	（1）焊件坡口检查清理
			（2）焊件组对
			（3）焊件定位焊
		4-1-3 能根据工艺文件要求进行铸铁的气焊	（1）铸铁气焊
		4-1-4 能根据工艺文件，对铸铁气焊焊缝的外观质量进行自检	（1）铸铁气焊常见表面缺陷识别及其预防
			（2）焊缝外观质量检查
	4-2 管径 $\phi<60$ mm 低合金钢管对接 45° 固定气焊	4-2-1 能根据焊接工艺文件选择低合金钢管管径 $\phi<60$ mm 气焊参数	（1）焊接参数确认与调节
		4-2-2 能进行管径 $\phi<60$ mm 低合金钢管对接气焊坡口检查清理、组对及定位焊	（1）焊件坡口检查清理
			（2）焊件组对
			（3）焊件定位焊
		4-2-3 能根据工艺文件要求进行管径 $\phi<60$ mm 低合金钢管对接气焊	（1）低合金钢管对接气焊
		4-2-4 能根据工艺文件，对管径 $\phi<60$ mm 低合金钢管对接气焊焊缝的外观质量进行自检	（1）低合金钢管对接气焊常见表面缺陷识别及其预防
			（2）焊缝外观质量检查
5．机器人焊接	5-1 厚度 $\delta\geqslant 8$ mm 低碳钢板 V 型坡口平位对接机器人弧焊（二氧化碳气体保护焊）	5-1-1 能根据焊接工艺文件选择低碳钢板 V 型坡口平位对接机器人弧焊参数	（1）焊接参数确认与调节
		5-1-2 能进行低碳钢板 V 型坡口平位对接坡口检查、组对及定位焊	（1）焊件坡口检查
			（2）焊件坡口组对
			（3）焊件定位焊
		5-1-3 能按照工艺文件要求进行低碳钢板 V 型坡口平位对接机器人弧焊	（1）低碳钢板 V 型坡口平位对接机器人弧焊
		5-1-4 能根据工艺文件对低碳钢板 V 型坡口平位对接焊缝外观质量进行自检	（1）常见表面缺陷识别及其预防
			（2）焊缝外观质量检查

2.1.5 技师职业技能培训要求

职能功能模块	培训内容	技能目标	培训细目
1．不锈钢管或异种钢管的焊接	1-1 管径 $\phi\leqslant$ 76 mm 不锈钢管对接 45° 固定加障碍焊条电弧焊	1-1-1 能根据焊接工艺文件选择不锈钢管 45° 固定加障碍焊接参数	（1）焊接参数确认与调节
		1-1-2 能选用专用不锈钢打磨工具对试件进行打磨清理，并能根据 45° 固定加障碍的特点进行不锈钢管的组对和定位焊	（1）不锈钢管焊前清理
			（2）不锈钢管组对
			（3）不锈钢管定位焊
		1-1-3 能根据焊接工艺文件要求完成不锈钢管对接 45° 固定加障碍的焊接	（1）打底层焊接
			（2）盖面层焊接
		1-1-4 能根据工艺文件对管径 $\phi\leqslant$76 mm 不锈钢管对接 45° 固定加障碍焊条电弧焊焊缝外观质量进行自检	（1）小径不锈钢管加障碍对接焊接常见表面缺陷识别及其预防
			（2）焊缝外观质量检查
	1-2 管径 $\phi\leqslant$ 76 mm 异种钢管对接 45° 固定加障碍焊条电弧焊	1-2-1 能根据焊接工艺文件选择异种钢管 45° 固定加障碍焊接参数	（1）焊接参数确认与调节
		1-2-2 能选用专用异种钢打磨工具对试件进行打磨清理，并能根据 45° 固定加障碍的特点进行异种钢管的组对和定位焊	（1）异种钢管焊前清理
			（2）异种钢管组对
			（3）异种钢管定位焊
		1-2-3 能根据焊接工艺文件要求完成异种钢管对接 45° 固定加障碍的焊接	（1）打底层焊接
			（2）盖面层焊接
		1-2-4 能根据工艺文件对管径 $\phi\leqslant$76 mm 异种钢管对接 45° 固定加障碍焊条电弧焊焊缝外观质量进行自检	（1）小径异种钢管加障碍焊接常见表面缺陷识别及其预防
			（2）焊缝外观质量检查

续表

职能功能模块	培训内容	技能目标	培训细目
1．不锈钢管或异种钢管的焊接	1-3 管径 $\phi \leqslant$ 76 mm 不锈钢管或异种钢管对接 45° 加排管障碍的手工钨极氩弧焊	1-3-1 能根据焊接工艺文件选择不锈钢管或异种钢管 45° 固定加排管障碍手工钨极氩弧焊焊接参数	（1）焊接参数确认与调节
		1-3-2 能选用专用不锈钢管或异种钢管打磨工具对焊件进行打磨清理，并能根据 45° 固定加排管障碍的特点进行不锈钢管或异种钢管的组对和定位焊	（1）钢管焊前清理
			（2）钢管组对
			（3）钢管定位焊
		1-3-3 能根据障碍情况使用各种操作手法完成打底层、填充层、盖面层的焊接（单面焊双面成型）	（1）不锈钢管对接 45° 加排管障碍的手工钨极氩弧焊焊接
			（2）异种钢管对接 45° 加排管障碍的手工钨极氩弧焊焊接
		1-3-4 能根据工艺文件对不锈钢管或异种钢管对接 45° 加排管障碍手工钨极氩弧焊焊缝外观质量进行自检	（1）不锈钢管或异种钢管加排管障碍焊接常见表面缺陷识别及其预防
			（2）焊缝外观质量检查
2．铸铁的焊补	2-1 铸铁焊条电弧焊焊补	2-1-1 能根据需要制备铸铁焊补的坡口	（1）铸铁焊补件坡口制备
		2-1-2 能完成铸铁焊补焊件的清理	（1）铸铁焊补件焊前清理
		2-1-3 能根据实际情况选择预热方式与预热温度	（1）铸铁预热方式选择
			（2）铸铁预热温度选择
		2-1-4 能根据工艺文件选择铸铁焊补的焊接工艺参数	（1）焊接参数确认与调节
		2-1-5 能采取工艺措施减少铸铁焊补的焊接残余应力，完成铸铁件焊补	（1）铸铁件焊补
		2-1-6 能根据工艺文件对铸铁焊缝外观质量进行自检	（1）铸铁焊补常见表面缺陷识别及其预防
			（2）焊缝外观质量检查

续表

职能功能模块	培训内容	技能目标	培训细目
3．铝及其合金的焊接	3-1 铝及其合金薄板对接平焊位置（加衬垫）的熔化极脉冲氩弧焊	3-1-1 能根据工艺文件选择合适的焊接工艺参数	（1）焊接参数确认与调节
		3-1-2 能进行铝及其合金薄板焊件的清理、组对和定位焊	（1）焊件清理
			（2）焊件组对
			（3）焊件定位焊
		3-1-3 能根据焊接工艺参数完成铝及其合金薄板的对接平焊位置（加衬垫）熔化极脉冲氩弧焊	（1）铝及其合金薄板对接平焊位置（加衬垫）焊接
		3-1-4 能根据工艺文件对铝及其合金薄板对接焊缝外观质量进行自检	（1）铝及其合金薄板对接平焊位置熔化极脉冲氩弧焊常见表面缺陷识别及其预防
			（2）焊缝外观质量检查
	3-2 铝及其合金薄板对接平焊位置（加衬垫）的钨极氩弧焊	3-2-1 能根据工艺文件选择合适的焊接工艺参数	（1）焊接参数确认与调节
		3-2-2 能进行铝及其合金薄板焊件的清理、组对和定位焊	（1）焊件清理
			（2）焊件组对
			（3）焊件定位焊
		3-2-3 能采取措施预防焊接变形，使用各种操作手法完成打底层、填充层、盖面层的焊接，并实现加衬垫的单面焊双面成型	（1）铝及其合金薄板对接平焊位置（加衬垫）打底层焊接
			（2）铝及其合金薄板对接平焊位置（加衬垫）填充层焊接
			（3）铝及其合金薄板对接平焊位置（加衬垫）盖面层焊接
		3-2-4 能根据工艺文件对铝及其合金薄板对接焊缝外观质量进行自检	（1）铝及其合金薄板对接平焊位置钨极氩弧焊常见表面缺陷识别及其预防
			（2）焊缝外观质量检查

续表

<table>
<tr><th>职能功能模块</th><th>培训内容</th><th>技能目标</th><th>培训细目</th></tr>
<tr><td rowspan="7">4．钛及其合金的焊接</td><td rowspan="7">4-1　钛及其合金板的熔化极氩弧焊</td><td>4-1-1　能根据工艺文件选择钛及其合金板熔化极氩弧焊的焊接工艺参数</td><td>（1）焊接参数确认与调节</td></tr>
<tr><td rowspan="3">4-1-2　能进行钛及其合金板焊件的清理、组对和定位焊</td><td>（1）焊件清理</td></tr>
<tr><td>（2）焊件组对</td></tr>
<tr><td>（3）焊件定位焊</td></tr>
<tr><td>4-1-3　能根据焊接工艺文件完成钛及其合金板的熔化极氩弧焊</td><td>（1）钛及其合金板熔化极氩弧焊焊接</td></tr>
<tr><td rowspan="2">4-1-4　能根据工艺文件对钛及其合金板焊缝外观质量进行自检</td><td>（1）钛及其合金熔化极氩弧焊常见表面缺陷识别及其预防</td></tr>
<tr><td>（2）焊缝外观质量检查</td></tr>
<tr><td rowspan="7">5．铜及其合金的焊接</td><td rowspan="7">5-1　铜及其合金板的熔化极氩弧焊</td><td>5-1-1　能根据工艺文件选择铜及其合金板熔化极氩弧焊的焊接工艺参数</td><td>（1）焊接参数确认与调节</td></tr>
<tr><td rowspan="3">5-1-2　能进行铜及其合金焊件的清理、组对和定位焊</td><td>（1）焊件清理</td></tr>
<tr><td>（2）焊件组对</td></tr>
<tr><td>（3）焊件定位焊</td></tr>
<tr><td>5-1-3　能根据焊接工艺文件完成铜及其合金板的熔化极氩弧焊</td><td>（1）铜及其合金板熔化极氩弧焊</td></tr>
<tr><td rowspan="2">5-1-4　能根据工艺文件对铜及其合金板焊缝外观质量进行自检</td><td>（1）铜及其合金板熔化极氩弧焊常见表面缺陷识别及其预防</td></tr>
<tr><td>（2）焊缝外观质量检查</td></tr>
<tr><td rowspan="4">6．新型材料的焊接</td><td rowspan="4">6-1　镍及其合金的熔焊</td><td>6-1-1　能根据工艺文件选择镍及其合金板钨极氩弧焊的焊接工艺参数</td><td>（1）焊接参数确认与调节</td></tr>
<tr><td rowspan="3">6-1-2　能进行镍及其合金焊件的清理、组对和定位焊</td><td>（1）焊件清理</td></tr>
<tr><td>（2）焊件组对</td></tr>
<tr><td>（3）焊件定位焊</td></tr>
</table>

续表

职能功能模块	培训内容	技能目标	培训细目
6．新型材料的焊接	6-1　镍及其合金的熔焊	6-1-3　能根据焊接工艺文件完成镍及其合金板的钨极氩弧焊	（1）镍及其合金板钨极氩弧焊
		6-1-4　能根据工艺文件对镍及其合金板焊缝外观质量进行自检	（1）镍及其合金板钨极氩弧焊常见表面缺陷识别及其预防
			（2）焊缝外观质量检查
	6-2　锆及其合金的熔焊	6-2-1　能根据工艺文件选择锆及其合金板钨极氩弧焊的焊接工艺参数	（1）焊接参数确认与调节
		6-2-2　能进行锆及其合金焊件的清理、组对和定位焊	（1）焊件清理
			（2）焊件组对
			（3）焊件定位焊
		6-2-3　能根据焊接工艺文件完成锆及其合金板的钨极氩弧焊	（1）锆及其合金板钨极氩弧焊
		6-2-4　能根据工艺文件对锆及其合金板焊缝外观质量进行自检	（1）锆及其合金板钨极氩弧焊常见表面缺陷识别及其预防
			（2）焊缝外观质量检查
	6-3　铂及其合金的熔焊	6-3-1　能根据工艺文件选择铂及其合金板钨极氩弧焊的焊接工艺参数	（1）焊接参数确认与调节
		6-3-2　能进行铂及其合金焊件的清理、组对和定位焊	（1）焊件清理
			（2）焊件组对
			（3）焊件定位焊
		6-3-3　能根据焊接工艺文件完成铂及其合金板的钨极氩弧焊	（1）铂及其合金板钨极氩弧焊
		6-3-4　能根据工艺文件对铂及其合金板焊缝外观质量进行自检	（1）铂及其合金板钨极氩弧焊常见表面缺陷识别及其预防
			（2）焊缝外观质量检查

续表

职能功能模块	培训内容	技能目标	培训细目
6．新型材料的焊接	6-4 低温钢的熔焊	6-4-1 能根据工艺文件选择低温钢钨极氩弧焊的焊接工艺参数	（1）焊接参数确认与调节
		6-4-2 能进行低温钢焊件的清理、组对和定位焊	（1）焊件清理
			（2）焊件组对
			（3）焊件定位焊
		6-4-3 能根据焊接工艺文件完成低温钢板的钨极氩弧焊	（1）低温钢板钨极氩弧焊
		6-4-4 能根据工艺文件对低温钢板焊缝外观质量进行自检	（1）低温钢板钨极氩弧焊常见表面缺陷识别及其预防
			（2）焊缝外观质量检查
	6-5 高合金细晶粒钢的熔焊	6-5-1 能根据工艺文件选择高合金细晶粒钢板钨极氩弧焊的焊接工艺参数	（1）焊接参数确认与调节
		6-5-2 能进行高合金细晶粒钢板焊件的清理、组对和定位焊	（1）焊件清理
			（2）焊件组对
			（3）焊件定位焊
		6-5-3 能根据焊接工艺文件完成高合金细晶粒钢板的钨极氩弧焊	（1）高合金细晶粒钢板钨极氩弧焊
		6-5-4 能根据工艺文件对高合金细晶粒钢板焊缝外观质量进行自检	（1）高合金细晶粒钢板钨极氩弧焊常见表面缺陷识别及其预防
			（2）焊缝外观质量检查

续表

职能功能模块	培训内容	技能目标	培训细目
7. 机器人焊接	7-1 复杂工件多机器人焊接系统建立	7-1-1 能进行机器人弧焊系统备份	（1）机器人弧焊系统备份
		7-1-2 能进行多机器人系统的示教编程	（1）多机器人系统示教编程
		7-1-3 能进行弧焊机器人系统的时序控制	（1）机器人时序控制
			（2）PLC 编程
		7-1-4 能建立复杂工件多机器人焊接系统仿真模型并调试	（1）多机器人焊接系统模型建立
			（2）仿真模型调试优化
8. 焊接生产	8-1 焊接性试验和焊接工艺评定	8-1-1 能根据焊接工艺要求进行材料的焊接性试验	（1）金属焊接性试验
		8-1-2 能根据焊接工艺评定文件进行工艺评定试件的焊接	（1）焊接工艺评定试件焊接
	8-2 焊接设备的使用	8-2-1 能进行焊接设备的验收	（1）焊接设备验收
		8-2-2 能进行焊接设备故障分析	（1）焊条电弧焊设备故障分析
			（2）氩弧焊设备故障分析
			（3）埋弧自动焊机设备故障分析
			（4）二氧化碳气体保护焊机设备故障分析
	8-3 焊接质量验收	8-3-1 能进行焊接接头的质量检查	（1）焊接接头质量检查
		8-3-2 能撰写质量检查报告	（1）焊接接头质量检查报告撰写
		8-3-3 能进行焊接接头的缺陷分析	（1）焊接接头常见缺陷分析

续表

职能功能模块	培训内容	技能目标	培训细目
8．焊接生产	8-4　工装夹具的应用	8-4-1　能根据实际工作情况进行工装夹具的选择与改进	（1）工装夹具选择
			（2）工装夹具改进
9．焊接技术管理	9-1　焊接生产管理	9-1-1　能进行成本核算	（1）成本核算
		9-1-2　能进行定额管理	（1）原材料消耗定额管理
			（2）电力消耗定额管理
			（3）劳动工时定额管理
			（4）成本分析对比
	9-2　技术文件编写	9-2-1　能进行技术总结	（1）技术总结撰写
		9-2-2　能撰写技术论文	（1）技术论文撰写
	9-3　焊工培训	9-3-1　能编制初级、中级、高级工技能培训教案	（1）培训教案编写
		9-3-2　能利用教学仪器向初级、中级、高级焊工讲解技能操作要领	（1）技能操作要领讲解

2.1.6　高级技师职业技能培训要求

职业功能模块	培训内容	技能目标	培训细目
1．焊接问题的解决	1-1　复杂环境障碍、可达性差的结构焊接	1-1-1　能根据焊接工艺文件进行复杂环境障碍、可达性差的结构焊接	（1）焊接方法确认
			（2）焊接操作
		1-1-2　能处理焊后出现的各种问题	（1）焊后常见问题分析
			（2）焊后问题处理
	1-2　厚度 δ>3 mm的不锈钢与纯铜的焊条电弧焊	1-2-1　能进行坡口形式的选择	（1）坡口形式选择
		1-2-2　能进行坡口的清理	（1）坡口清理
		1-2-3　能选用不锈钢与纯铜焊接的焊条	（1）不锈钢与纯铜焊接焊条领取与确认
		1-2-4　能根据焊接工艺文件进行焊接	（1）不锈钢与纯铜焊条电弧焊焊接

续表

职业功能模块	培训内容	技能目标	培训细目
1．焊接问题的解决	1-3　管径 $\phi \geqslant$ 168 mm 高合金马氏体钢管的手工钨极氩弧焊打底，焊条电弧焊盖面	1-3-1　能领取和确认高合金马氏体钢焊条和焊丝	（1）马氏体钢焊条和焊丝领取和确认
		1-3-2　能进行管径 $\phi \geqslant$ 168 mm 高合金马氏体钢管的焊件清理、组对及定位	（1）焊件清理
			（2）焊件组对
			（3）焊件定位焊
		1-3-3　能根据焊接工艺文件进行管径 $\phi \geqslant$ 168 mm 高合金马氏体钢管的焊前预热	（1）马氏体钢管焊前预热
		1-3-4　能根据焊接工艺文件要求控制层间温度，通过调整运条手法和焊接速度实现多层、多道焊接	（1）层间温度控制
			（2）多层、多道焊接
		1-3-5　能根据焊接工艺文件要求进行后热与焊后热处理，对焊缝外观质量进行自检	（1）焊接后热与焊后热处理
			（2）高合金马氏体钢管焊接常见表面缺陷识别及其预防
			（3）焊缝外观质量检查
	1-4　铝及其他有色金属合金薄管或薄板材料制成组合结构件的焊接	1-4-1　能识读结构件的装配图和零件图	（1）结构件装配图识读
			（2）结构件零件图识读
		1-4-2　能对铝及其他有色金属合金薄管或薄板组合结构件进行清理、坡口制备、组对、固定和定位焊	（1）焊件清理与坡口制备
			（2）焊件组对
			（3）结构件定位焊
		1-4-3　能采取工艺措施降低焊接变形和焊接残余应力，改善焊接接头的性能，完成结构件的焊接	（1）结构件焊接
		1-4-4　能根据焊接工艺文件对焊缝外观质量进行自检	（1）铝及其他有色金属组合结构件焊接常见表面缺陷识别及其预防
			（2）焊缝外观质量检查

续表

职业功能模块	培训内容	技能目标	培训细目
1. 焊接问题的解决	1-5 机器人焊接新工艺与问题解决	1-5-1 能进行低碳钢板机器人激光焊的编程及焊接	(1) 机器人激光焊编程、仿真及焊接
		1-5-2 能进行铝合金机器人搅拌摩擦焊的编程及焊接	(1) 机器人搅拌摩擦焊编程、仿真及焊接
		1-5-3 能解决不规则工件、难焊结构的机器人焊接工艺问题	(1) 不规则工件、难焊结构编程及焊接
		1-5-4 能解决焊接机器人系统故障及生产问题	(1) 焊接机器人工作站工艺调试
			(2) 机器人系统故障解决
2. 焊接生产	2-1 焊接设备调试	2-1-1 能进行焊条电弧焊机调试	(1) 焊机性能参数调试
			(2) 焊机操作调试
			(3) 焊机工艺调试
		2-1-2 能进行埋弧焊机调试	(1) 焊机性能参数调试
			(2) 焊机操作调试
			(3) 焊机工艺调试
		2-1-3 能进行钨极氩弧焊机调试	(1) 焊机性能参数调试
			(2) 焊机操作调试
			(3) 焊机工艺调试
		2-1-4 能进行二氧化碳气体保护焊焊机调试	(1) 焊机性能参数调试
			(2) 焊机操作调试
			(3) 焊机工艺调试
	2-2 技术创新	2-2-1 能进行工装夹具的改进	(1) 工装夹具改进
	2-3 结构焊接	2-3-1 能解决焊接结构生产中的焊接问题	(1) 复杂焊接结构生产

续表

职业功能模块	培训内容	技能目标	培训细目
2．焊接生产	2–4　焊接生产安全管理	2–4–1　能根据焊接安全操作规程进行安全生产	（1）焊接安全生产影响因素
			（2）焊接安全法规和标准
			（3）特殊焊接安全技术
		2–4–2　能对焊工进行安全生产指导	（1）焊工车间安全生产注意事项及三级安全培训
3．焊接技术管理	3–1　焊接接头静载强度计算	3–1–1　能进行焊接接头的静载强度计算	（1）焊接接头静载强度计算
	3–2　施工过程管理	3–2–1　能在施工中进行焊接技术指导和监督	（1）焊接技术指导与监督
		3–2–2　能按照工程管理程序开展工作	（1）工程管理
4．焊接质量控制	4–1　质量检查	4–1–1　能根据验收标准进行焊接结构的质量检验	（1）典型焊接结构及工程质量验收
	4–2　质量管理	4–2–1　能使用质量管理方法进行质量分析并提出解决质量问题的方法	（1）焊接质量分析
			（2）焊接质量改进
		4–2–2　能根据质量管理体系要求指导焊接生产	（1）焊接质量管理
5．培训与指导	5–1　焊工培训	5–1–1　能编制高级工和技师培训教案	（1）培训教案编写
		5–1–2　能利用教学仪器向高级工和技师讲解技能操作要领	（1）技能操作要领讲解
	5–2　指导	5–2–1　能对高级工和技师进行焊接作业指导	（1）焊接作业指导

2.2 课程规范

2.2.1 职业基本素质培训课程规范

<table>
<tr><th>模块</th><th>课程</th><th>学习单元</th><th>课程内容</th><th>培训建议</th><th>课堂学时</th></tr>
<tr><td rowspan="5">1. 焊工职业认知</td><td rowspan="2">1-1 职业认知</td><td rowspan="2">(1) 职业认知</td><td>1) 焊接
①焊接的概念
②焊接的应用</td><td rowspan="2">(1) 方法：讲授法
(2) 重点与难点：焊工的工作内容</td><td rowspan="2">1</td></tr>
<tr><td>2) 焊工
①焊工的定义
②焊工的工作内容</td></tr>
<tr><td rowspan="3">1-2 职业道德与职业守则</td><td rowspan="3">(1) 职业道德与焊工职业守则</td><td>1) 职业道德的内涵、基本要素和特征</td><td rowspan="3">(1) 方法：讲授法、讨论法
(2) 重点与难点：焊工职业守则</td><td rowspan="3">1</td></tr>
<tr><td>2) 职业道德基本规范
①爱岗敬业
②诚实守信
③办事公道
④服务群众
⑤奉献社会</td></tr>
<tr><td>3) 焊工职业守则
①遵守法律、法规和有关规定
②爱岗敬业，忠于职守
③工作认真负责，严于律己，吃苦耐劳
④刻苦学习，不断提高专业能力
⑤谦虚谨慎，团结协作，主动配合
⑥严格执行工艺文件，保证质量
⑦重视安全、环保和职业健康，坚持文明生产</td></tr>
</table>

续表

模块	课程	学习单元	课程内容	培训建议	课堂学时
2．基础知识	2-1 焊接识图	（1）制图常识与投影的基本原理	1）制图常识 ①图纸幅面与格式 ②比例 ③字体 ④图线 2）投影的基本原理 ①投影基本知识 ②三视图 ③剖视图	（1）方法：讲授法 （2）重点与难点：三视图	4
		（2）常用零部件的画法及其代号标注	1）常用零部件的画法 ①钢板的画法 ②管道的画法 ③型钢的画法 ④轴的画法 ⑤螺纹的画法 ⑥法兰的画法 2）常用零部件的代号标注 ①钢板的代号标注 ②管道的代号标注 ③型钢的代号标注 ④轴的代号标注 ⑤螺纹的代号标注 ⑥法兰的代号标注	（1）方法：讲授法 （2）重点：钢板、管道、型钢的画法及标注	6
		（3）简单装配图的识读	1）简单装配图的识读 ①装配图的作用与内容 ②装配图的表达方法 ③装配图的尺寸与技术要求 ④装配图零部件序号和明细栏	（1）方法：讲授法 （2）重点与难点：装配图的表达方法	4

续表

模块	课程	学习单元	课程内容	培训建议	课堂学时
2．基础知识	2-1 焊接识图	(4) 焊缝符号和焊接方法代号	1）焊缝符号及代号 ①基本符号 ②辅助符号 ③补充符号 ④焊缝尺寸符号 ⑤焊接位置符号 ⑥焊接方法代号及英文缩写	(1) 方法：讲授法 (2) 重点与难点：焊缝基本符号的识读	8
			2）焊缝的标注 ①指引线 ②焊缝符号的标注方法		
			3）焊接装配图识读		
	2-2 常用金属材料知识	(1) 金属材料的物理性能、化学性能和力学性能	1）金属材料的物理性能和化学性能	(1) 方法：讲授法、实验法 (2) 重点与难点：金属材料的力学性能	6
			2）金属材料的力学性能 ①强度 ②塑性 ③硬度 ④韧性		
		(2) 金属的晶体结构、合金的组织及 Fe—C 相图	1）金属的晶体结构 ①晶体结构 ②同素异构转变	(1) 方法：讲授法、实验法 (2) 重点：合金的组织 (3) 难点：Fe—C 相图	6
			2）合金的组织结构 ①固溶体 ②化合物 ③混合物 ④固溶强化		
			3）钢的基本组织 ①铁素体 ②奥氏体 ③渗碳体 ④珠光体		

续表

模块	课程	学习单元	课程内容	培训建议	课堂学时
2．基础知识	2-2 常用金属材料知识	(2) 金属的晶体结构、合金的组织及 Fe—C 相图	4) Fe—C 相图 ①相图中的组织 ②共晶反应和共析反应 ③相图中的点 ④相图中的线 ⑤ Fe—C 相图的应用		
		(3) 常用钢材的分类、牌号、成分、性能和用途	1) 非合金钢（碳素钢）的成分、分类、牌号、性能和用途	(1) 方法：讲授法 (2) 重点：非合金钢的分类和牌号 (3) 难点：合金钢的性能	4
			2) 合金钢的成分、分类、牌号、性能和用途		
		(4) 钢的热处理	1) 钢的热处理原理、过程与用途	(1) 方法：讲授法、实验法、演示法 (2) 重点：常用的热处理工艺 (3) 难点：钢的热处理原理	6
			2) 非合金钢在热处理过程中的组织 ①过冷奥氏体 ②索氏体 ③曲氏体 ④贝氏体 ⑤马氏体		
			3) 常用的热处理工艺 ①退火 ②正火 ③淬火 ④回火 ⑤表面热处理		
	2-3 焊接基础知识	(1) 焊接方法的分类及常用的焊接方法	1) 焊接方法的分类 ①熔焊 ②压力焊 ③钎焊	(1) 方法：讲授法、演示法 (2) 重点：焊接方法的分类 (3) 难点：常用焊接方法的原理	4
			2) 常用的焊接方法及其原理 ①焊条电弧焊 ②钨极氩弧焊 ③埋弧焊 ④二氧化碳气体保护焊 ⑤气焊		

续表

模块	课程	学习单元	课程内容	培训建议	课堂学时
2．基础知识	2–3 焊接基础知识	（2）焊接接头与坡口	1）焊接接头的组成及种类 ①焊接接头的组成 ②焊接接头的种类	（1）方法：讲授法、演示法 （2）重点：焊接接头的种类 （3）难点：坡口的尺寸	4
			2）坡口 ①开坡口的目的 ②坡口形式 ③坡口尺寸 ④坡口制备方法 ⑤注意事项		
		（3）焊接变形和焊接应力	1）焊接变形 ①焊接变形的概念 ②焊接变形的类型及产生原因 ③预防和矫正焊接变形的方法及措施	（1）方法：讲授法、演示法 （2）重点：预防和减少焊接变形、焊接应力的方法和措施 （3）难点：焊接变形、焊接应力的产生原因	4
			2）焊接应力 ①焊接应力的概念 ②焊接应力的类型及产生原因 ③控制和减少焊接应力的方法和措施		
		（4）焊接缺陷与焊接质量检测	1）焊接缺陷及其分类 ①焊接缺陷的定义 ②表面缺陷 ③内部缺陷	（1）方法：讲授法、实验法、演示法 （2）重点：焊接缺陷的分类 （3）难点：焊接缺陷的无损检测	8
			2）焊接缺陷的形成原因及预防措施		
			3）焊接质量检测的标准		

续表

模块	课程	学习单元	课程内容	培训建议	课堂学时
2．基础知识	2-3　焊接基础知识	（4）焊接缺陷与焊接质量检测	4）焊缝外观质量检测 ①焊缝外观质量检测的工具 ②焊缝外观质量检测的项目		
			5）无损检测 ①射线探伤 ②超声波探伤 ③磁粉探伤 ④渗透探伤 ⑤涡流探伤		
		（5）焊接工艺文件	1）焊接工艺文件 ①焊接工艺评定（WPQ） ②预焊接工艺规程（PWPS） ③焊接工艺评定报告（PQR） ④焊接工艺规程（WPS） ⑤焊接作业指导书（WWI）	（1）方法：讲授法、演示法 （2）重点：焊接作业指导书 （3）难点：焊接工艺评定	2
	2-4　焊接材料知识	（1）焊接材料的类别、保管及选用	1）焊接材料的类别 ①焊条 ②焊丝 ③焊剂 ④气体 ⑤钨极	（1）方法：讲授法、演示法 （2）重点：焊接材料的类别 （3）难点：焊接材料的选用	4
			2）焊接材料的保管		
			3）焊接材料的选用 ①等强度原则 ②等成分原则		

续表

模块	课程	学习单元	课程内容	培训建议	课堂学时
2．基础知识	2–5 电焊机和焊接辅助设备基本知识	（1）电焊机和焊接辅助设备基本知识	1）电焊机 ①电焊机的基本原理 ②电焊机的种类及型号 ③电焊机的铭牌号 ④电焊机的选择、应用和日常维护常识	（1）方法：讲授法 （2）重点：电焊机的铭牌号 （3）难点：电焊机的日常维护	6
			2）焊接常用辅助设备 ①滚轮架 ②回转台 ③变位机 ④操作机		
	2–6 电工基本知识	（1）交流电基本概念、变压器的结构和工作原理	1）交流电 ①交流电的概念 ②正弦交流电 ③三相交流电	（1）方法：讲授法 （2）重点：变压器的结构 （3）难点：变压器的工作原理	2
			2）变压器的结构		
			3）变压器工作原理		
	2–7 安全卫生和焊接环境保护知识	（1）安全用电知识	1）电流对人体的伤害 ①电伤 ②电击 ③电磁生理伤害	（1）方法：讲授法、案例教学法 （2）重点：电流对人体的伤害 （3）难点：预防触电的措施	4
			2）影响电击的因素 ①电流强度 ②电压 ③人体电阻 ④电流频率 ⑤电流作用时间		
			3）触电 ①触电的原因 ②触电的类型 ③防止触电的措施		

续表

模块	课程	学习单元	课程内容	培训建议	课堂学时
2．基础知识	2-7　安全卫生和焊接环境保护知识	（2）焊接环境保护及焊接安全操作规程	1）环境保护 2）焊接环境 ①环境因素 ②焊接环境分类 ③焊接环境保护 3）焊接的三大危险 ①触电 ②火灾 ③爆炸 4）焊接安全操作规程	（1）方法：讲授法、演示法、案例教学法 （2）重点与难点：焊接安全操作规程	4
		（3）焊接劳动保护知识	1）焊接中有害因素对人体的影响 ①烟尘和有害气体对人体的影响 ②电弧辐射对人体的影响 ③高频电磁场对人体的影响 2）焊接作业防护措施 ①通风 ②电弧光的防护 ③焊工个人防护	（1）方法：讲授法、演示法 （2）重点：焊接作业防护措施 （3）难点：有害因素对人体的影响	2
3．相关法律知识	3-1　相关法律、法规知识	（1）相关法律、法规知识	1）《中华人民共和国劳动法》相关知识 ①劳动合同 ②工资 ③工作与休息时间 ④劳动安全卫生 ⑤女职工与未成年工保护 2）《中华人民共和国合同法》相关知识 ①合同的概念 ②合同的订立 ③合同的效力 ④合同的履行 ⑤合同的变更与转让 ⑥合同的终止与解除 ⑦合同的违约责任	（1）方法：讲授法、案例教学法 （2）重点与难点：安全生产相关法律法规知识	8

续表

模块	课程	学习单元	课程内容	培训建议	课堂学时
3．相关法律知识	3-1 相关法律、法规知识	(1) 相关法律、法规知识	3）安全生产相关法律、法规知识 ①《安全生产法》 ②《刑法》 ③《中华人民共和国行政处罚法》 ④《建筑法》 ⑤《特种设备安全法》 ⑥《产品质量法》 ⑦《中华人民共和国职业病防治法》 ⑧《劳动防护用品监督管理规定》 ⑨《质量管理条例》 ⑩《工伤保险条例》 ⑪《安全生产许可证条例》 ⑫《建筑工程安全生产管理条例》		
			4）《特种作业人员安全技术培训考核管理办法》相关知识 ①特种作业的界定 ②特种作业人员的基本条件 ③培训、考核和发证 ④特种作业人员的监督管理		
			5）《特种设备焊接操作人员考核细则》相关知识 ①特种设备的范围 ②考试程序与考试要求 ③证书管理		
课堂学时合计					98

2.2.2　初级职业技能培训课程规范

模块	课程	学习单元	课程内容	培训建议	课堂学时
1．焊条电弧焊	1-1　厚度 δ=8 ～ 12 mm低碳钢板或低合金钢板角接接头焊接	（1）认识焊条电弧焊	1）焊条电弧焊原理、特点与应用 2）焊条电弧焊设备及辅助设备 ①焊机 ②焊接电缆 ③焊钳 ④变位机械 ⑤焊条烘干箱 3）焊条 ①焊条组成及作用 ②焊条分类与规格 ③焊条牌号与型号 ④焊条选用 ⑤焊条烘干与保存 4）焊条电弧焊焊接参数 ①电源极性 ②焊条直径 ③焊接电流 ④焊接速度 ⑤焊接层数 5）焊条电弧焊常用工机具 6）焊条电弧焊常用夹具 ①拉紧器 ②管口钳 7）焊条电弧焊基本操作要领 ①焊接姿势 ②焊条电弧焊引弧 ③焊条电弧焊运条 ④焊条电弧焊接头 ⑤焊条电弧焊收弧 8）焊条电弧焊安全操作规程	（1）方法：讲授法、演示法 （2）重点：常用工机具及安全操作规程 （3）难点：焊条电弧焊设备	6

续表

模块	课程	学习单元	课程内容	培训建议	课堂学时
1．焊条电弧焊	1-1 厚度 δ=8 ~ 12 mm 低碳钢板或低合金钢板角接接头焊接	(2) 焊前准备	1) 焊条电弧焊设备、工机具、夹具安全检查 ①焊机安全检查 ②电焊钳安全检查 ③焊接电缆安全检查 ④角磨机、直磨机安全检查 ⑤夹具安全检查	(1) 方法：讲授法、演示法、实训法 (2) 重点与难点：焊条电弧焊工机具安全检查	2
			2) 材料准备 ①焊接材料准备 ②焊件准备		
			3) 焊接参数确认与调节		
			4) 焊前清理 ①清理范围 ②清理方法		
			5) 周边环境安全检查		
		(3) 组对、焊接	1) 组对及定位焊	(1) 方法：讲授法、演示法、实训法 (2) 重点：角接接头焊接 (3) 难点：焊接变形控制措施	20
			2) 焊接 ①根部焊道的焊接 ②填充层的焊接 ③盖面层的焊接		
			3) 焊后清理 ①清理要求 ②清理内容		
		(4) 焊缝外观质量检查	1) 焊缝外观质量检查 ①检查项目 ②检验工具 ③检查方法	(1) 方法：讲授法、演示法、实训法 (2) 重点：检验工具使用 (3) 难点：外观检查方法	2

续表

模块	课程	学习单元	课程内容	培训建议	课堂学时
1．焊条电弧焊	1-2 厚度 $\delta \geqslant 6$ mm 低碳钢板或低合金钢板对接平焊	（1）焊前准备	1）焊条电弧焊设备、工机具、夹具安全检查 ①焊机安全检查 ②电焊钳安全检查 ③焊接电缆安全检查 ④角磨机、直磨机安全检查 ⑤夹具安全检查	（1）方法：讲授法、演示法、实训法 （2）重点：焊机安全检查 （3）难点：焊接参数确认与调节	2
			2）材料准备 ①试件准备 ②焊材准备		
			3）焊接参数确认与调节		
			4）焊前清理 ①清理范围 ②清理方法		
			5）周边环境安全检查		
		（2）组对、焊接	1）组对及定位焊	（1）方法：讲授法、演示法、实训法 （2）重点：锯齿形运条 （3）难点：打底焊道的单面焊双面成形	20
			2）焊接 ①打底层的焊接 ②填充层的焊接 ③盖面层的焊接		
			3）焊后清理 ①清理要求 ②清理内容		
		（3）焊缝外观质量检查	1）焊缝外观质量检查 ①检查项目 ②检验工具 ③检查方法	（1）方法：讲授法、演示法、实训法 （2）重点与难点：焊缝常见表面缺陷的识别及检查方法	2

续表

模块	课程	学习单元	课程内容	培训建议	课堂学时
1．焊条电弧焊	1–3 管径 $\phi \geqslant 60$ mm 低碳钢管水平转动对接焊	（1）焊前准备	1）焊条电弧焊设备、工机具、夹具安全检查 ①焊机安全检查 ②电焊钳安全检查 ③焊接电缆安全检查 ④角磨机、直磨机安全检查 ⑤夹具安全检查	（1）方法：讲授法、演示法、实训法 （2）重点与难点：焊条电弧焊工机具安全检查	2
			2）材料准备 ①试件准备 ②焊接材料准备		
			3）焊接参数确认与调节		
			4）焊前清理 ①清理范围 ②清理方法		
			5）周边环境安全检查		
		（2）组对、焊接	1）组对及定位焊	（1）方法：讲授法、演示法、实训法 （2）重点：焊条直径选择 （3）难点：水平转动对接焊打底层的焊道运条	16
			2）焊接 ①打底层的焊接 ②填充层的焊接 ③盖面层的焊接		
			3）焊后清理 ①清理要求 ②清理内容		
		（3）焊缝外观质量检查	1）焊缝外观质量检查 ①检查项目 ②检验工具 ③检查方法	（1）方法：讲授法、演示法、实训法 （2）重点：常见表面缺陷识别 （3）难点：检验工具使用	2

续表

模块	课程	学习单元	课程内容	培训建议	课堂学时
2．熔化极气体保护焊	2-1 低碳钢板或低合金钢板角接接头熔化极气体保护焊	（1）认识熔化极气体保护焊	1）气体保护焊原理、分类及应用 2）二氧化碳气体保护焊设备及设施 ①焊机 ②送丝系统 ③供气系统 ④变位机械 3）焊接材料 ①二氧化碳气体 ②焊丝 4）二氧化碳气体保护焊焊接参数 ①焊丝直径 ②焊接电流 ③电弧电压 ④焊接速度 ⑤焊丝伸出长度 ⑥气体流量 ⑦电源极性 5）二氧化碳气体保护焊常用工机具 6）二氧化碳气体保护焊常用夹具 ①拉紧器 ②管口钳 ③大力钳 7）二氧化碳气体保护焊基本操作要领 ①引弧、收弧 ②接头 ③焊枪摆动方式 ④焊枪运动方法 ⑤操作姿势 8）二氧化碳气体保护焊安全操作规程	（1）方法：讲授法、演示法 （2）重点与难点：焊接参数及安全操作规程	6

续表

模块	课程	学习单元	课程内容	培训建议	课堂学时
2．熔化极气体保护焊	2-1 低碳钢板或低合金钢板角接接头熔化极气体保护焊	（2）焊前准备	1）二氧化碳气体保护焊设备、工机具、夹具安全检查 ①焊机安全检查 ②供气系统安全检查 ③送丝系统安全检查 ④角磨机、直磨机安全检查 ⑤夹具安全检查	（1）方法：讲授法、演示法、实训法 （2）重点与难点：设备安全检查	2
			2）材料准备 ①试件准备 ②焊材准备		
			3）焊接参数确认与调节		
			4）焊前清理 ①清理范围 ②清理方法		
			5）周边环境安全检查		
		（3）组对、焊接	1）组对及定位焊 ①组对 ②定位焊	（1）方法：讲授法、演示法 （2）重点与难点：角接接头焊接	20
			2）焊接 ①打底层的焊接 ②填充层的焊接 ③盖面层的焊接		
			3）焊后清理 ①清理要求 ②清理内容		
		（4）焊缝外观质量检查	1）焊缝外观质量检查 ①检查项目 ②检验工具 ③检查方法	（1）方法：讲授法、演示法、实训法 （2）重点与难点：焊缝外观质量检查方法	2

续表

模块	课程	学习单元	课程内容	培训建议	课堂学时
2．熔化极气体保护焊	2-2 低碳钢板或低合金钢板平位对接熔化极气体保护焊（双面焊或背部加衬垫）	（1）焊前准备	1）二氧化碳气体保护焊设备、工机具、夹具安全检查 ①焊机安全检查 ②供气系统安全检查 ③送丝系统安全检查 ④角磨机、直磨机安全检查 ⑤夹具安全检查	（1）方法：讲授法、演示法、实训法 （2）重点与难点：焊件的焊前清理	2
			2）材料准备 ①试件准备 ②焊材准备		
			3）焊接参数确认与调节		
			4）焊前清理 ①清理范围 ②清理方法		
			5）周边环境安全检查		
		（2）组对、焊接	1）组对及定位焊	（1）方法：讲授法、演示法、实训法 （2）重点与难点：打底层的焊接	12
			2）焊接 ①打底层的焊接 ②填充层的焊接 ③盖面层的焊接		
			3）焊后清理 ①清理要求 ②清理内容		
		（3）焊缝外观质量检查	1）焊缝外观质量检查 ①检查项目 ②检验工具 ③检查方法	（1）方法：讲授法、演示法、实训法 （2）重点与难点：检验工具的使用	2

续表

模块	课程	学习单元	课程内容	培训建议	课堂学时
3．非熔化极气体保护焊	3–1　低碳钢板厚度 δ < 6 mm 平位对接手工钨极氩弧焊	（1）认识手工钨极氩弧焊	1）手工钨极氩弧焊原理、特点与应用 2）手工钨极氩弧焊设备及辅助设备 ①焊接电源 ②焊枪 ③冷却系统 ④供气系统 ⑤控制系统 3）焊接材料 ①焊丝 ②钨极 ③氩气 4）手工钨极氩弧焊焊接参数 ①电源极性 ②焊接电流 ③电弧电压 ④焊接速度 ⑤气体流量 ⑥喷嘴直径 ⑦喷嘴与焊件距离 ⑧钨极伸出长度 5）手工钨极氩弧焊常用工机具 6）手工钨极氩弧焊接常用夹具 ①拉紧器 ②管口钳 7）手工钨极氩弧焊基本操作要领 ①焊接姿势 ②手工钨极氩弧焊引弧 ③手工钨极氩弧焊送丝 ④手工钨极氩弧焊焊接 ⑤手工钨极氩弧焊收弧 8）手工钨极氩弧焊安全操作规程	（1）方法：讲授法、演示法 （2）重点：常用工机具的使用及安全检查 （3）难点：手工钨极氩弧焊参数的确认与调节	8

续表

<table>
<tr><th>模块</th><th>课程</th><th>学习单元</th><th>课程内容</th><th>培训建议</th><th>课堂学时</th></tr>
<tr><td rowspan="9">3．非熔化极气体保护焊</td><td rowspan="9">3-1　低碳钢板厚度$\delta<6$ mm平位对接手工钨极氩弧焊</td><td rowspan="5">（2）焊前准备</td><td>1）手工钨极氩弧焊设备、工机具、夹具安全检查
①焊机安全检查
②供气系统安全检查
③冷却系统安全检查
④角磨机、直磨机安全检查
⑤夹具安全检查</td><td rowspan="5">（1）方法：讲授法、演示法、实训法
（2）重点与难点：手工钨极氩弧焊工机具安全检查</td><td rowspan="5">2</td></tr>
<tr><td>2）材料准备
①焊接材料准备
②焊件准备</td></tr>
<tr><td>3）焊接参数确认与调节</td></tr>
<tr><td>4）焊前清理
①清理范围
②清理方法</td></tr>
<tr><td>5）周边环境安全检查</td></tr>
<tr><td rowspan="3">（3）组对、焊接</td><td>1）组对及定位焊</td><td rowspan="3">（1）方法：讲授法、演示法、实训法
（2）重点：焊接
（3）难点：定位焊及预留反变形量</td><td rowspan="3">18</td></tr>
<tr><td>2）焊接
①打底层的焊接
②盖面层的焊接</td></tr>
<tr><td>3）焊后清理
①清理要求
②清理内容</td></tr>
<tr><td>（4）焊缝外观质量检查</td><td>1）焊缝外观质量检查
①检查项目
②检验工具
③检查方法</td><td>（1）方法：讲授法、演示法、实训法
（2）重点：检验工具使用
（3）难点：检查方法</td><td>2</td></tr>
</table>

续表

模块	课程	学习单元	课程内容	培训建议	课堂学时
3．非熔化极气体保护焊	3-2 不锈钢板厚度 $\delta<6$ mm 平位对接手工钨极氩弧焊	（1）焊前准备	1）手工钨极氩弧焊设备、工机具、安全检查 ①焊机安全检查 ②供气系统安全检查 ③冷却系统安全检查 ④角磨机、直磨机安全检查 ⑤夹具安全检查	（1）方法：讲授法、演示法、实训法 （2）重点与难点：手工钨极氩弧焊工机具安全检查	2
			2）材料准备 ①焊接材料准备 ②焊件准备		
			3）焊接参数确认与调节		
			4）焊前清理 ①清理范围 ②清理方法		
			5）周边环境安全检查		
		（2）组对、焊接	1）组对及定位焊	（1）方法：讲授法、演示法、实训法 （2）重点：焊接 （3）难点：定位焊及预留反变形量	16
			2）焊接 ①打底层的焊接 ②盖面层的焊接		
			3）焊后清理 ①清理要求 ②清理内容		
		（3）焊缝外观质量检查	1）焊缝外观质量检查 ①检查项目 ②检验工具 ③检查方法	（1）方法：讲授法、演示法、实训法 （2）重点：检验工具使用 （3）难点：焊缝外观检查方法	2

续表

模块	课程	学习单元	课程内容	培训建议	课堂学时
3．非熔化极气体保护焊	3-3　管径 ϕ<60 mm 低碳钢管对接水平转动手工钨极氩弧焊	（1）焊前准备	1）手工钨极氩弧焊设备、工机具、夹具安全检查 ①焊机安全检查 ②供气系统安全检查 ③冷却系统安全检查 ④角磨机、直磨机安全检查 ⑤夹具安全检查	（1）方法：讲授法、演示法、实训法 （2）重点与难点：手工钨极氩弧焊工机具安全检查	2
			2）材料准备 ①焊接材料准备 ②焊件准备		
			3）焊接参数确认与调节		
			4）焊前清理 ①清理范围 ②清理方法		
			5）周边环境安全检查		
		（2）组对、焊接	1）组对及定位焊	（1）方法：讲授法、演示法、实训法 （2）重点：转动焊焊接 （3）难点：定位焊及预留反变形量	16
			2）焊接 ①打底层的焊接 ②盖面层的焊接		
			3）焊后清理 ①清理要求 ②清理内容		
		（3）焊缝外观质量检查	1）焊缝外观质量检查 ①检查项目 ②检验工具 ③检查方法	（1）方法：讲授法、演示法、实训法 （2）重点：检验工具使用 （3）难点：焊缝外观检查方法	2

续表

<table>
<tr><th>模块</th><th>课程</th><th>学习单元</th><th>课程内容</th><th>培训建议</th><th>课堂学时</th></tr>
<tr><td rowspan="8">4．埋弧焊</td><td rowspan="8">4-1 低碳钢板或低合金钢板平位对接焊</td><td rowspan="8">（1）认识埋弧焊</td><td>1）埋弧焊原理、特点及应用
①埋弧焊原理
②埋弧焊特点
③埋弧焊应用</td><td rowspan="8">（1）方法：讲授法、实物示教法
（2）重点与难点：埋弧焊基本操作要领</td><td rowspan="8">8</td></tr>
<tr><td>2）埋弧焊设备及辅助设备
①自动行走小车
②埋弧焊辅助设备</td></tr>
<tr><td>3）埋弧焊焊接材料
①焊丝
②焊剂</td></tr>
<tr><td>4）埋弧焊焊接参数
①焊丝直径
②焊接电流
③焊接电压
④焊接速度
⑤焊丝伸出长度
⑥焊剂粒度和堆高
⑦焊丝倾角</td></tr>
<tr><td>5）埋弧焊常用工机具</td></tr>
<tr><td>6）埋弧焊常用夹具</td></tr>
<tr><td>7）埋弧焊基本操作要领
①引弧
②收弧
③碳弧气刨操作</td></tr>
<tr><td>8）埋弧焊安全操作规程</td></tr>
</table>

续表

<table>
<tr><th>模块</th><th>课程</th><th>学习单元</th><th>课程内容</th><th>培训建议</th><th>课堂学时</th></tr>
<tr><td rowspan="10">4．埋弧焊</td><td rowspan="10">4–1　低碳钢板或低合金钢板平位对接焊</td><td rowspan="5">（2）焊前准备</td><td>1）埋弧焊设备、工机具、夹具安全检查
①焊接电源检查
②控制箱检查
③行走小车检查
④电缆检查
⑤角磨机、直磨机安全检查
⑥夹具安全检查</td><td rowspan="5">（1）方法：讲授法、演示法、实训法
（2）重点与难点：设备安全检查、焊接参数确认与调节</td><td rowspan="5">2</td></tr>
<tr><td>2）材料准备
①焊接材料准备
②焊件准备</td></tr>
<tr><td>3）焊接参数确认与调节</td></tr>
<tr><td>4）焊前清理
①清理范围
②清理方法</td></tr>
<tr><td>5）周边环境安全检查</td></tr>
<tr><td rowspan="3">（3）组对、焊接</td><td>1）组对及定位焊</td><td rowspan="3">（1）方法：讲授法、演示法、实训法
（2）重点与难点：埋弧焊操作</td><td rowspan="3">16</td></tr>
<tr><td>2）焊接
①正面焊接
②碳弧气刨清根
③背面焊接</td></tr>
<tr><td>3）焊后清理
①清理要求
②清理内容</td></tr>
<tr><td>（4）焊缝外观质量检查</td><td>1）焊缝外观质量检查
①检查项目
②检验工具
③检查方法</td><td>（1）方法：讲授法、演示法、实训法
（2）重点与难点：焊接缺陷检查</td><td>2</td></tr>
</table>

续表

模块	课程	学习单元	课程内容	培训建议	课堂学时
4．埋弧焊	4-2 厚度 δ =8 ～ 12 mm 低碳钢板对接平焊（背部加衬垫或双面焊双面成型）	（1）焊前准备	1）埋弧焊设备、工机具、夹具安全检查 ①焊接电源检查 ②控制箱检查 ③行走小车检查 ④电缆检查 ⑤角磨机、直磨机安全检查 ⑥夹具安全检查	（1）方法：讲授法、演示法、实训法 （2）重点与难点：设备、工机具、夹具安全检查	2
			2）材料准备 ①焊接材料准备 ②焊件准备		
			3）焊接参数确认与调节		
			4）焊前清理 ①清理范围 ②清理方法		
			5）周边环境安全检查		
		（2）组对、焊接	1）组对及定位焊	（1）方法：讲授法、演示法、实训法 （2）重点与难点：碳弧气刨清根	16
			2）焊接 ①正面焊接 ②碳弧气刨清根 ③背面焊接		
			3）焊后清理 ①清理要求 ②清理内容		
		（3）焊缝外观质量检查	1）焊缝外观质量检查 ①检查项目 ②检验工具 ③检查方法	（1）方法：讲授法、演示法、实训法 （2）重点与难点：焊接缺陷检查	2

续表

模块	课程	学习单元	课程内容	培训建议	课堂学时
5．气焊	5-1　管径 ϕ<60 mm低碳钢管对接水平转动和垂直固定气焊	(1) 认识气焊	1）气焊原理、特点与应用 ①气焊原理 ②气焊特点 ③气焊应用	(1) 方法：讲授法、演示法、实训法 (2) 重点与难点：气焊参数确认与调节	14
			2）气焊设备及辅助设备 ①气瓶 ②供气系统 ③焊炬		
			3）气焊焊接材料 ①焊丝 ②溶剂		
			4）气焊焊接参数 ①焊丝直径 ②气体火焰种类 ③火焰能率 ④焊嘴倾斜角 ⑤焊丝倾角 ⑥焊接速度		
			5）气焊常用工机具		
			6）气焊常用夹具		
			7）气焊基本操作要领 ①焊缝起焊 ②左焊法与右焊法 ③焊丝填充 ④焊炬和焊丝摆动 ⑤焊缝接头 ⑥焊缝收尾		
			8）气焊安全操作规程		

续表

模块	课程	学习单元	课程内容	培训建议	课堂学时
5．气焊	5-1 管径 ϕ<60 mm低碳钢管对接水平转动和垂直固定气焊	（2）焊前准备	1）气焊设备、工机具、夹具安全检查 ①气瓶及减压器安全检查 ②胶管安全检查 ③焊炬安全检查 ④角磨机、直磨机安全检查 ⑤夹具安全检查	（1）方法：讲授法、演示法、实训法 （2）重点与难点：焊接参数确认与调节	2
			2）材料准备 ①焊接材料准备 ②焊件准备		
			3）焊接参数确认与调节		
			4）焊前清理 ①清理要求 ②清理内容		
			5）周边环境安全检查		
		（3）组对、焊接	1）组对及定位焊	（1）方法：讲授法、演示法、实训法 （2）重点与难点：气焊操作	24
			2）钢管对接水平转动气焊 ①打底层的焊接 ②盖面层的焊接		
			3）钢管对接垂直固定气焊 ①打底层的焊接 ②盖面层的焊接		
			4）焊后清理 ①清理要求 ②清理内容		
		（4）焊缝外观质量检查	1）焊缝外观质量检查 ①检查项目 ②检验工具 ③检查方法	（1）方法：讲授法、演示法、实训法 （2）重点与难点：检验工具使用	2

续表

模块	课程	学习单元	课程内容	培训建议	课堂学时
6．钎焊	6–1 低碳钢板搭接手工火焰钎焊	（1）认识钎焊	1）钎焊原理、分类、特点及应用	（1）方法：讲授法 （2）重点与难点：钎焊焊接工艺	6
			2）钎焊焊接材料及钎剂 ①钎焊钎料 ②钎焊常用钎剂		
			3）手工火焰钎焊设备和工具 ①手工火焰钎焊设备 ②手工火焰钎焊工具		
			4）钎焊焊接工艺参数		
			5）手工火焰钎焊安全操作规程		
		（2）焊前准备	1）钎焊设备、工机具、夹具安全检查 ①氧气瓶安全检查 ②乙炔瓶安全检查 ③减压器安全检查 ④焊炬安全检查 ⑤胶管安全检查 ⑥护目镜安全检查 ⑦锤子、錾子等安全检查	（1）方法：讲授法、实物示教法 （2）重点与难点：焊接参数确认与调节	2
			2）材料准备 ①焊件准备 ②钎料及钎剂准备		
			3）焊接参数确认与调节 ①气体压力 ②火焰种类 ③钎焊温度 ④保温时间		
			4）焊前清理 ①清理要求 ②清理内容		
			5）周边环境安全检查		

续表

模块	课程	学习单元	课程内容	培训建议	课堂学时
6．钎焊	6–1 低碳钢板搭接手工火焰钎焊	（3）组对、焊接	1）组对及定位焊	（1）方法：讲授法、演示法、实训法 （2）重点与难点：钎料及钎剂的添加	24
			2）焊接		
			3）焊后清理 ①清理要求 ②清理内容		
		（4）焊缝外观质量检查	1）焊缝外观质量检查 ①检查项目 ②检验工具 ③检查方法	（1）方法：讲授法 （2）重点与难点：焊接表面缺陷检查	2
	6–2 不锈钢板搭接手工火焰钎焊	（1）焊前准备	1）钎焊设备、工机具、夹具安全检查 ①氧气瓶安全检查 ②乙炔瓶安全检查 ③减压器安全检查 ④焊炬安全检查 ⑤胶管安全检查 ⑥护目镜安全检查 ⑦锤子、錾子等安全检查	（1）方法：讲授法、演示法、实训法 （2）重点与难点：不锈钢板搭接手工火焰钎焊焊接工艺	2
			2）材料准备 ①焊件准备 ②钎料及钎剂准备		
			3）焊接参数确认与调节 ①气体压力 ②火焰种类 ③钎焊温度 ④保温时间		
			4）焊前清理 ①清理要求 ②清理内容		
			5）周边环境安全检查		

续表

模块	课程	学习单元	课程内容	培训建议	课堂学时
6．钎焊	6–2 不锈钢板搭接手工火焰钎焊	（2）组对、焊接	1）组对及定位焊	（1）方法：讲授法、演示法、实训法 （2）重点与难点：钎焊时钎料及钎剂的添加	16
			2）焊接		
			3）焊后清洗 ①清洗要求 ②清洗内容		
		（3）焊缝外观质量检查	1）焊缝外观质量检查 ①检查项目 ②检验工具 ③检查方法	（1）方法：讲授法、演示法、实训法 （2）重点与难点：焊接表面缺陷检查	2
7．电阻焊	7–1 低碳钢薄板电阻点焊	（1）认识电阻焊	1）电阻焊原理、分类、特点及应用	（1）方法：讲授法、演示法、实训法 （2）重点与难点：焊接电源特点	6
			2）电阻焊设备及辅助设备 ①焊接电源 ②控制装置 ③机械装置 ④变位机械		
			3）电阻焊焊接参数 ①通电时间 ②焊接电流 ③电极压力 ④电极端面尺寸		
			4）电阻焊常用工机具		
			5）电阻焊常用夹具 ①压紧器 ②定位销 ③定位面 ④限位器		
			6）电阻焊安全操作规程		

续表

模块	课程	学习单元	课程内容	培训建议	课堂学时
7. 电阻焊	7-1 低碳钢薄板电阻点焊	(2) 焊前准备	1) 电阻点焊设备、工机具、夹具安全检查 ①电路安全检查 ②水路安全检查 ③气路安全检查 ④吊挂机构安全检查 ⑤工机具安全检查 ⑥夹具安全检查	(1) 方法：讲授法、演示法、实训法 (2) 重点与难点：低碳钢板电阻焊参数确定	2
			2) 材料准备		
			3) 焊接参数确认与调节		
			4) 焊前清理 ①清理范围 ②清理方法		
			5) 周边环境安全检查		
		(3) 组对、焊接	1) 电阻点焊电极修整 ①锉刀修整 ②更换电极	(1) 方法：讲授法、演示法、实训法 (2) 重点与难点：低碳钢板电阻点焊焊接	12
			2) 焊件定位装夹 ①焊件定位 ②焊件装夹		
			3) 焊接 ①通电 ②加压 ③保压 ④卸压断电		
			4) 焊后清理 ①清理要求 ②清理内容		
		(4) 焊点外观质量检查	1) 焊点外观质量检查 ①检查项目 ②检验工具 ③检查方法	(1) 方法：讲授法、演示法、实训法 (2) 重点与难点：焊点表面质量检查	2

续表

<table>
<tr><th>模块</th><th>课程</th><th>学习单元</th><th>课程内容</th><th>培训建议</th><th>课堂学时</th></tr>
<tr><td rowspan="11">7．电阻焊</td><td rowspan="9">7-2　光圆钢筋或带筋钢筋闪光对焊</td><td rowspan="5">（1）焊前准备</td><td>1）闪光对焊设备、工机具、夹具安全检查
①焊机安全检查
②电缆安全检查
③工机具安全检查
④夹具安全检查</td><td rowspan="5">（1）方法：讲授法、演示法、实训法
（2）重点与难点：闪光对焊参数确定</td><td rowspan="5">2</td></tr>
<tr><td>2）材料准备</td></tr>
<tr><td>3）焊接参数确认与调节</td></tr>
<tr><td>4）焊前清理
①清理范围
②清理方法</td></tr>
<tr><td>5）周边环境安全检查</td></tr>
<tr><td rowspan="3">（2）组对、焊接</td><td>1）组对</td><td rowspan="3">（1）方法：讲授法、演示法、实训法
（2）重点与难点：焊接设备操作</td><td rowspan="3">4</td></tr>
<tr><td>2）焊接
①通电
②顶锻
③保压
④断电</td></tr>
<tr><td>3）焊后清理
①清理要求
②清理内容</td></tr>
<tr><td>（3）焊缝外观质量检查</td><td>1）焊缝外观质量检查
①检查项目
②检验工具
③检查方法</td><td>（1）方法：讲授法、演示法、实训法
（2）重点与难点：检验工具使用</td><td>2</td></tr>
<tr><td rowspan="2">7-3　低碳钢薄板电阻缝焊</td><td rowspan="2">（1）焊前准备</td><td>1）电阻缝焊设备、工机具、夹具安全检查
①电路安全检查
②水路安全检查
③气路安全检查
④工机具安全检查
⑤夹具安全检查</td><td rowspan="2">（1）方法：讲授法、演示法、实训法
（2）重点与难点：电阻缝焊设备安全检查</td><td rowspan="2">2</td></tr>
<tr><td>2）材料准备</td></tr>
</table>

续表

模块	课程	学习单元	课程内容	培训建议	课堂学时
7. 电阻焊	7-3 低碳钢薄板电阻缝焊	(1) 焊前准备	3) 焊接参数确认与调节		
			4) 焊前清理 ①清理范围 ②清理方法		
			5) 周边环境安全检查		
		(2) 组对、焊接	1) 组对	(1) 方法：讲授法、演示法、实训法 (2) 重点与难点：电阻缝焊设备操作	8
			2) 焊接 ①加压 ②通电加热 ③卸压断电		
			3) 焊后清理 ①清理要求 ②清理内容		
		(3) 焊缝外观质量检查	1) 焊缝外观质量检查 ①检查项目 ②检验工具 ③检查方法	(1) 方法：讲授法、演示法、实训法 (2) 重点与难点：检查工具使用	2
	7-4 低碳钢螺柱焊	(1) 焊前准备	1) 螺柱焊设备、工机具、夹具安全检查 ①焊机安全检查 ②焊枪安全检查 ③电缆安全检查 ④夹具安全检查	(1) 方法：讲授法、演示法、实训法 (2) 重点与难点：螺柱焊工机具安全检查	2
			2) 材料准备 ①焊接材料准备 ②焊件准备		
			3) 焊接参数确认与调节		
			4) 焊前清理 ①清理范围 ②清理方法		
			5) 周边环境安全检查		

续表

模块	课程	学习单元	课程内容	培训建议	课堂学时
7．电阻焊	7-4　低碳钢螺柱焊	（2）组对、焊接	1）螺柱焊焊件装夹	（1）方法：讲授法、演示法、实训法 （2）重点与难点：螺柱焊焊接角度控制	4
			2）焊接		
			3）焊后清理 ①清理要求 ②清理内容		
		（3）焊缝外观质量检查	1）焊缝外观质量检查 ①检查项目 ②检验工具 ③检查方法	（1）方法：讲授法、演示法、实训法 （2）重点与难点：检查工具使用	2
8．压力焊	8-1　低碳钢板扩散焊	（1）认识扩散焊	1）扩散焊特点、分类及应用	（1）方法：讲授法、演示法、实训法 （2）重点与难点：扩散焊特点及应用	4
			2）扩散焊设备 ①分类及组成 ②型号及主要技术参数		
			3）扩散焊焊接材料 ①中间层材料 ②隔离剂		
			4）扩散焊焊接参数 ①焊接温度 ②焊接压力 ③扩散时间 ④保护气氛		
			5）扩散焊常用工具 ①角磨机 ②钢丝刷		
			6）扩散焊常用夹具		
			7）扩散焊安全操作规程		

续表

模块	课程	学习单元	课程内容	培训建议	课堂学时
8．压力焊	8-1 低碳钢板扩散焊	(2) 焊前准备	1）扩散焊设备、工机具、夹具安全检查 ①焊机安全检查 ②角磨机 ③夹具安全检查	(1) 方法：讲授法、演示法、实训法 (2) 重点与难点：设备安全检查	2
			2）材料准备 ①试件准备 ②焊材准备 ③清洗液		
			3）焊接参数确认与调节		
			4）焊前清理 ①清理范围 ②清理方法		
			5）周边环境安全检查		
		(3) 装夹、焊接	1）焊件装夹 ①装夹被焊工件 ②安装辅助工具	(1) 方法：讲授法、演示法、实训法 (2) 重点与难点：扩散焊焊接操作	12
			2）焊接过程 ①抽真空 ②焊接		
			3）焊后清理 ①清理要求 ②清理内容		
		(4) 焊缝外观质量检查	1）焊缝外观质量检查 ①检查项目 ②检验工具 ③检查方法	(1) 方法：讲授法、演示法、实训法 (2) 重点与难点：焊缝外观质量检查方法	2

续表

模块	课程	学习单元	课程内容	培训建议	课堂学时
8．压力焊	8–2 小径Ⅰ级钢筋电渣压力焊	(1) 认识电渣压力焊	1）电渣压力焊原理、特点及应用 2）电渣压力焊设备 ①分类及组成 ②型号及主要技术参数 ③操作方式 3）电渣压力焊焊接材料 ①焊剂作用 ②常用焊剂牌号 4）电渣压力焊接参数 ①钢筋直径 ②焊接电流 ③焊接电压 ④焊接通电时间 5）电渣压力焊常用工具 ①锉刀 ②钢丝刷 ③角磨机 ④调直机 ⑤锤子 ⑥无齿锯等 6）电渣压力焊常用夹具 7）电渣压力焊安全操作规程	(1) 方法：讲授法、演示法 (2) 重点与难点：电渣压力焊设备和焊接参数	4

续表

模块	课程	学习单元	课程内容	培训建议	课堂学时
8．压力焊	8-2　小径Ⅰ级钢筋电渣压力焊	（2）焊前准备	1）电渣压力焊设备、工机具、夹具安全检查 ①焊机安全检查 ②角磨机及调直机安全检查 ③夹具安全检查	（1）方法：讲授法、演示法、实训法 （2）重点与难点：设备安全检查	2
			2）材料准备 ①试件准备 ②焊材准备		
			3）焊接参数确认与调节		
			4）焊前清理 ①清理范围 ②清理方法		
			5）周边环境安全检查		
		（3）装夹、焊接	1）焊件装夹 ①下料 ②调直 ③打磨 ④装夹	（1）方法：讲授法、演示法、实训法 （2）重点与难点：焊接过程	14
			2）钢筋电渣压力焊 ①引弧 ②电弧 ③电渣 ④顶锻		
			3）焊后清理 ①清理要求 ②清理内容		
		（4）焊缝外观质量检查	1）焊缝外观质量检查 ①检查项目 ②检验工具 ③检查方法	（1）方法：讲授法、演示法、实训法 （2）重点与难点：焊缝外观质量检查方法	2

续表

模块	课程	学习单元	课程内容	培训建议	课堂学时
9．切割	9–1 低碳钢板手工气割	（1）认识气割	1）气割原理、特点及应用范围	（1）方法：讲授法、演示法 （2）重点与难点：气割原理、气割设备及安全操作规程	4
			2）气割设备 ①气瓶 ②减压器 ③橡胶软管		
			3）气割常用气体种类 ①氧气 ②乙炔 ③液化石油气		
			4）气割参数 ①气割氧压力 ②预热火焰能率 ③割嘴与被割工件表面距离 ④割嘴与被割工件表面倾斜角 ⑤切割速度		
			5）气割常用工具 ①割炬和割嘴 ②点火工具 ③通针 ④护目镜		
			6）气割常用夹具		
			7）气割火焰种类及特点		
			8）气割安全操作规程		
		（2）割前准备	1）气割设备、工机具及夹具安全检查 ①气瓶安全检查 ②减压器安全检查 ③橡胶管安全检查 ④割炬安全检查 ⑤夹具安全检查	（1）方法：讲授法、演示法 （2）重点与难点：设备及工具安全检查	2
			2）材料准备 ①试件准备 ②气体准备		

续表

模块	课程	学习单元	课程内容	培训建议	课堂学时
9．切割	9-1 低碳钢板手工气割	（2）割前准备	3）焊接参数确认与调节		
			4）清理及划线 ①清理待割件 ②划线		
			5）周边环境安全检查		
		（3）手工气割	1）手工气割操作 ①点火 ②火焰调节 ③起割 ④正常气割过程 ⑤停割	（1）方法：讲授法、演示法、实训法 （2）重点与难点：气割基本操作方法	16
			2）割后清理 ①清理要求 ②清理内容		
		（4）割缝质量检查	1）割缝外观质量检查 ①检查项目 ②检验工具 ③检查方法	（1）方法：讲授法、演示法、实训法 （2）重点与难点：检验工具使用	2
	9-2 低碳钢板碳弧气刨	（1）认识碳弧气刨	1）碳弧气刨的工作原理、特点及应用范围	（1）方法：讲授法、演示法 （2）重点与难点：碳弧气刨原理及安全操作规程	4
			2）碳弧气刨设备 ①碳弧气刨电源 ②压缩空气源		
			3）碳弧气刨材料及要求		
			4）碳弧气刨工艺参数		
			5）碳弧气刨常用工具		
			6）碳弧气刨安全操作规程		

续表

模块	课程	学习单元	课程内容	培训建议	课堂学时
9．切割	9-2　低碳钢板碳弧气刨	（2）气刨准备	1）碳弧气刨设备、工机具及夹具的安全检查 ①碳弧气刨电源的安全检查 ②压缩空气源的安全检查 ③碳弧气刨钳的安全检查 ④碳弧气刨软管的安全检查 ⑤拉紧器安全检查 ⑥管口钳安全检查	（1）方法：讲授法、演示法 （2）重点与难点：设备及工机具安全检查	2
			2）材料的准备 ①焊件的准备 ②碳棒的准备		
			3）碳弧气刨工艺参数确认与调节		
			4）周边环境安全检查		
		（3）手工气刨	1）碳弧气刨基本操作技术 ①引弧 ②刨削	（1）方法：讲授法、演示法、实训法 （2）重点与难点：碳弧气刨基本操作	16
			2）碳弧气刨的操作 ①刨坡口 ②刨削焊接缺陷 ③清除焊根		
			3）注意事项 ①操作注意事项 ②安全注意事项		

续表

模块	课程	学习单元	课程内容	培训建议	课堂学时
9．切割	9-2　低碳钢板碳弧气刨	（4）割缝质量检查	1）碳弧气刨常见缺陷及防止措施 ①夹碳 ②粘渣 ③槽形不正、宽窄不一或深浅不均 ④刨偏 ⑤铜斑	（1）方法：讲授法、演示法、实训法 （2）重点与难点：检验工具使用	2
			2）割缝外观质量检查 ①检查项目 ②检验工具 ③检查方法		
10．机器人焊接	10-1　厚度 $\delta \geqslant 8$ mm 低碳钢板机器人平位堆焊（二氧化碳气体保护焊）	（1）认识机器人弧焊	1）弧焊机器人原理、特点及应用	（1）方法：讲授法 （2）重点与难点：机器人基本动作编程	16
			2）机器人弧焊设备及辅助设备 ①本体 ②控制柜 ③弧焊系统 ④工装夹具		
			3）机器人弧焊焊接参数 ①焊接电流 ②焊接电压 ③焊接速度 ④焊丝干伸长度		
			4）机器人弧焊常用工机具		
			5）机器人弧焊常用夹具 ①三维柔性夹具平台 ②快速夹紧器、锁紧器		
			6）机器人弧焊基本动作编程 ①直线编程 ②圆弧编程		
			7）机器人弧焊安全操作规程		

续表

模块	课程	学习单元	课程内容	培训建议	课堂学时
10. 机器人焊接	10-1 厚度 $\delta \geqslant 8$ mm 低碳钢板机器人平位堆焊（二氧化碳气体保护焊）	（2）焊前准备	1）机器人弧焊设备、工机具、夹具及周边环境安全检查 ①机器人单体安全检查 ②工作台及夹具安全检查 ③供气系统安全检查 ④焊机、电缆线、控制线安全检查 ⑤工机具安全检查 ⑥周边环境安全检查	（1）方法：讲授法、演示法、实训法 （2）重点与难点：焊接参数确认与调节	8
			2）材料准备 ①焊接材料准备 ②焊件准备		
			3）焊接参数确认与调节		
			4）坡口检查和焊前清理		
		（3）组对、焊接	1）组对及定位焊	（1）方法：讲授法、演示法、实训法 2）重点与难点：编程及焊接	40
			2）编程及焊接		
			3）焊后清理 ①清理要求 ②清理内容		
		（4）焊缝外观质量检查	1）焊缝外观质量检查 ①检查项目 ②检验工具 ③检查方法	（1）方法：讲授法、演示法、实训法 （2）重点与难点：焊缝外观检查工具的使用	2
课堂学时合计 焊条电弧焊 / 熔化极气体保护焊 / 非熔化极气体保护焊 / 埋弧焊 / 气焊 / 钎焊 / 电阻焊 / 压力焊 / 切割 / 机器人焊接					74/46/70/48/42/54/50/42/48/66

2.2.3 中级职业技能培训课程规范

<table>
<tr><th>模块</th><th>课程</th><th>学习单元</th><th>课程内容</th><th>培训建议</th><th>课堂学时</th></tr>
<tr><td rowspan="10">1．焊条电弧焊</td><td rowspan="10">1–1 管板插入式或骑座式焊接的单面焊双面成型</td><td rowspan="6">（1）焊前准备</td><td>1）管板连接的形式</td><td rowspan="6">（1）方法：讲授法、演示法、实训法
（2）重点与难点：焊接参数确认与调节</td><td rowspan="6">2</td></tr>
<tr><td>2）焊条电弧焊设备、工机具、夹具的安全检查
①焊机的安全检查
②电焊钳的安全检查
③焊接电缆的安全检查
④角磨机、直磨机的安全检查
⑤夹具的安全检查</td></tr>
<tr><td>3）材料准备
①焊接材料准备
②焊件准备</td></tr>
<tr><td>4）焊接参数确认与调节</td></tr>
<tr><td>5）焊前清理
①清理范围
②清理方法</td></tr>
<tr><td>6）周边环境安全检查</td></tr>
<tr><td rowspan="4">（2）组对、焊接</td><td>1）组对及定位焊</td><td rowspan="4">（1）方法：讲授法、演示法、实训法
（2）重点与难点：单面焊双面成型</td><td rowspan="4">30</td></tr>
<tr><td>2）管板插入式水平固定全位置焊接
①打底层的焊接
②填充层的焊接
③盖面层的焊接</td></tr>
<tr><td>3）管板骑座式水平固定全位置焊接
①打底层的焊接
②填充层的焊接
③盖面层的焊接</td></tr>
<tr><td>4）焊后清理
①清理要求
②清理内容</td></tr>
</table>

续表

<table>
<tr><th>模块</th><th>课程</th><th>学习单元</th><th>课程内容</th><th>培训建议</th><th>课堂学时</th></tr>
<tr><td rowspan="10">1．焊条电弧焊</td><td>1–1 管板插入式或骑座式焊接的单面焊双面成型</td><td>（3）焊缝外观质量检查</td><td>1）焊缝外观质量检查
①检查项目
②检验工具
③检查方法</td><td>（1）方法：讲授法、演示法、实训法
（2）重点与难点：检查方法</td><td>2</td></tr>
<tr><td rowspan="9">1–2 厚度 $\delta \geqslant 6$ mm 低碳钢板或低合金钢板的对接立焊单面焊双面成型</td><td rowspan="5">（1）焊前准备</td><td>1）焊条电弧焊设备、工机具、夹具的安全检查
①焊机的安全检查
②电焊钳的安全检查
③焊接电缆的安全检查
④角磨机、直磨机的安全检查
⑤夹具的安全检查</td><td rowspan="5">（1）方法：讲授法、演示法、实训法
（2）重点与难点：焊接参数确认与调节</td><td rowspan="5">2</td></tr>
<tr><td>2）材料准备
①焊接材料准备
②焊件准备</td></tr>
<tr><td>3）焊接参数确认与调节</td></tr>
<tr><td>4）焊前清理
①清理范围
②清理方法</td></tr>
<tr><td>5）周边环境安全检查</td></tr>
<tr><td rowspan="3">（2）组对、焊接</td><td>1）组对及定位焊</td><td rowspan="3">（1）方法：讲授法、演示法、实训法
（2）重点：焊条角度的控制
（3）难点：对接立焊打底焊操作技能</td><td rowspan="3">30</td></tr>
<tr><td>2）焊接
①打底层的焊接
②填充层的焊接
③盖面层的焊接</td></tr>
<tr><td>3）焊后清理
①清理要求
②清理内容</td></tr>
<tr><td>（3）焊缝外观质量检查</td><td>1）焊缝外观质量检查
①检查项目
②检验工具
③检查方法</td><td>（1）方法：讲授法、演示法、实训法
（2）重点：焊缝外观质量检查方法</td><td>2</td></tr>
</table>

续表

模块	课程	学习单元	课程内容	培训建议	课堂学时
1．焊条电弧焊	1-3 厚度 $\delta \geqslant 6$ mm 低碳钢板或低合金钢板的对接横焊单面焊双面成型	（1）焊前准备	1）焊条电弧焊设备、工机具、夹具的安全检查 ①焊机的安全检查 ②电焊钳的安全检查 ③焊接电缆的安全检查 ④角磨机、直磨机的安全检查 ⑤夹具的安全检查	（1）方法：讲授法、演示法、实训法 （2）重点与难点：焊接参数的确认与调节	2
			2）材料准备 ①焊接材料准备 ②焊件准备		
			3）焊接参数确认与调节		
			4）坡口检查和焊前清理		
			5）周边环境安全检查		
		（2）组对、焊接	1）组对及定位焊	（1）方法：讲授法、演示法、实训法 （2）重点：焊条角度的控制 （3）难点：对接横焊打底焊操作技能	30
			2）焊接 ①打底层的焊接 ②填充层的焊接 ③盖面层的焊接		
			3）焊后清理 ①清理要求 ②清理内容		
		（3）焊缝外观质量检查	1）焊缝外观质量检查 ①检查项目 ②检验工具 ③检查方法	（1）方法：讲授法、演示法、实训法 （2）重点与难点：焊缝外观质量检查方法	2

续表

模块	课程	学习单元	课程内容	培训建议	课堂学时
1. 焊条电弧焊	1–4　管径 $\phi\geqslant 76$ mm 低碳钢管或低合金钢管的对接水平固定、垂直固定或45°固定焊接	（1）焊前准备	1）钢管焊接位置基本形式 ①水平转动 ②水平固定 ③垂直固定 ④ 45°固定	（1）方法：讲授法、演示法、实训法 （2）重点与难点：焊接参数确认与调节	2
			2）焊条电弧焊设备、工机具、夹具的安全检查 ①焊机的安全检查 ②电焊钳的安全检查 ③焊接电缆的安全检查 ④角磨机、直磨机的安全检查 ⑤夹具的安全检查		
			3）材料准备 ①焊接材料准备 ②焊件准备		
			4）焊接参数确认与调节		
			5）坡口检查和焊前清理		
			6）周边环境安全检查		
		（2）组对、焊接	1）组对及定位焊	（1）方法：讲授法、演示法、实训法 （2）重点与难点：打底层的焊接	30
			2）钢管的对接水平固定焊接 ①打底层的焊接 ②填充层的焊接 ③盖面层的焊接		
			3）钢管的对接垂直固定焊接 ①打底层的焊接 ②填充层的焊接 ③盖面层的焊接		

续表

模块	课程	学习单元	课程内容	培训建议	课堂学时
1．焊条电弧焊	1–4　管径 $\phi \geqslant 76$ mm 低碳钢管或低合金钢管的对接水平固定、垂直固定或 45° 固定焊接	（2）组对、焊接	4）钢管的对接 45° 固定焊接 ①打底层的焊接 ②填充层的焊接 ③盖面层的焊接		
			5）焊后清理 ①清理要求 ②清理内容		
		（3）焊缝外观质量检查	1）焊缝外观质量检查 ①检查项目 ②检验工具 ③检查方法	（1）方法：讲授法、演示法、实训法 （2）重点与难点：焊缝外观质量检查方法	2
2．熔化极气体保护焊	2–1　厚度 δ =8 ~ 12 mm 低碳钢板或低合金钢板横位或立位对接的熔化极气体保护焊（单面焊双面成型）	（1）焊前准备	1）二氧化碳气体保护焊设备、工机具、夹具的安全检查 ①焊机的安全检查 ②供气系统的安全检查 ③冷却系统的安全检查 ④角磨机、直磨机的安全检查 ⑤夹具安全检查	（1）方法：讲授法、演示法、实训法 （2）重点与难点：焊接参数确认与调节	2
			2）材料准备 ①焊接材料准备 ②焊件准备		
			3）焊接参数确认与调节		
			4）坡口检查和焊前清理		
			5）周边环境安全检查		

续表

模块	课程	学习单元	课程内容	培训建议	课堂学时
2．熔化极气体保护焊	2-1　厚度 δ=8～12 mm 低碳钢板或低合金钢板横位或立位对接的熔化极气体保护焊（单面焊双面成型）	（2）组对、焊接	1）组对及定位焊 2）钢板横位对接焊接 ①打底层的焊接 ②填充层的焊接 ③盖面层的焊接 3）钢板立位对接焊接 ①打底层的焊接 ②填充层的焊接 ③盖面层的焊接 4）焊后清理 ①清理要求 ②清理内容	（1）方法：讲授法、演示法、实训法 （2）重点与难点：钢板横位对接焊接操作	12
		（3）焊缝外观质量检查	1）焊缝外观质量检查 ①检查项目 ②检验工具 ③检查方法	（1）方法：讲授法、演示法、实训法 （2）重点与难点：焊缝外观质量检查方法	2
	2-2　管径 ϕ=76～168 mm 低碳钢管或低合金钢管对接水平固定和垂直固定的二氧化碳气体保护焊	（1）焊前准备	1）二氧化碳气体保护焊设备、工机具、夹具的安全检查 ①焊机的安全检查 ②供气系统的安全检查 ③冷却系统的安全检查 ④角磨机、直磨机的安全检查 ⑤夹具安全检查 2）材料准备 ①焊接材料准备 ②焊件准备 3）焊接参数确认与调节 4）坡口检查和焊前清理 5）周边环境安全检查	（1）方法：讲授法、演示法、实训法 （2）重点与难点：焊接参数确认与调节	2

续表

模块	课程	学习单元	课程内容	培训建议	课堂学时
2．熔化极气体保护焊	2-2 管径 ϕ=76～168 mm 低碳钢管或低合金钢管对接水平固定和垂直固定的二氧化碳气体保护焊	（2）组对、焊接	1）组对及定位焊 2）钢管对接水平固定焊接 ①打底层的焊接 ②填充层的焊接 ③盖面层的焊接 3）钢管对接垂直固定焊接 ①打底层的焊接 ②填充层的焊接 ③盖面层的焊接 4）焊后清理 ①清理要求 ②清理内容	（1）方法：讲授法、演示法、实训法 （2）重点与难点：焊枪角度调整	12
		（3）焊缝外观质量检验	1）焊缝外观质量检查 ①检查项目 ②检验工具 ③检查方法	（1）方法：讲授法、演示法、实训法 （2）重点与难点：焊缝外观质量检查方法	2
	2-3 厚度 $\delta \geqslant 6$ mm 低碳钢板或低合金钢板气电立焊	（1）认识气电立焊	1）气电立焊原理、分类及应用 2）气电立焊焊接材料 ①保护气体 ②焊丝 3）气电立焊焊接参数 ①焊接电流 ②电弧电压 ③焊接速度 ④焊丝摆幅 ⑤焊丝伸出长度 ⑥气体流量 4）气电立焊的设备组成及应用 5）气电立焊工具 ①扳手 ②角磨机 ③尖嘴钳	（1）方法：讲授法、演示法、实训法 （2）重点与难点：气电立焊焊接工艺要领	2

续表

模块	课程	学习单元	课程内容	培训建议	课堂学时
2．熔化极气体保护焊	2-3 厚度 $\delta \geqslant 6$ mm 低碳钢板或低合金钢板气电立焊	（1）认识气电立焊	6）气电立焊夹具		
			7）气电立焊焊接工艺要领		
			8）气电立焊安全操作规程		
		（2）焊前准备	1）气电立焊设备、工艺设备的调试及安全检查 ①携焊机头升降的机械系统调试及安全检查 ②快速送丝系统调试及安全检查 ③水冷强迫成型系统调试及安全检查 ④焊接电源及供（保护）气系统调试及安全检查 ⑤焊枪及焊枪摆动控制系统调试及安全检查 ⑥焊接过程自动控制系统调试及安全检查	（1）方法：讲授法、演示法、实训法 （2）重点与难点：气电立焊设备安全检查及调试	2
			2）气电立焊工机具、夹具的安全检查 ①角磨机、直磨机的安全检查 ②夹具的安全检查		
			3）材料准备 ①焊接材料准备 ②焊件准备 ③衬垫准备		
			4）焊接参数确认与调节		
			5）坡口检查和焊前清理		
			6）周边环境安全检查		

续表

模块	课程	学习单元	课程内容	培训建议	课堂学时
2．熔化极气体保护焊	2–3　厚度 $\delta \geqslant 6$ mm 低碳钢板或低合金钢板气电立焊	（3）组对、焊接	1）组对及定位焊 2）钢板气电立焊焊接 ①引弧 ②焊接 ③收弧 3）焊后清理 ①清理要求 ②清理内容	（1）方法：讲授法、演示法、实训法 （2）重点与难点：气电立焊焊接操作	12
		（4）焊缝外观质量检查	1）焊缝外观质量检查 ①检查项目 ②检验工具 ③检查方法	（1）方法：讲授法、演示法、实训法 （2）重点与难点：焊缝外观质量检查方法	2
3．非熔化极气体保护焊	3–1　低碳钢管板插入式或骑座式的手工钨极氩弧焊	（1）焊前准备	1）管板连接的形式 2）手工钨极氩弧焊设备、工机具、夹具的安全检查 ①焊机的安全检查 ②供气系统的安全检查 ③冷却系统的安全检查 ④角磨机、直磨机的安全检查 ⑤夹具安全检查 3）材料准备 ①焊接材料准备 ②焊件准备 4）焊接参数确认与调节 5）坡口检查和焊前清理 6）周边环境安全检查	（1）方法：讲授法、演示法、实训法 （2）重点与难点：焊接参数确认与调节	2

续表

模块	课程	学习单元	课程内容	培训建议	课堂学时
3．非熔化极气体保护焊	3-1　低碳钢管板插入式或骑座式的手工钨极氩弧焊	（2）组对、焊接	1）组对及定位焊 2）管板插入式水平固定焊接 ①打底层的焊接 ②填充层的焊接 ③盖面层的焊接 3）管板骑座式水平固定焊接 ①打底层的焊接 ②填充层的焊接 ③盖面层的焊接 4）焊后清理 ①清理要求 ②清理内容	（1）方法：讲授法、演示法、实训法 （2）重点与难点：焊接过程中焊枪、焊丝的配合	18
		（3）焊缝外观质量检查	1）焊缝外观质量检查 ①检查项目 ②检验工具 ③检查方法	（1）方法：讲授法、演示法、实训法 （2）重点与难点：焊缝表面质量检查方法	2
	3-2　管径 ϕ<60 mm 低合金钢管对接水平固定和垂直固定的手工钨极氩弧焊	（1）焊前准备	1）手工钨极氩弧焊设备、工机具、夹具的安全检查 ①焊机的安全检查 ②供气系统的安全检查 ③冷却系统的安全检查 ④角磨机、直磨机的安全检查 ⑤夹具安全检查 2）材料准备 ①焊接材料准备 ②焊件准备 3）焊接参数确认与调节 4）坡口检查和焊前清理 5）周边环境安全检查	（1）方法：讲授法、演示法、实训法 （2）重点与难点：焊接参数确认与调节	2

续表

<table>
<tr><th>模块</th><th>课程</th><th>学习单元</th><th>课程内容</th><th>培训建议</th><th>课堂学时</th></tr>
<tr><td rowspan="5">3．非熔化极气体保护焊</td><td rowspan="5">3-2　管径 ϕ<60 mm 低合金钢管对接水平固定和垂直固定的手工钨极氩弧焊</td><td rowspan="4">（2）组对、焊接</td><td>1）组对及定位焊</td><td rowspan="4">（1）方法：讲授法、演示法、实训法
（2）重点与难点：对接接头焊接过程中焊枪、焊丝的配合</td><td rowspan="4">24</td></tr>
<tr><td>2）钢管对接水平固定焊接
①打底层的焊接
②填充层的焊接
③盖面层的焊接</td></tr>
<tr><td>3）钢管对接垂直固定焊接
①打底层的焊接
②填充层的焊接
③盖面层的焊接</td></tr>
<tr><td>4）焊后清理
①清理要求
②清理内容</td></tr>
<tr><td>（3）焊缝外观质量检查</td><td>1）焊缝外观质量检查
①检查项目
②检验工具
③检查方法</td><td>（1）方法：讲授法、演示法、实训法
（2）重点与难点：焊缝外观质量检查方法</td><td>2</td></tr>
<tr><td rowspan="6">4．埋弧焊</td><td rowspan="6">4-1　低碳钢板或低合金钢板的双丝埋弧焊</td><td rowspan="6">（1）焊前准备</td><td>1）双丝埋弧焊的工艺特点和应用</td><td rowspan="6">（1）方法：讲授法、演示法、实训法
（2）重点与难点：焊接参数确认与调节</td><td rowspan="6">2</td></tr>
<tr><td>2）双丝埋弧焊设备、工机具、夹具的安全检查
①焊接电源检查
②控制箱检查
③行走小车检查
④电缆检查
⑤角磨机、直磨机安全检查
⑥夹具安全检查</td></tr>
<tr><td>3）材料准备
①焊接材料准备
②焊件准备</td></tr>
<tr><td>4）焊接参数确认与调节</td></tr>
<tr><td>5）坡口检查和焊前清理</td></tr>
<tr><td>6）周边环境安全检查</td></tr>
</table>

续表

模块	课程	学习单元	课程内容	培训建议	课堂学时
4．埋弧焊	4-1　低碳钢板或低合金钢板的双丝埋弧焊	（2）组对、焊接	1）组对及定位焊	（1）方法：讲授法、演示法、实训法 （2）重点与难点：焊接过程监控	22
			2）焊接 ①引弧 ②焊接过程监控 ③收弧		
			3）焊后清理 ①清理要求 ②清理内容		
		（3）焊缝外观质量检查	1）焊缝外观质量检查 ①检查项目 ②检验工具 ③检查方法	（1）方法：讲授法、演示法、实训法 （2）重点与难点：焊缝外观质量检查方法	2
	4-2　不锈钢覆层的带极埋弧堆焊	（1）焊前准备	1）带极埋弧焊的工艺特点和应用	（1）方法：讲授法、实物示教法 （2）重点与难点：焊接参数的调节	2
			2）带极埋弧焊设备、工机具、夹具的安全检查 ①焊接电源检查 ②控制箱检查 ③行走小车检查 ④电缆检查 ⑤角磨机、直磨机安全检查 ⑥夹具安全检查		
			3）材料准备 ①焊接材料准备 ②焊件准备		
			4）焊接参数确认与调节		
			5）焊前清理		
			6）周边环境安全检查		

续表

模块	课程	学习单元	课程内容	培训建议	课堂学时
4．埋弧焊	4-2 不锈钢覆层的带极埋弧堆焊	（2）焊接	1）焊接 ①引弧 ②焊接 ③收弧	（1）方法：讲授法、演示法、实训法 （2）重点与难点：焊接操作	22
			2）焊后清理 ①清理要求 ②清理内容		
		（3）焊缝外观质量检查	1）焊缝外观质量检查 ①检查项目 ②检验工具 ③检查方法	（1）方法：讲授法、演示法、实训法 （2）重点与难点：焊缝外观质量检查方法	2
5．气焊	5-1 管径 ϕ<60 mm 低碳钢管的对接水平固定和45°固定气焊	（1）焊前准备	1）气焊设备、工机具、夹具安全检查 ①气瓶及减压器安全检查 ②胶管安全检查 ③焊炬安全检查 ④角磨机、直磨机安全检查 ⑤夹具安全检查	（1）方法：讲授法、演示法、实训法 （2）重点与难点：焊接参数确认与调节	2
			2）材料准备 ①焊接材料准备 ②焊件准备		
			3）焊接参数确认与调节		
			4）坡口检查和焊前清理		
			5）周边环境安全检查		
		（2）组对、焊接	1）组对及定位焊	（1）方法：讲授法、演示法、实训法 （2）重点与难点：焊接操作	18
			2）钢管水平固定焊接 ①打底焊 ②盖面焊		

续表

模块	课程	学习单元	课程内容	培训建议	课堂学时
5．气焊	5-1　管径 ϕ<60 mm 低碳钢管的对接水平固定和45°固定气焊	（2）组对、焊接	3）钢管45°固定焊接 ①打底焊 ②盖面焊		
			4）焊后清理 ①清理要求 ②清理内容		
		（3）焊缝外观质量检查	1）焊缝外观质量检查 ①检查项目 ②检验工具 ③检查方法	（1）方法：讲授法、演示法、实训法 （2）重点与难点：焊缝外观质量检查方法	2
	5-2　管径 ϕ<60 mm 低合金钢管的对接水平固定或垂直固定气焊	（1）焊前准备	1）气焊设备、工机具、夹具安全检查 ①气瓶及减压器安全检查 ②胶管安全检查 ③焊炬安全检查 ④角磨机、直磨机安全检查 ⑤夹具安全检查	（1）方法：讲授法、演示法、实训法 （2）重点与难点：焊接参数确认与调节	2
			2）材料准备 ①焊接材料准备 ②焊件准备		
			3）焊接参数确认与调节		
			4）坡口检查和焊前清理		
			5）周边环境安全检查		
		（2）组对、焊接	1）组对及定位焊	（1）方法：讲授法、演示法、实训法 （2）重点与难点：气焊焊丝与焊炬角度调节	18
			2）钢管水平固定焊接 ①打底焊 ②盖面焊		

续表

模块	课程	学习单元	课程内容	培训建议	课堂学时
5．气焊	5-2 管径 $\phi<60$ mm 低合金钢管的对接水平固定或垂直固定气焊	（2）组对、焊接	3）钢管垂直固定焊接 ①打底焊 ②盖面焊		
			4）焊后清理 ①清理要求 ②清理内容		
		（3）焊缝外观质量检查	1）焊缝外观质量检查 ①检查项目 ②检验工具 ③检查方法	（1）方法：讲授法、演示法、实训法 （2）重点与难点：焊缝外观质量检查方法	2
	5-3 铝管搭接接头的手工火焰钎焊	（1）焊前准备	1）铝及铝合金手工火焰钎焊的工艺特点及应用	（1）方法：讲授法 （2）重点与难点：焊接参数确认与调节	2
			2）钎焊设备、工机具、夹具安全检查 ①气瓶及减压器安全检查 ②胶管安全检查 ③焊炬安全检查 ④角磨机、直磨机安全检查 ⑤夹具安全检查		
			3）材料准备 ①钎剂准备 ②钎料准备 ③焊件准备		
			4）焊接参数确认与调节		
			5）焊件清洗和表面处理		
			6）周边环境安全检查		

续表

模块	课程	学习单元	课程内容	培训建议	课堂学时
5．气焊	5-3 铝管搭接接头的手工火焰钎焊	（2）组对、焊接	1）装配和固定 2）焊接 ①预热 ②钎料、钎剂添加 3）焊后清洗 ①清洗要求 ②清洗内容	（1）方法：讲授法、演示法、实训法 （2）重点与难点：预热及钎料加入	12
		（3）焊缝外观质量检查	1）焊缝外观质量检查 ①检查项目 ②检验工具 ③检查方法	（1）方法：讲授法、演示法、实训法 （2）重点与难点：焊缝外观质量检查方法	2
6．切割	6-1 不锈钢板的空气等离子弧切割	（1）认识空气等离子弧切割	1）空气等离子弧切割的原理、特点及分类 2）空气等离子弧切割的设备 ①供气装置 ②电源 ③割枪 3）空气等离子弧切割工作气体 4）空气等离子弧切割的切割参数 ①切割电流 ②切割电压 ③空载电压 ④切割速度 ⑤气体流量 ⑥喷嘴至工件的距离 ⑦电极内缩量 5）空气等离子弧切割常用工具 ①钢丝刷 ②敲渣锤 ③活扳手 6）空气等离子弧切割常用夹具	（1）方法：讲授法、演示法、实训法 （2）重点与难点：等离子弧切割的设备及安全操作规程	4

续表

模块	课程	学习单元	课程内容	培训建议	课堂学时
6．切割	6-1 不锈钢板的空气等离子弧切割	（1）认识空气等离子弧切割	7）空气等离子弧切割机操作要点		
			8）空气等离子弧切割安全操作规程		
		（2）割前准备	1）空气等离子弧切割设备、工机具及夹具的安全检查 ①供气装置的安全检查 ②电源的安全检查 ③割枪的安全检查 ④控制装置的安全检查 ⑤工机具安全检查 ⑥夹具的安全检查	（1）方法：讲授法、演示法、实训法 （2）重点与难点：切割参数调节	2
			2）材料准备 ①焊件准备 ②电极准备 ③气体准备		
			3）切割参数确认与调节		
			4）工件表面清理		
			5）周边环境安全检查		
		（3）切割	1）划线	（1）方法：讲授法、演示法、实训法 （2）重点与难点：等离子弧切割的基本操作	12
			2）空气等离子弧切割操作 ①工件直线切割 ②工件曲线切割 ③工件封闭孔切割		
			3）切口清理		

续表

模块	课程	学习单元	课程内容	培训建议	课堂学时
6．切割	6–1　不锈钢板的空气等离子弧切割	(4) 割缝外观检查	1）割缝外观质量检查 ①检查项目 ②检验工具 ③检查方法	(1) 方法：讲授法、演示法 (2) 重点与难点：割缝外观质量检查方法	2
	6–2　不锈钢板的激光切割	(1) 认识激光切割	1）激光切割的原理、特点及分类 2）激光切割的设备 ①激光器 ②导光系统 ③ CNC 控制的运动系统 3）激光切割参数 ①切割速度 ②焦点位置 ③辅助气体压力 ④激光输出功率 4）激光切割的常用工具 5）激光切割的常用夹具 6）激光切割的操作要领 7）激光切割安全操作规程	(1) 方法：讲授法、演示法 (2) 重点与难点：激光切割设备及安全操作规程	8
		(2) 切割准备	1）激光切割设备、工机具、夹具的安全检查 ①激光器安全检查 ②导光系统安全检查 ③ CNC 控制的运动系统安全检查 ④工机具安全检查 ⑤夹具的安全检查	(1) 方法：讲授法、演示法 (2) 重点与难点：激光切割参数确认与调节	2

续表

模块	课程	学习单元	课程内容	培训建议	课堂学时
6．切割	6–2　不锈钢板的激光切割	（2）切割准备	2）材料准备 ①试件准备 ②气体准备		
			3）激光切割参数确认与调节		
			4）周边环境安全检查		
		（3）切割	1）激光切割的直线切割 ①开启激光 ②切割过程 ③切割	（1）方法：讲授法、演示法、实训法 （2）重点与难点：激光切割操作	12
			2）激光切割的曲线切割 ①开启激光 ②切割过程 ③切割		
			3）切割后清理 ①清理要求 ②清理内容		
		（4）割缝外观检查	1）割缝外观质量检查 ①检查项目 ②检验工具 ③检查方法	（1）方法：讲授法、演示法 （2）重点与难点：割缝外观质量检查方法	2
	6–3　厚度 $\delta \geqslant 50$ mm 低碳钢的气割	（1）气割准备	1）气割设备、工机具及夹具的安全检查 ①气瓶安全检查 ②减压器安全检查 ③橡胶管安全检查 ④割炬安全检查 ⑤夹具安全检查	（1）方法：讲授法、演示法 （2）重点与难点：气割设备、工机具的安全检查	2
			2）材料准备 ①试件准备 ②气体准备		
			3）气割参数确认与调节		
			4）待割件清理		
			5）周边环境安全检查		

续表

<table>
<tr><th>模块</th><th>课程</th><th>学习单元</th><th>课程内容</th><th>培训建议</th><th>课堂学时</th></tr>
<tr><td rowspan="4">6．切割</td><td rowspan="4">6-3　厚度 δ ≥ 50 mm 低碳钢的气割</td><td rowspan="3">（2）气割</td><td>1）手工气割
①点火
②起割
③气割过程
④停割</td><td rowspan="3">（1）方法：讲授法、演示法、实训法
（2）重点与难点：手工气割基本操作</td><td rowspan="3">12</td></tr>
<tr><td>2）自动气割
①点火
②起割
③气割过程
④停割</td></tr>
<tr><td>3）切割后清理
①清理要求
②清理内容</td></tr>
<tr><td>（3）割缝外观检查</td><td>1）割缝外观质量检查
①检查项目
②检验工具
③检查方法</td><td>（1）方法：讲授法、演示法
（2）重点与难点：割缝外观质量检查方法</td><td>2</td></tr>
<tr><td rowspan="5">7．机器人焊接</td><td rowspan="5">7-1　厚度 δ≥8 mm 低碳钢板平位角接接头机器人弧焊（二氧化碳气体保护焊 +TIG 焊）</td><td rowspan="5">（1）认识机器人弧焊</td><td>1）机器人弧焊指令类别和应用</td><td rowspan="5">（1）方法：讲授法、实物示教法、实训法
（2）重点：弧焊指令类别
（3）难点：示教误差的消除</td><td rowspan="5">4</td></tr>
<tr><td>2）示教误差来源与消除</td></tr>
<tr><td>3）机器人焊枪 TCP 点标定</td></tr>
<tr><td>4）清枪剪丝编程</td></tr>
<tr><td>5）机器人弧焊基本动作编程
①直线摆动编程
②圆弧摆动编程</td></tr>
</table>

续表

模块	课程	学习单元	课程内容	培训建议	课堂学时
7．机器人焊接	7–1 厚度 $\delta \geqslant 8$ mm 低碳钢板平位角接接头机器人弧焊（二氧化碳气体保护焊 +TIG 焊）	（2）焊前准备	1）机器人弧焊设备、工机具、夹具及周边环境安全检查	（1）方法：讲授法、演示法、实训法 （2）重点与难点：焊接参数的确定	4
			2）材料准备		
			3）焊接参数确认与调节		
			4）坡口检查和焊前清理		
		（3）组对、焊接	1）组对及定位焊	（1）方法：讲授法、演法法、实训法 （2）重点与难点：编程及焊接	16
			2）编程及焊接		
			3）焊后清理 ①清理要求 ②清理内容		
		（4）焊缝外观质量检查	1）焊缝外观质量检查 ①检查项目 ②检验工具 ③检查方法	（1）方法：讲授法、演示法、实训法 （2）重点与难点：检查方法	1
	7–2 低碳钢薄板机器人点焊	（1）认识点焊机器人	1）点焊机器人原理、特点及应用	（1）方法：讲授法 （2）重点：机器人示教编程 （3）难点：示教误差的消除	8
			2）机器人点焊设备及辅助设备 ①机器人本体 ②控制柜 ③点焊焊接系统 ④电极修磨器		
			3）焊接材料		
			4）机器人点焊焊接参数 ①通电时间 ②焊接电流 ④电极压力 ⑤电极端面尺寸		

续表

模块	课程	学习单元	课程内容	培训建议	课堂学时
7. 机器人焊接	7–2 低碳钢薄板机器人点焊	（1）认识点焊机器人	5）机器人点焊常用工机具		
			6）机器人点焊常用夹具		
			7）点焊机器人示教及误差消除		
			8）点焊机器人焊钳 TCP 点标定		
			9）点焊机器人伺服焊钳设定		
			10）点焊机器人电极修磨编程		
			11）机器人点焊安全操作规程		
		（2）焊前准备	1）点焊机器人设备、工机具、夹具及周边环境安全检查 ①机器人安全检查 ②点焊系统安全检查 ③焊接电缆安全检查 ④工机具、夹具安全检查 ⑤周边环境安全检查	（1）方法：讲授法、演示法、实训法 2）重点与难点：焊接参数确认与调节	4
			2）材料准备 ①焊接材料准备 ②焊件准备		
			3）焊接参数确认与调节		
			4）焊前清理 ①清理范围 ②清理方法		

续表

<table>
<tr><th>模块</th><th>课程</th><th>学习单元</th><th>课程内容</th><th>培训建议</th><th>课堂学时</th></tr>
<tr><td rowspan="5">7．机器人焊接</td><td rowspan="5">7–2　低碳钢薄板机器人点焊</td><td rowspan="4">（3）装夹、焊接</td><td>1）装夹及定位</td><td rowspan="4">（1）方法：讲授法、演示法、实训法
2）重点与难点：编程及焊接</td><td rowspan="4">12</td></tr>
<tr><td>2）编程</td></tr>
<tr><td>3）焊接</td></tr>
<tr><td>4）焊后清理
①清理要求
②清理内容</td></tr>
<tr><td>（4）焊缝外观质量检查</td><td>1）焊缝外观质量检查
①检查项目
②检验工具
③检查方法</td><td>（1）方法：讲授法、演示法、实训法
（2）重点与难点：检查工具的使用</td><td>1</td></tr>
<tr><td colspan="5">课堂学时合计
焊条电弧焊 / 熔化极气体保护焊 / 非熔化极气体保护焊 / 埋弧焊 / 气焊 / 切割 / 机器人焊接</td><td>136/50/50/52/60/60/50</td></tr>
</table>

2.2.4　高级职业技能培训课程规范

模块	课程	学习单元	课程内容	培训建议	课堂学时
1．焊条电弧焊	1–1　厚度 $\delta \geqslant 6$ mm 低碳钢板对接仰焊的单面焊双面成型	（1）焊前准备	1）焊条电弧焊设备、工机具、夹具及周边环境的安全检查 ①焊机的安全检查 ②电焊钳的安全检查 ③焊接电缆的安全检查 ④角磨机、直磨机的安全检查 ⑤夹具的安全检查 ⑥周边环境的安全检查	（1）方法：讲授法、演示法、实训法 （2）重点：设备安全检查 （3）难点：清理方法	2

续表

模块	课程	学习单元	课程内容	培训建议	课堂学时
1．焊条电弧焊	1–1　厚度 $\delta \geqslant 6$ mm 低碳钢板对接仰焊的单面焊双面成型	（1）焊前准备	2）材料的准备 ①焊接材料的准备 ②焊件的准备		
			3）焊接参数确认与调节		
			4）坡口检查和焊前清理		
		（2）组对、焊接	1）组对及定位焊	（1）方法：讲授法、演示法、实训法 （2）重点：组对及定位焊 （3）难点：中厚钢板对接仰焊单面焊双面成型操作	32
			2）焊接 ①打底层的焊接 ②填充层的焊接 ③盖面层的焊接		
			3）焊后清理 ①清理要求 ②清理内容		
		（3）焊缝外观质量检查	1）焊缝外观质量检查 ①检查项目 ②检验工具 ③检查方法	（1）方法：讲授法、实训法 （2）重点：对接仰焊表面缺陷的种类 （3）难点：焊缝的外观检验和焊缝检测尺的使用	2
	1–2　管径 $\phi \leqslant 76$ mm 低碳钢管对接垂直固定、水平固定或45°固定加排管障碍的单面焊双面成型	（1）焊前准备	1）焊条电弧焊设备、工机具、夹具及周边环境的安全检查 ①焊机的安全检查 ②电焊钳的安全检查 ③焊接电缆的安全检查 ④角磨机、直磨机的安全检查 ⑤夹具的安全检查 ⑥周边环境的安全检查	（1）方法：讲授法、演示法、实训法 （2）重点：焊接材料的选用 （3）难点：清理范围	4

续表

模块	课程	学习单元	课程内容	培训建议	课堂学时
1．焊条电弧焊	1-2 管径 $\phi \leqslant 76$ mm 低碳钢管对接垂直固定、水平固定或 45° 固定加排管障碍的单面焊双面成型	（1）焊前准备	2）材料的准备 ①焊接材料的准备 ②焊件的准备		
			3）焊接参数确认与调节		
			4）坡口检查和焊前清理		
		（2）组对、焊接	1）组对及定位焊	（1）方法：讲授法、演示法、实训法 （2）重点：打底层的焊接 （3）难点：盖面层的焊接	54
			2）低碳钢管垂直固定加排管障碍的焊接 ①打底层的焊接 ②填充层的焊接 ③盖面层的焊接		
			3）低碳钢管水平固定加排管障碍的焊接 ①打底层的焊接 ②填充层的焊接 ③盖面层的焊接		
			4）低碳钢管 45° 固定加排管障碍的焊接 ①打底层的焊接 ②填充层的焊接 ③盖面层的焊接		
			5）焊后清理 ①清理要求 ②清理内容		
		（3）焊缝外观质量检查	1）焊缝外观质量检查 ①检查项目 ②检验工具 ③检查方法	（1）方法：讲授法、实训法 （2）重点与难点：焊缝外观质量检验项目	2

续表

<table>
<tr><th>模块</th><th>课程</th><th>学习单元</th><th>课程内容</th><th>培训建议</th><th>课堂学时</th></tr>
<tr><td rowspan="9">1．焊条电弧焊</td><td rowspan="9">1-3 管径 $\phi \leqslant 76$ mm不锈钢管对接水平固定、垂直固定或45°倾斜固定的焊接</td><td rowspan="4">（1）焊前准备</td><td>1）焊条电弧焊设备、工机具、夹具及周边环境的安全检查
①焊机的安全检查
②电焊钳的安全检查
③焊接电缆的安全检查
④角磨机、直磨机的安全检查
⑤夹具的安全检查
⑥周边环境的安全检查</td><td rowspan="4">（1）方法：讲授法、实训法
（2）重点与难点：焊接参数调节</td><td rowspan="4">4</td></tr>
<tr><td>2）材料的准备
①焊接材料的准备
②焊件的准备</td></tr>
<tr><td>3）焊接参数确认与调节</td></tr>
<tr><td>4）坡口检查和焊前清理</td></tr>
<tr><td rowspan="5">（2）组对、焊接</td><td>1）组对及定位焊</td><td rowspan="5">（1）方法：讲授法、实训法
（2）重点：焊接电流
（3）难点：不锈钢焊接性、打底层的焊接和盖面层的焊接操作</td><td rowspan="5">54</td></tr>
<tr><td>2）不锈钢管对接水平固定的焊接
①打底层的焊接
②填充层的焊接
③盖面层的焊接</td></tr>
<tr><td>3）不锈钢管对接垂直固定的焊接
①打底层的焊接
②填充层的焊接
③盖面层的焊接</td></tr>
<tr><td>4）不锈钢管对接45°固定的焊接
①打底层的焊接
②填充层的焊接
③盖面层的焊接</td></tr>
<tr><td>5）焊后清理
①清理要求
②清理内容</td></tr>
</table>

续表

模块	课程	学习单元	课程内容	培训建议	课堂学时
1．焊条电弧焊	1–3　管径 $\phi \leqslant 76$ mm 不锈钢管对接水平固定、垂直固定或45°倾斜固定的焊接	（3）焊缝外观质量检查	1）焊缝外观质量检查 ①检查项目 ②检验工具 ③检查方法	（1）方法：讲授法、实训法 （2）重点：焊缝外观质量检验方法、内容及评定指标 （3）难点：检验内容与评定指标	2
	1–4　管径 $\phi \leqslant 76$ mm 异种钢管对接水平固定、垂直固定或45°倾斜固定的焊接	（1）焊前准备	1）异种钢焊接性及工艺措施 ①异种钢的焊接性 ②异种钢焊件的后热及焊后热处理	（1）方法：讲授法、实训法 （2）重点：异种钢焊接焊条的选择 （3）难点：异种钢焊接工艺	4
			2）焊条电弧焊设备、工机具、夹具及周边环境的安全检查 ①焊机的安全检查 ②电焊钳的安全检查 ③焊接电缆的安全检查 ④角磨机、直磨机的安全检查 ⑤夹具的安全检查 ⑥周边环境的安全检查		
			3）材料的准备 ①焊接材料的准备 ②焊件的准备		
			4）焊接参数确认与调节		
			5）坡口检查和焊前清理		

续表

模块	课程	学习单元	课程内容	培训建议	课堂学时
1．焊条电弧焊	1–4　管径 $\phi\leqslant$76 mm 异种钢管对接水平固定、垂直固定或45° 倾斜固定的焊接	（2）组对、焊接	1）组对及定位焊 2）异种钢管对接水平固定的焊接 ①打底层的焊接 ②盖面层的焊接 3）异种钢管对接垂直固定的焊接 ①打底层的焊接 ②盖面层的焊接 4）异种钢管对接45° 固定的焊接 ①打底层的焊接 ②盖面层的焊接 5）焊后清理 ①清理要求 ②清理内容	（1）方法：讲授法、实训法 （2）重点：异种钢管打底层的焊接 （3）难点：异种钢管盖面层的焊接	54
		（3）焊缝外观质量检查	1）焊缝外观质量检查 ①检查项目 ②检验工具 ③检查方法	（1）方法：讲授法、实训法 （2）重点：焊缝外观质量检验工具 （3）难点：焊缝外观质量检查方法	2
2．熔化极气体保护焊	2–1　厚度 δ =8 ～ 12 mm 低碳钢板或低合金钢板的仰焊位置对接熔化极活性气体保护焊单面焊双面成型	（1）焊前准备	1）二氧化碳气体保护焊设备、工机具、夹具及周边环境的安全检查 ①焊机的安全检查 ②供气系统安全检查 ③送丝系统的安全检查 ④角磨机、直磨机的安全检查 ⑤夹具的安全检查 ⑥周边环境的安全检查	（1）方法：讲授法、演示法、实训法 （2）重点与难点：钢板的仰位二氧化碳气体保护焊的操作要领	2

续表

模块	课程	学习单元	课程内容	培训建议	课堂学时
2．熔化极气体保护焊	2–1 厚度 δ=8 ～ 12 mm 低碳钢板或低合金钢板的仰焊位置对接熔化极活性气体保护焊单面焊双面成型	（1）焊前准备	2）材料的准备 ①焊接材料的准备 ②焊件的准备		
			3）焊接参数确认与调节		
			4）坡口检查和焊前清理		
		（2）组对、焊接	1）组对及定位焊	（1）方法：讲授法、演示法、实训法 （2）重点：钢板的对接仰焊操作 （3）难点：对接仰焊单面焊双面成型	26
			2）焊接 ①打底层的焊接 ②填充层的焊接 ③盖面层的焊接		
			3）焊后清理 ①清理要求 ②清理内容		
		（3）焊缝外观质量检查	1）焊缝外观质量检查 ①检查项目 ②检验工具 ③检查方法	（1）方法：讲授法、演示法、实训法 （2）重点与难点：焊缝外观质量检查方法	2
	2–2 不锈钢板对接平焊的富氩混合气体熔化极脉冲气体保护焊	（1）认识富氩混合气体熔化极脉冲保护焊	1）富氩混合气体熔化极脉冲保护焊熔滴过渡形式 ①一脉一滴熔滴过渡 ②一脉多滴熔滴过渡 ③多脉一滴熔滴过渡	（1）方法：讲授法、演示法 （2）重点与难点：富氩混合气体熔化极脉冲保护焊的焊接参数及熔滴形式的确定	2
			2）富氩混合气体熔化极脉冲保护焊弧长的调节		
			3）富氩混合气体熔化极脉冲保护焊设备		

续表

模块	课程	学习单元	课程内容	培训建议	课堂学时
2．熔化极气体保护焊	2–2　不锈钢板对接平焊的富氩混合气体熔化极脉冲气体保护焊	（1）认识富氩混合气体熔化极脉冲保护焊	4）焊接材料 ①焊丝 ②保护气体		
			5）焊接参数 ①脉冲电流 ②基值电流 ③脉宽比 ④脉冲频率 ⑤电弧电压 ⑥总平均焊接电流 ⑦焊接速度 ⑧气体流量		
			6）富氩混合气体熔化极脉冲保护焊工具及夹具		
			7）富氩混合气体熔化极脉冲保护焊安全操作规程		
		（2）焊前准备	1）熔化极脉冲气体保护焊设备、工机具、夹具及周边环境的安全检查	（1）方法：讲授法、演示法、实训法 （2）重点与难点：设备安全检查	2
			2）材料的准备 ①焊接材料的准备 ②焊件的准备		
			3）焊接参数确认与调节		
			4）坡口检查和焊前清理		
		（3）组对、焊接	1）组对及定位焊	（1）方法：讲授法、演示法 （2）重点与难点：焊接及注意事项	24
			2）焊接		
			3）焊后处理 ①焊后清理 ②变形矫正		
		（4）焊缝外观质量检查	1）焊缝外观质量检查 ①检查项目 ②检验工具 ③检查方法	（1）方法：讲授法、演示法 （2）重点与难点：焊缝外观质量检查方法	2

续表

模块	课程	学习单元	课程内容	培训建议	课堂学时
3．非熔化极气体保护焊	3–1　管径 $\phi \leqslant 76$ mm 低合金钢管对接水平固定、垂直固定或45°固定加排管障碍的手工钨极氩弧焊	（1）焊前准备	1）手工钨极氩弧焊设备、工机具、夹具及周边环境的安全检查 ①焊机的安全检查 ②供气系统的安全检查 ③冷却系统的安全检查 ④角磨机、直磨机的安全检查 ⑤夹具的安全检查 ⑥周边环境的安全检查	（1）方法：讲授法、演示法、实训法 （2）重点与难点：坡口检查	4
			2）材料的准备 ①焊接材料的准备 ②焊件的准备		
			3）焊接参数确认与调节		
			4）坡口检查和焊前清理		
		（2）组对、焊接	1）组对及定位焊	（1）方法：讲授法、演示法、实训法 （2）重点与难点：加排管障碍焊接操作	54
			2）低合金钢管对接水平固定加排管障碍焊接 ①打底层的焊接 ②填充层的焊接 ③盖面层的焊接		
			3）低合金钢管对接垂直固定加排管障碍焊接 ①打底层的焊接 ②填充层的焊接 ③盖面层的焊接		

续表

模块	课程	学习单元	课程内容	培训建议	课堂学时
3．非熔化极气体保护焊	3-1 管径 $\phi \leqslant 76$ mm 低合金钢管对接水平固定、垂直固定或45°固定加排管障碍的手工钨极氩弧焊	（2）组对、焊接	4）低合金钢管对接45°固定加排管障碍焊接 ①打底层的焊接 ②填充层的焊接 ③盖面层的焊接		
			5）焊后清理 ①清理要求 ②清理内容		
		（3）焊缝外观质量检查	1）焊缝外观质量检查 ①检查项目 ②检验工具 ③检查方法	（1）方法：讲授法、演示法、实训法 （2）重点与难点：焊缝外观质量检查方法	2
	3-2 管径 $\phi \leqslant 76$ mm 不锈钢管对接水平固定、垂直固定或45°固定手工钨极氩弧焊	（1）焊前准备	1）不锈钢焊接焊丝的牌号及其选择 ①不锈钢焊接焊丝的牌号 ②不锈钢焊接焊丝的选择原则	（1）方法：讲授法、演示法、实训法 （2）重点：坡口制备方法和要求 （3）难点：热影响区的组织和性能	4
			2）手工钨极氩弧焊设备、工机具、夹具及周边环境的安全检查 ①焊机的安全检查 ②供气系统的安全检查 ③冷却系统的安全检查 ④角磨机、直磨机的安全检查 ⑤夹具的安全检查 ⑥周边环境的安全检查		

续表

模块	课程	学习单元	课程内容	培训建议	课堂学时
3．非熔化极气体保护焊	3–2 管径 $\phi\leqslant76$ mm 不锈钢管对接水平固定、垂直固定或45°固定手工钨极氩弧焊	（1）焊前准备	3）材料的准备 ①焊接材料的准备 ②焊件的准备		
			4）焊接参数确认与调节		
			5）坡口检查和焊前清理		
		（2）组对、焊接	1）组对及定位焊	（1）方法：讲授法、演示法、实训法 （2）重点与难点：焊接操作	36
			2）不锈钢管对接水平固定焊接 ①打底层的焊接 ②填充层的焊接 ③盖面层的焊接		
			3）不锈钢管对接垂直固定焊接 ①打底层的焊接 ②填充层的焊接 ③盖面层的焊接		
			4）不锈钢管对接45°固定焊接 ①打底层的焊接 ②填充层的焊接 ③盖面层的焊接		
			5）焊后清理 ①清理要求 ②清理内容		
		（3）焊缝外观质量检查	1）焊缝外观质量检查 ①检查项目 ②检验工具 ③检查方法	（1）方法：讲授法、演示法、实训法 （2）重点与难点：焊缝外观质量检查方法	2

续表

模块	课程	学习单元	课程内容	培训建议	课堂学时
3．非熔化极气体保护焊	3-3　管径 $\phi\leqslant$76 mm异种钢管对接水平固定、垂直固定或45°固定手工钨极氩弧焊	（1）焊前准备	1）奥氏体不锈钢与珠光体钢焊接时的焊接性 ①焊缝的稀释 ②过渡层的形成 ③熔合区扩散层的形成 ④焊接接头应力状态的特点	（1）方法：讲授法、演示法、实训法 （2）重点：异种钢的焊接工艺 （3）难点：异种钢的焊接性	4
			2）奥氏体不锈钢与珠光体不锈钢的焊接工艺 ①焊接方法 ②焊接材料 ③焊接工艺		
			3）手工钨极氩弧焊设备、工机具、夹具及周边环境的安全检查 ①焊机的安全检查 ②供气系统的安全检查 ③冷却系统的安全检查 ④角磨机、直磨机的安全检查 ⑤夹具的安全检查 ⑥周边环境的安全检查		
			4）材料的准备 ①焊接材料的准备 ②焊件的准备		
			5）焊接参数确认与调节		
			6）坡口检查和焊前清理		

续表

模块	课程	学习单元	课程内容	培训建议	课堂学时
3．非熔化极气体保护焊	3-3　管径 $\phi \leqslant 76$ mm 异种钢管对接手工钨极氩弧焊	（2）组对、焊接	1）组对及定位焊 2）异种钢管对接水平固定焊接 ①打底层的焊接 ②填充层的焊接 ③盖面层的焊接 3）异种钢管对接垂直固定焊接 ①打底层的焊接 ②填充层的焊接 ③盖面层的焊接 4）异种钢管对接45°固定焊接 ①打底层的焊接 ②填充层的焊接 ③盖面层的焊接 5）焊后清理 ①清理要求 ②清理内容	（1）方法：讲授法、演示法、实训法 （2）重点：焊接操作 （3）难点：变形控制措施	54
		（3）焊缝外观质量检查	1）焊缝外观质量检查 ①检查项目 ②检验工具 ③检查方法	（1）方法：讲授法、演示法、实训法 （2）重点与难点：焊缝外观质量检查方法	2
	3-4　不锈钢薄板的等离子弧焊接	（1）认识等离子弧焊接	1）等离子弧焊接的原理、特点、类型与应用 ①等离子弧焊接的原理 ②等离子弧焊接的特点 ③等离子弧的类型 ④等离子弧焊接的应用	（1）方法：讲授法、演示法 （2）重点：常用工机具及安全操作规程 （3）难点：等离子弧焊接参数	2

续表

模块	课程	学习单元	课程内容	培训建议	课堂学时
3．非熔化极气体保护焊	3–4 不锈钢薄板等离子弧焊接	（1）认识等离子弧焊接	2）等离子弧焊设备 ①等离子弧焊接电源 ②焊枪 ③水路和气路系统 ④控制系统		
			3）电极及工作气体 ①电极 ②工作气体		
			4）等离子弧焊接参数 ①电源极性 ②钨极直径 ③焊接电流 ④焊接速度 ⑤等离子气体流量 ⑥喷嘴直径 ⑦喷嘴到工件间的距离 ⑧电极尖端到喷嘴端面的距离		
			5）等离子弧焊接常用工具		
			6）等离子弧焊接常用夹具		
			7）等离子弧焊接安全操作规程		
		（2）焊前准备	1）等离子弧焊设备、工机具、夹具及周边环境的安全检查 ①焊机的安全检查 ②供气系统的安全检查 ③冷却系统的安全检查 ④工机具的安全检查 ⑤夹具的安全检查 ⑥周边环境的安全检查	（1）方法：讲授法、演示法、实训法 （2）重点与难点：坡口制备	2

续表

模块	课程	学习单元	课程内容	培训建议	课堂学时
3．非熔化极气体保护焊	3–4 不锈钢薄板等离子弧焊接	（2）焊前准备	2）材料的准备 ①焊接材料的准备 ②焊件的准备		
			3）焊接参数确认与调节		
			4）坡口检查和焊前清理		
		（3）组对、焊接	1）组对及定位焊	（1）方法：讲授法、演示法、实训法 （2）重点与难点：等离子弧焊接操作	12
			2）不锈钢薄板等离子弧穿透型焊接		
			3）不锈钢薄板等离子弧熔透型焊接		
			4）焊后清理 ①清理要求 ②清理内容		
		（4）焊缝外观质量检查	1）焊缝外观质量检查 ①检查项目 ②检验工具 ③检查方法	（1）方法：讲授法、演示法、实训法 （2）重点与难点：焊缝外观质量检查方法	2
4．气焊	4–1 铸铁的气焊	（1）焊前准备	1）铸铁及铸铁气焊的工艺特点及应用 ①工艺特点 ②应用	（1）方法：讲授法 （2）重点与难点：火焰类别、火焰能率及预热温度的确认与调节	2
			2）气焊设备、工机具、夹具及周边环境的安全检查 ①气瓶及减压器的安全检查 ②胶管的安全检查 ③焊炬的安全检查 ④角磨机、直磨机的安全检查 ⑤夹具的安全检查 ⑥周边环境的安全检查		

续表

模块	课程	学习单元	课程内容	培训建议	课堂学时
4．气焊	4-1　铸铁的气焊	（1）焊前准备	3）材料的准备 ①焊接材料的准备 ②焊件的准备		
			4）焊接参数确认与调节		
			5）坡口检查和焊前清理		
		（2）组对、焊接	1）组对及定位焊	（1）方法：讲授法 （2）重点与难点：铸铁焊补操作	26
			2）焊接 ①填充层的焊接 ②盖面层的焊接		
			3）焊后处理		
			4）焊后清理 ①清理要求 ②清理内容		
		（3）焊缝外观质量检查	1）焊缝外观质量检查 ①检查项目 ②检验工具 ③检查方法	（1）方法：讲授法 （2）重点与难点：焊缝外观质量检验方法	2
	4-2　管径 ϕ<60 mm 低合金钢管对接45°固定气焊	（1）焊前准备	1）气焊设备、工机具、夹具及周边环境的安全检查 ①气瓶及减压器的安全检查 ②胶管的安全检查 ③焊炬的安全检查 ④角磨机、直磨机的安全检查 ⑤夹具的安全检查 ⑥周边环境的安全检查	（1）方法：讲授法 （2）重点与难点：火焰能率的调节	2

续表

模块	课程	学习单元	课程内容	培训建议	课堂学时
4．气焊	4–2 管径 ϕ <60 mm 低合金钢管对接 45°固定气焊	（1）焊前准备	2）材料的准备 ①焊接材料的准备 ②焊件的准备		
			3）焊接参数确认与调节		
			4）坡口检查和焊前清理		
		（2）组对、焊接	1）组对及定位焊	（1）方法：讲授法、演示法、实训法 （2）重点与难点：气焊操作	26
			2）焊接 ①打底层的焊接 ②盖面层的焊接		
			3）焊后清理 ①清理要求 ②清理内容		
		（3）焊缝外观质量检查	1）焊缝外观质量检查 ①检查项目 ②检验工具 ③检查方法	（1）方法：讲授法 （2）重点与难点：焊缝外观质量检查方法	2
5．机器人焊接	5–1 厚度 $\delta \geqslant 8$ mm 低碳钢板 V 型坡口平位对接机器人弧焊（二氧化碳气体保护焊）	（1）认识中厚板机器人弧焊	1）编码器电池更换及复位	（1）方法：讲授法、实物示教法、实训法 （2）重点：中厚板机器人焊接工艺 （3）难点：多层、多道焊设定	16
			2）系统状态数值设定		
			3）外部轴及其通信、协调设定		
			4）焊缝寻位传感编程		

续表

模块	课程	学习单元	课程内容	培训建议	课堂学时
5．机器人焊接	5–1 厚度 $\delta \geqslant 8$ mm 低碳钢板V型坡口平位对接机器人弧焊（二氧化碳气体保护焊）	（1）认识中厚板机器人弧焊	5）多层多道焊设定及编程		
			6）中厚板机器人焊接工艺		
		（2）焊前准备	1）机器人弧焊设备、工机具、夹具及周边环境安全检查	（1）方法：讲授法、演示法、实训法 （2）重点与难点：焊接参数的确定	10
			2）材料准备		
			3）焊接参数确认与调节		
			4）坡口检查和焊前清理		
		（3）组对、焊接	1）组对及定位焊	（1）方法：讲授法、演示法、实训法 （2）重点与难点：编程及焊接	32
			2）编程及焊接 ①编程 ②焊接		
			3）焊后清理 ①清理要求 ②清理内容 ③检查方法		
		（4）焊缝外观质量检查	1）焊缝外观质量检查 ①检查项目 ②检验工具 ③检查方法	（1）方法：讲授法、演示法、实训法 （2）重点与难点：检查方法	2
课堂学时合计 焊条电弧焊 / 熔化极气体保护焊 / 非熔化极气体保护焊 / 气焊 / 机器人焊接					216/60/180/60/60

2.2.5 技师职业技能培训课程规范

模块	课程	学习单元	课程内容	培训建议	课堂学时
1. 不锈钢管或异种钢管的焊接	1–1 管径 $\phi \leqslant 76$mm 不锈钢管对接45°固定加障碍焊条电弧焊	(1) 焊前准备	1) 不锈钢管对接加障碍焊接工艺特点 ①障碍形式 ②工艺特点	(1) 方法：讲授法、演示法、实训法 (2) 重点与难点：焊前清理	2
			2) 焊条电弧焊设备、工机具、夹具及周边环境的安全检查 ①焊机的安全检查 ②电焊钳的安全检查 ③焊接电缆的安全检查 ④角磨机、直磨机的安全检查 ⑤夹具的安全检查 ⑥周边环境的安全检查		
			3) 材料的准备 ①焊接材料准备 ②焊件准备		
			4) 焊接参数确认与调节 ①不锈钢焊条 ②层间温度 ③焊接电流		
			5) 焊前清理 ①清理范围 ②清理方法		
		(2) 组对、焊接	1) 组对及定位焊	(1) 方法：讲授法、演示法、实训法 (2) 重点：焊接操作 (3) 难点：单面焊双面成型	26
			2) 焊接 ①打底层的焊接 ②盖面层的焊接		
			3) 焊后清理 ①清理要求 ②清理内容		

续表

模块	课程	学习单元	课程内容	培训建议	课堂学时
1．不锈钢管或异种钢管的焊接	1-1 管径 $\phi \leqslant 76$mm 不锈钢管对接45°固定加障碍焊条电弧焊	（3）焊缝外观质量检查	1）焊缝外观质量检查 ①检查项目 ②检验工具 ③检查方法	（1）方法：讲授法、演示法、实训法 （2）重点：焊接缺陷的预防 . （3）难点：焊缝外观质量检查方法	2
	1-2 管径 $\phi \leqslant 76$mm 异种钢管对接45°固定加障碍焊条电弧焊	（1）焊前准备	1）异种钢管对接加障碍焊接工艺特点 ①障碍形式 ②工艺特点	（1）方法：讲授法、演示法 （2）重点与难点：异种钢加障碍焊接焊条的准备	2
			2）焊条电弧焊设备、工机具、夹具及周边环境的安全检查 ①焊机的安全检查 ②电焊钳的安全检查 ③焊接电缆的安全检查 ④角磨机、直磨机的安全检查 ⑤夹具的安全检查 ⑥周边环境的安全检查		
			3）材料的准备 ①焊接材料准备 ②焊件准备		
			4）焊接参数确认与调节 ①异种钢焊条 ②层间温度 ③焊接电流		
			5）焊前清理 ①清理范围 ②清理方法		

续表

模块	课程	学习单元	课程内容	培训建议	课堂学时
1. 不锈钢管或异种钢管的焊接	1–2 管径 $\phi \leqslant 76mm$ 异种钢管对接45°固定加障碍焊条电弧焊	(2) 组对、焊接	1) 组对及定位焊	(1) 方法：讲授法、演示法、实训法 (2) 重点：焊接操作 (3) 难点：单面焊双面成型	26
			2) 焊接 ①打底层的焊接 ②盖面层的焊接		
			3) 焊后清理 ①清理要求 ②清理内容		
		(3) 焊缝外观质量检查	1) 焊缝外观质量检查 ①检查项目 ②检验工具 ③检查方法	(1) 方法：讲授法、演示法、实训法 (2) 重点与难点：焊接缺陷的预防	2
	1–3 管径 $\phi \leqslant 76mm$ 不锈钢管或异种钢管对接45°加排管障碍的手工钨极氩弧焊	(1) 焊前准备	1) 不锈钢管或异种钢管对接加障碍手工钨极氩弧焊工艺特点 ①工艺特点 ②障碍形式	(1) 方法：讲授法 (2) 重点与难点：焊接材料的准备	2
			2) 手工钨极氩弧焊设备、工机具、夹具及周边环境的安全检查 ①焊机的安全检查 ②供气系统的安全检查 ③冷却系统的安全检查 ④角磨机、直磨机的安全检查 ⑤夹具安全检查 ⑥周边环境的安全检查		
			3) 材料的准备 ①焊接材料准备 ②焊件准备		

续表

模块	课程	学习单元	课程内容	培训建议	课堂学时
1．不锈钢管或异种钢管的焊接	1-3　管径 $\phi \leqslant 76\text{mm}$ 不锈钢管或异种钢管对接45°加排管障碍的手工钨极氩弧焊	（1）焊前准备	4）焊接参数确认与调节 ①不锈钢及异种钢焊丝 ②层间温度 ③焊接电流及气体流量		
			5）焊前清理 ①清理范围 ②清理方法		
		（2）组对、焊接	1）组对及定位焊	（1）方法：讲授法、演示法、实训法 （2）重点：加排管障碍焊接操作 （3）难点：单面焊双面成型	26
			2）不锈钢管对接45°加排管障碍的焊接 ①打底层的焊接 ②填充层的焊接 ③盖面层的焊接		
			3）异种钢管对接45°加排管障碍的焊接 ①打底层的焊接 ②填充层的焊接 ③盖面层的焊接		
			4）焊后清理 ①清理要求 ②清理内容		
		（3）焊缝外观质量检查	1）焊缝外观质量检查 ①检查项目 ②检验工具 ③检查方法	（1）方法：讲授法、演示法、实训法 （2）重点与难点：焊接缺陷的预防	2

续表

<table>
<tr><th>模块</th><th>课程</th><th>学习单元</th><th>课程内容</th><th>培训建议</th><th>课堂学时</th></tr>
<tr><td rowspan="8">2．铸铁的焊补</td><td rowspan="8">2–1 铸铁焊条电弧焊焊补</td><td rowspan="3">（1）铸铁基本知识</td><td>1）铸铁的分类及牌号</td><td rowspan="3">（1）方法：讲授法
（2）重点：铸铁的焊接性
（3）难点：铸铁焊条电弧焊冷焊操作要领</td><td rowspan="3">4</td></tr>
<tr><td>2）铸铁的性能
①物理性能
②化学性能
③力学性能
④焊接性</td></tr>
<tr><td>3）铸铁的焊条电弧焊
①铸铁的焊条电弧焊方法
②铸铁焊条的牌号、型号及选用
③铸铁焊条电弧焊冷焊操作要领</td></tr>
<tr><td rowspan="5">（2）焊前准备</td><td>1）焊条电弧焊设备、工机具、夹具及周边环境的安全检查
①焊机的安全检查
②电焊钳的安全检查
③焊接电缆的安全检查
④角磨机的安全检查
⑤夹具的安全检查
⑥周边环境的安全检查</td><td rowspan="5">（1）方法：讲授法、演示法、实训法
（2）重点与难点：坡口制备</td><td rowspan="5">2</td></tr>
<tr><td>2）材料准备
①焊接材料准备
②焊件准备</td></tr>
<tr><td>3）焊接参数确认与调节
①焊接电流</td></tr>
<tr><td>4）坡口制备
①铸铁缺陷清理
②坡口制备</td></tr>
<tr><td>5）焊前清理
①清理要求
②清理内容</td></tr>
</table>

续表

<table>
<tr><th>模块</th><th>课程</th><th>学习单元</th><th>课程内容</th><th>培训建议</th><th>课堂学时</th></tr>
<tr><td rowspan="4">2．铸铁的焊补</td><td rowspan="4">2–1　铸铁焊条电弧焊焊补</td><td rowspan="3">（3）预热、焊接</td><td>1）预热
①预热温度
②预热方法</td><td rowspan="3">（1）方法：讲授法、演示法、实训法
（2）重点：铸件焊补
（3）难点：减少焊接残余应力的措施</td><td rowspan="3">16</td></tr>
<tr><td>2）焊接</td></tr>
<tr><td>3）焊后清理
①清理要求
②清理内容</td></tr>
<tr><td>（4）焊缝外观质量检查</td><td>1）焊缝外观质量检查
①检查项目
②检验工具
③检查方法</td><td>（1）方法：讲授法、演示法、实训法
（2）重点：焊接缺陷的预防
（3）难点：焊缝外观质量检查方法</td><td>2</td></tr>
<tr><td rowspan="4">3．铝及其合金的焊接</td><td rowspan="4">3–1　铝及其合金薄板对接平焊位置（加衬垫）的熔化极脉冲氩弧焊</td><td rowspan="3">（1）铝及其合金基本知识</td><td>1）铝及其铝合金的分类及牌号</td><td rowspan="3">（1）方法：讲授法
（2）重点：焊接性
（3）难点：铝及其合金焊接工艺</td><td rowspan="3">2</td></tr>
<tr><td>2）铝及其铝合金的性能
①物理性能
②化学性能
③力学性能
④焊接性</td></tr>
<tr><td>3）铝及其合金的常用焊接方法及工艺</td></tr>
<tr><td>（2）焊前准备</td><td>1）熔化极脉冲氩弧焊设备、工机具、夹具及周边环境的安全检查
①焊机的安全检查
②供气系统的安全检查
③冷却系统的安全检查
④角磨机、直磨机的安全检查
⑤夹具安全检查
⑥周边环境的安全检查</td><td>（1）方法：讲授法、演示法、实训法
（2）重点：薄板焊件的清理</td><td>2</td></tr>
</table>

续表

模块	课程	学习单元	课程内容	培训建议	课堂学时
3．铝及其合金的焊接	3-1 铝及其合金薄板对接平焊位置（加衬垫）的熔化极脉冲氩弧焊	（2）焊前准备	2）材料的准备 ①焊接材料准备 ②焊件准备		
			3）焊接参数确认与调节 ①气体流量 ②焊接电流		
			4）焊前清理 ①清理要求 ②清理内容		
		（3）组对、焊接	1）组对及定位焊	（1）方法：讲授法、演示法、实训法 （2）重点与难点：薄板对接平位焊接操作	18
			2）焊接		
			3）焊后清理 ①清理要求 ②清理内容		
		（4）焊缝外观质量检查	1）焊缝外观质量检查 ①检查项目 ②检验工具 ③检查方法	（1）方法：讲授法、演示法、实训法 （2）重点与难点：焊接缺陷的预防	2
	3-2 铝及其合金薄板对接平焊位置（加衬垫）的钨极氩弧焊	（1）焊前准备	1）钨极氩弧焊设备、工机具、夹具及周边环境的安全检查 ①焊机的安全检查 ②供气系统的安全检查 ③冷却系统的安全检查 ④角磨机、直磨机的安全检查 ⑤夹具安全检查 ⑥周边环境的安全检查	（1）方法：讲授法、演示法、实训法 （2）重点与难点：焊接参数确认与调节	2
			2）材料的准备 ①焊接材料准备 ②焊件准备		

续表

模块	课程	学习单元	课程内容	培训建议	课堂学时
3．铝及其合金的焊接	3-2 铝及其合金薄板对接平焊位置（加衬垫）的钨极氩弧焊	（1）焊前准备	3）焊接参数确认与调节 ①气体流量 ②焊接电流		
			4）焊前清理 ①清理要求 ②清理内容		
		（2）组对、焊接	1）组对及定位焊	（1）方法：讲授法、演示法、实训法 （2）重点与难点：薄板对接平位焊接操作	18
			2）焊接		
			3）焊后清理 ①清理要求 ②清理内容		
		（3）焊缝外观质量检查	1）焊缝外观质量检查 ①检查项目 ②检验工具 ③检查方法	（1）方法：讲授法、演示法、实训法 （2）重点与难点：焊接缺陷的预防	2
4．钛及其合金的焊接	4-1 钛及其合金板的熔化极氩弧焊	（1）钛及其合金基本知识	1）钛及其合金的分类及牌号	（1）方法：讲授法 （2）重点：钛及其合金的焊接性	2
			2）钛及其合金的性能 ①物理性能 ②化学性能 ③力学性能 ④焊接性		
			3）钛及其合金的常用焊接方法及工艺		

续表

模块	课程	学习单元	课程内容	培训建议	课堂学时
4．钛及其合金的焊接	4-1　钛及其合金板的熔化极氩弧焊	（2）焊前准备	1）熔化极氩弧焊设备、工机具、夹具及周边环境的安全检查 ①焊机的安全检查 ②供气系统的安全检查 ③冷却系统的安全检查 ④角磨机、直磨机的安全检查 ⑤夹具安全检查 ⑥周边环境的安全检查	（1）方法：讲授法、演示法、实训法 （2）重点与难点：焊前清理	2
			2）材料准备 ①焊接材料准备 ②焊件准备		
			3）焊接参数确认与调节 ①气体流量 ②焊接电流		
			4）焊前清理 ①清理要求 ②清理内容		
		（3）组对、焊接	1）组对及定位焊	（1）方法：讲授法、演示法、实训法 （2）重点与难点：焊接操作	24
			2）焊接		
			3）焊后清理 ①清理要求 ②清理内容		
		（4）焊缝外观质量检查	1）焊缝外观质量检查 ①检查项目 ②检验工具 ③检查方法	（1）方法：讲授法、演示法、实训法 （2）重点与难点：焊接缺陷的预防	2

续表

<table>
<tr><th>模块</th><th>课程</th><th>学习单元</th><th>课程内容</th><th>培训建议</th><th>课堂学时</th></tr>
<tr><td rowspan="7">5．铜及其合金的焊接</td><td rowspan="7">5-1　铜及其合金板的熔化极氩弧焊</td><td rowspan="3">（1）铜及其合金基本知识</td><td>1）铜及其合金的分类及牌号</td><td rowspan="3">（1）方法：讲授法
（2）重点与难点：铜及其合金的焊接性</td><td rowspan="3">2</td></tr>
<tr><td>2）铜及其合金的性能
①物理性能
②化学性能
③力学性能
④焊接性</td></tr>
<tr><td>3）铜及其合金常用的焊接方法及工艺</td></tr>
<tr><td rowspan="4">（2）焊前准备</td><td>1）熔化极氩弧焊设备、工机具、夹具及周边环境的安全检查
①焊机的安全检查
②供气系统的安全检查
③冷却系统的安全检查
④角磨机、直磨机的安全检查
⑤夹具安全检查
⑥周边环境的安全检查</td><td rowspan="4">（1）方法：讲授法、演示法、实训法
（2）重点与难点：焊接参数确认与调节</td><td rowspan="4">2</td></tr>
<tr><td>2）材料准备
①焊接材料准备
②焊件准备</td></tr>
<tr><td>3）焊接参数确认与调节
①气体流量
②焊接电流</td></tr>
<tr><td>4）焊前清理
①清理要求
②清理内容</td></tr>
</table>

续表

模块	课程	学习单元	课程内容	培训建议	课堂学时
5. 铜及其合金的焊接	5–1 铜及其合金板的熔化极氩弧焊	(3) 组对、焊接	1) 焊件预热 ①预热温度 ②预热方法	(1) 方法：讲授法、演示法、实训法 (2) 重点：铜及其合金的焊接操作 (3) 难点：焊件预热	24
			2) 组对及定位焊		
			3) 焊接		
			4) 焊后清理 ①清理要求 ②清理内容		
		(4) 焊缝外观质量检查	1) 焊缝外观质量检查 ①检查项目 ②检验工具 ③检查方法	(1) 方法：讲授法、演示法、实训法 (2) 重点与难点：焊接缺陷的预防	2
6. 新型材料的焊接	6–1 镍及其合金的熔焊	(1) 镍及其合金基本知识	1) 镍及其合金的分类及牌号	(1) 方法：讲授法 (2) 重点与难点：镍及其合金的焊接性	2
			2) 镍及其合金的性能 ①物理性能 ②化学性能 ③力学性能 ④焊接性		
			3) 镍及其合金常用的焊接方法及工艺		
		(2) 焊前准备	1) 钨极氩弧焊设备、工机具、夹具及周边环境的安全检查 ①焊机的安全检查 ②供气系统的安全检查 ③冷却系统的安全检查 ④角磨机、直磨机的安全检查 ⑤夹具安全检查 ⑥周边环境的安全检查	(1) 方法：讲授法、演示法、实训法 (2) 重点与难点：焊接参数确认与调节	2

续表

模块	课程	学习单元	课程内容	培训建议	课堂学时
6．新型材料的焊接	6-1　镍及其合金的熔焊	（2）焊前准备	2）材料准备 ①焊接材料准备 ②焊件准备		
			3）焊接参数确认与调节 ①气体流量 ②焊接电流		
			4）焊前清理 ①清理要求 ②清理内容		
		（3）组对、焊接	1）组对及定位焊	（1）方法：讲授法、演示法、实训法 （2）重点与难点：镍及其合金焊接操作	12
			2）焊接		
			3）焊后清理 ①清理要求 ②清理内容		
		（4）焊缝外观质量检查	1）焊缝外观质量检查 ①检查项目 ②检验工具 ③检查方法	（1）方法：讲授法、演示法、实训法 （2）重点与难点：焊接缺陷预防	2
	6-2　锆及其合金的熔焊	（1）锆及其合金基本知识	1）锆及其合金的分类及牌号	（1）方法：讲授法 （2）重点与难点：锆及其合金的焊接性	2
			2）锆及其合金的性能 ①物理性能 ②化学性能 ③力学性能 ④焊接性		
			3）锆及其合金常用的焊接方法及工艺		

续表

模块	课程	学习单元	课程内容	培训建议	课堂学时
6. 新型材料的焊接	6-2 锆及其合金的熔焊	(2) 焊前准备	1) 钨极氩弧焊设备、工机具、夹具及周边环境的安全检查 ①焊机的安全检查 ②供气系统的安全检查 ③冷却系统的安全检查 ④角磨机、直磨机的安全检查 ⑤夹具安全检查 ⑥周边环境的安全检查	(1) 方法：讲授法、演示法、实训法 (2) 重点与难点：焊接参数确认与调节	2
			2) 材料准备 ①焊接材料准备 ②焊件准备		
			3) 焊接参数确认与调节 ①气体流量 ②焊接电流		
			4) 焊前清理 ①清理要求 ②清理内容		
		(3) 组对、焊接	1) 组对及定位焊	(1) 方法：讲授法、演示法、实训法 (2) 重点与难点：锆及其合金焊接	12
			2) 焊接		
			3) 焊后清理 ①清理要求 ②清理内容		
		(4) 焊缝外观质量检查	1) 焊缝外观质量检查 ①检查项目 ②检验工具 ③检查方法	(1) 方法：讲授法、演示法、实训法 (2) 重点与难点：焊接缺陷预防	2

续表

模块	课程	学习单元	课程内容	培训建议	课堂学时
6．新型材料的焊接	6–3 铂及其合金的熔焊	（1）铂及其合金基本知识	1）铂及其合金的分类、牌号	（1）方法：讲授法 （2）重点与难点：铂及其合金的焊接性	2
			2）铂及其合金的性能 ①物理性能 ②化学性能 ③力学性能 ④焊接性		
			3）铂及其合金常用的焊接方法及工艺		
		（2）焊前准备	1）钨极氩弧焊设备、工机具、夹具及周边环境的安全检查 ①焊机的安全检查 ②供气系统的安全检查 ③冷却系统的安全检查 ④角磨机、直磨机的安全检查 ⑤夹具安全检查 ⑥周边环境的安全检查	（1）方法：讲授法、演示法、实训法 （2）重点与难点：焊接参数确认与调节	2
			2）材料准备 ①焊接材料准备 ②焊件准备		
			3）焊接参数确认与调节 ①气体流量 ②焊接电流		
			4）焊前清理 ①清理要求 ②清理内容		

续表

模块	课程	学习单元	课程内容	培训建议	课堂学时
6．新型材料的焊接	6–3 铂及其合金的熔焊	(3) 组对、焊接	1）组对及定位焊	(1) 方法：讲授法、演示法、实训法 (2) 重点与难点：铂及其合金焊接操作	12
			2）焊接		
			3）焊后清理 ①清理要求 ②清理内容		
		(4) 焊缝外观质量检查	1）焊缝外观质量检查 ①检查项目 ②检验工具 ③检查方法	(1) 方法：讲授法、演示法、实训法 (2) 重点与难点：焊接缺陷预防	2
	6–4 低温钢的熔焊	(1) 低温钢基本知识	1）低温钢的牌号	(1) 方法：讲授法 (2) 重点与难点：低温钢的焊接性	2
			2）低温钢的性能 ①低温韧性 ②焊接性		
			3）低温钢常用的焊接方法及工艺		
		(2) 焊前准备	1）钨极氩弧焊设备、工机具、夹具及周边环境的安全检查 ①焊机的安全检查 ②供气系统的安全检查 ③冷却系统的安全检查 ④角磨机、直磨机的安全检查 ⑤夹具安全检查 ⑥周边环境的安全检查	(1) 方法：讲授法、演示法、实训法 (2) 重点与难点：焊接参数确认与调节	2
			2）材料准备 ①焊接材料准备 ②焊件准备		
			3）焊接参数确认与调节 ①气体流量 ②焊接电流		
			4）焊前清理 ①清理要求 ②清理内容		

续表

模块	课程	学习单元	课程内容	培训建议	课堂学时
6．新型材料的焊接	6-4　低温钢的熔焊	(3) 组对、焊接	1）组对及定位焊	(1) 方法：讲授法、演示法、实训法 (2) 重点与难点：道间温度的控制	12
			2）焊接		
			3）焊后清理 ①清理要求 ②清理内容		
		(4) 焊缝外观质量检查	1）焊缝外观质量检查 ①检查项目 ②检验工具 ③检查方法	(1) 方法：讲授法、演示法、实训法 (2) 重点与难点：焊接缺陷预防	2
	6-5　高合金细晶粒钢的熔焊	(1) 高合金细晶粒钢基本知识	1）高合金细晶粒钢的种类、牌号	(1) 方法：讲授法 (2) 重点与难点：高合金细晶粒钢的焊接性	2
			2）高合金细晶粒钢的性能 ①力学性能 ②焊接性		
			3）高合金细晶粒钢常用的焊接方法及工艺		
		(2) 焊前准备	1）钨极氩弧焊设备、工机具、夹具及周边环境的安全检查 ①焊机的安全检查 ②供气系统的安全检查 ③冷却系统的安全检查 ④角磨机、直磨机的安全检查 ⑤夹具安全检查 ⑥周边环境的安全检查	(1) 方法：讲授法、演示法、实训法 (2) 重点与难点：焊接参数确认与调节	2
			2）材料准备 ①焊接材料准备 ②焊件准备		

续表

模块	课程	学习单元	课程内容	培训建议	课堂学时
6．新型材料的焊接	6–5　高合金细晶粒钢的熔焊	（2）焊前准备	3）焊接参数确认与调节 ①气体流量 ②焊接电流		
			4）焊前清理 ①清理要求 ②清理内容		
		（3）组对、焊接	1）组对及定位焊	（1）方法：讲授法、演示法、实训法 （2）重点与难点：道间温度的控制	12
			2）焊接		
			3）焊后清理 ①清理要求 ②清理内容		
		（4）焊缝外观质量检查	1）焊缝外观质量检查 ①检查项目 ②检验工具 ③检查方法	（1）方法：讲授法、演示法、实训法 （2）重点与难点：焊接缺陷预防	2
7．机器人焊接	7–1　复杂工件多机器人焊接系统建立	（1）认识多机器人焊接系统	1）机器人弧焊系统备份	（1）方法：讲授法、演示法 （2）重点与难点：时序控制、PLC 编程	10
			2）多机器人系统示教编程		
			3）多机器人系统时序控制		
			4）PLC 编程		
			5）多机器人系统干涉区设置		
		（2）复杂工件多机器人焊接系统仿真模型建立	1）建立模型	（1）方法：讲授法、演示法、实训法 （2）重点与难点：建立模型	20
			2）离线编程		
			3）调试优化		

续表

模块	课程	学习单元	课程内容	培训建议	课堂学时
8．焊接生产	8-1　焊接性试验和焊接工艺评定	（1）焊接性试验	1）焊接性概念 ①金属焊接性 ②工艺焊接性 ③影响工艺焊接性的因素	（1）方法：讲授法 （2）重点与难点：焊接性试验方法	4
			2）焊接性试验基本知识 ①焊接性试验内容 ②焊接性试验方法		
			3）常用的焊接性直接试验法 ①斜 Y 形坡口焊接裂纹试验 ②插销试验 ③压板对接裂纹试验 ④ Z 向拉伸试验 ⑤可变拘束试验		
		（2）焊接工艺评定与试件焊接	1）焊接工艺评定 ①焊接工艺评定的目的和意义 ②影响焊接工艺评定的因素 ③焊接工艺评定的原则和程序	（1）方法：讲授法、讨论法 （2）重点与难点：试件焊接	2
			2）试件焊接 ①焊接要求 ②焊接参数记录 ③注意事项		

续表

模块	课程	学习单元	课程内容	培训建议	课堂学时
8．焊接生产	8-2　焊接设备的使用	（1）焊接设备的验收	1）焊接设备的验收标准	（1）方法：讲授法、讨论法 （2）重点与难点：焊接设备验收的步骤和实操	3
			2）焊接设备的验收内容和步骤 ①外观检查 ②绝缘性能检查 ③调试 ④焊接试验		
		（2）常用焊接设备故障分析	1）焊条电弧焊设备故障分析	（1）方法：讲授法、演示法 （2）重点：二氧化碳气体保护焊设备故障分析 （3）难点：氩弧焊设备故障分析	3
			2）氩弧焊设备故障分析		
			3）埋弧自动焊机设备故障分析		
			4）二氧化碳气体保护焊机设备故障分析		
	8-3　焊接质量验收	（1）焊接接头的质量检查与缺陷分析	1）焊接接头质量检查 ①焊接质量检查依据 ②焊接接头质量检查项目 ③焊接接头质量检查方法 ④外观质量检查 ⑤识别无损检测报告 ⑥缺陷分析	（1）方法：讲授法、演示法、实操法 （2）重点与难点：常见焊接缺陷分析	9
	8-4　工装夹具的应用	（1）工装夹具的选择与改进	1）常用工装夹具 ①工装夹具的种类、组成及作用 ②工装夹具的选用原则 ③工装夹具的改进	（1）方法：讲授法 （2）重点与难点：工装夹具的选择和改进	3

续表

模块	课程	学习单元	课程内容	培训建议	课堂学时
9．焊接技术管理	9-1 焊接生产管理	(1) 成本核算	1）成本核算的含义、目的、内容及方法 ①产品成本的构成 ②成本核算的目的 ③焊接成本核算的内容 ④产品成本核算方法	(1) 方法：讲授法 (2) 重点与难点：成本控制	2
			2）成本控制 ①事前控制 ②事中控制 ③事后控制		
			3）降低焊接生产成本的途径		
		(2) 定额管理	1）焊接原材料的消耗定额管理 ①焊条消耗定额的制定 ②焊丝消耗定额的制定 ③焊剂消耗定额的制定 ④保护气体消耗定额的制定	(1) 方法：讲授法、练习法 (2) 重点与难点：焊接原材料消耗定额的制定	2
			2）电力消耗定额管理		
			3）劳动工时定额管理 ①工时定额的组成 ②制定工时定额的方法		
			4）成本分析对比 ①焊接方法分析 ②焊接成本对比样例		

续表

模块	课程	学习单元	课程内容	培训建议	课堂学时
9．焊接技术管理	9-2 技术文件编写	（1）技术总结撰写	1）技术总结定义 2）技术总结内容 3）编写技术总结	（1）方法：讲授法 （2）重点与难点：技术总结的内容	2
		（2）技术论文撰写	1）论文定义 2）论文构成要素 3）撰写技术论文	（1）方法：讲授法 （2）重点与难点：论文的构成要素	2
	9-3 焊工培训	（1）焊工培训	1）国内焊工培训及考核 ①特种作业操作人员培训及考核 ②焊工技能操作证培训及考核 ③焊工职业等级培训及考核	（1）方法：讲授法、讨论法 （2）重点：教案编写 （3）难点：技术要领讲解	4
			2）培训教案编写		
			3）授课 ①教学仪器、资料、设备、工具的准备 ②方法的选择 ③示范与指导		
课堂学时合计 不锈钢管或异种钢管的焊接 / 铸铁的焊补 / 铝及其合金的焊接 / 钛及其合金的焊接 / 铜及其合金的焊接 / 新型材料的焊接 / 机器人焊接 / 焊接生产 / 焊接技术管理					90/24/46/30/30/90/30/24/12

2.2.6 高级技师职业技能培训课程规范

模块	课程	学习单元	课程内容	培训建议	课堂学时
1．焊接问题的解决	1-1 复杂环境障碍、可达性差的结构焊接	（1）复杂环境障碍、可达性差的结构焊接	1）复杂环境障碍位置、可达性差的结构焊接工艺措施 ①焊接工艺特点 ②实施焊接工艺措施的原则	（1）方法：讲授法、演示法 （2）重点与难点：复杂环境障碍、可达性差的结构焊接操作	12
			2）焊接接头的受力分析 ①对接接头 ②搭接接头 ③T形接头		
			3）汽轮机叶片补焊 ①焊前准备 ②操作步骤 ③注意事项		
			4）转炉托圈固定口焊接 ①焊前准备 ②操作步骤 ③注意事项		
			5）可达性差结构的焊接 ①焊前准备 ②操作步骤 ③注意事项		
		（2）焊后问题处理	1）焊后出现的常见问题 ①裂纹 ②变形	（1）方法：讲授法、讨论法 （2）重点与难点：常见问题的解决方法	4
			2）常见问题的解决方法		

续表

模块	课程	学习单元	课程内容	培训建议	课堂学时
1．焊接问题的解决	1-2 厚度 δ >3mm 的不锈钢与纯铜的焊条电弧焊	（1）焊前准备	1）不锈钢与纯铜焊接时容易出现的焊接缺陷 ①热裂纹 ②渗透裂纹 ③裂纹倾向	（1）方法：讲授法、演示法 （2）重点与难点：不锈钢与纯铜焊接的方法及工艺	4
			2）不锈钢与纯铜焊接的方法及工艺		
			3）焊条电弧焊设备、工具、夹具及周边环境的安全检查		
			4）材料的准备 ①焊件的准备 ②焊接材料的准备		
			5）焊接参数确认与调节		
			6）焊前清理 ①清理范围 ②清理方法		
		（2）组对、焊接	1）组对、定位焊	（1）方法：演示法、实训法 （2）重点与难点：不锈钢与纯铜焊接操作	12
			2）焊接		
			3）焊后清理 ①清理要求 ②清理内容		
		（3）焊缝外观质量检查	1）焊缝外观质量检查 ①检查项目 ②检验工具 ③检查方法	（1）方法：讲授法、演示法、实训法 （2）重点与难点：焊接外观质量检查方法	2

续表

模块	课程	学习单元	课程内容	培训建议	课堂学时
1．焊接问题的解决	1-3 管径 $\phi \geqslant 168$mm 高合金马氏体钢管的手工钨极氩弧焊打底，焊条电弧焊盖面	(1) 焊前准备	1）焊条电弧焊及钨极氩弧焊设备、工机具、夹具及周边环境的安全检查	(1) 方法：讲授法、演示法 (2) 重点与难点：焊接参数确认与调节	2
			2）材料的准备 ①焊件的准备 ②焊接材料的准备		
			3）焊接参数确认与调节		
			4）焊前清理 ①清理范围 ②清理方法		
		(2) 组对、焊接	1）充氩保护及预热	(1) 方法：讲授法、演示法、实训法 (2) 重点与难点：预热及焊接操作	16
			2）组对、定位焊		
			3）焊接 ①打底层的焊接 ②填充层的焊接 ③盖面层的焊接		
			4）焊后清理 ①清理要求 ②清理内容		
		(3) 焊缝外观质量检查	1）高合金马氏体钢管的后热与焊后热处理工艺	(1) 方法：讲授法、讨论法 (2) 重点与难点：焊缝外观质量检查方法	2
			2）焊缝外观质量检查 ①检查项目 ②检验工具 ③检查方法		

续表

<table>
<tr><th>模块</th><th>课程</th><th>学习单元</th><th>课程内容</th><th>培训建议</th><th>课堂学时</th></tr>
<tr><td rowspan="13">1．焊接问题的解决</td><td rowspan="8">1-4　铝及其他有色金属合金薄管或薄板材料制成组合结构件的焊接</td><td rowspan="2">（1）结构件装配图和零件图的识读</td><td>1）结构件的零件图识读</td><td rowspan="2">（1）方法：讲授法
（2）重点与难点：结构件的装配图和零件图识读</td><td rowspan="2">2</td></tr>
<tr><td>2）结构件的装配图识读</td></tr>
<tr><td rowspan="3">（2）焊前准备</td><td>1）钨极氩弧焊设备、工机具、夹具及周边环境的安全检查</td><td rowspan="3">（1）方法：讲授法、实物示教法
（2）重点与难点：工机具的安全检查</td><td rowspan="3">2</td></tr>
<tr><td>2）材料的准备
①焊件的准备
②焊接材料的准备</td></tr>
<tr><td>3）焊件的清理
①清理范围
②清理方法</td></tr>
<tr><td rowspan="3">（3）组对、焊接</td><td>1）组对、定位焊</td><td rowspan="3">（1）方法：讲授法、演示法、实训法
（2）重点：结构件的焊接
（3）难点：结构件焊接变形的控制</td><td rowspan="3">12</td></tr>
<tr><td>2）焊接</td></tr>
<tr><td>3）焊后清理
①清理要求
②清理内容</td></tr>
<tr><td></td><td>（4）焊缝外观质量检查</td><td>1）焊缝外观质量检查
①检查项目
②检验工具
③检查方法</td><td>（1）方法：讲授法、演示法、实训法
（2）重点与难点：焊缝外观质量检查方法</td><td>2</td></tr>
<tr><td rowspan="5">1-5　机器人焊接新工艺与问题解决</td><td rowspan="5">（1）低碳钢板机器人激光焊</td><td>1）机器人激光焊原理、特点及应用</td><td rowspan="5">（1）方法：讲授法、演示法、实训法
（2）重点与难点：机器人激光焊焊接工艺</td><td rowspan="5">10</td></tr>
<tr><td>2）机器人激光焊示教、离线编程</td></tr>
<tr><td>3）机器人激光焊模拟仿真</td></tr>
<tr><td>4）机器人激光焊组对、焊接</td></tr>
<tr><td>5）机器人激光焊焊缝外观质量检查</td></tr>
</table>

续表

模块	课程	学习单元	课程内容	培训建议	课堂学时
1. 焊接问题的解决	1-5 机器人焊接新工艺与问题解决	（2）铝合金机器人搅拌摩擦焊	1）机器人搅拌摩擦焊原理、特点及应用 2）机器人搅拌摩擦焊示教、离线编程 3）机器人搅拌摩擦焊模拟仿真 4）机器人搅拌摩擦焊组对、焊接 5）机器人搅拌摩擦焊焊缝外观质量检查	（1）方法：讲授法、演示法、实训法 （2）重点与难点：机器人搅拌摩擦焊焊接工艺	10
		（3）机器人焊接工艺问题解决	1）不规则工件焊接机器人编程 2）空间狭窄、可达性差的结构编程及焊接 3）机器人工作站焊接工艺调试 4）焊接机器人系统故障分析与解决	（1）方法：讲授法、演示法、实训法 （2）重点与难点：焊接机器人系统故障的分析和解决	10
2. 焊接生产	2-1 焊接设备调试	（1）焊条电弧焊机调试	1）焊机性能参数调试 2）焊机操作调试 3）焊机工艺调试	（1）方法：讲授法 （2）重点与难点：焊机操作调试	2
		（2）埋弧焊机调试	1）焊机性能参数调试 2）焊机操作调试 ①引弧试验 ②收弧、填弧坑调试 ③电弧长度控制调试 3）焊机工艺调试	（1）方法：讲授法、演示法 （2）重点与难点：焊机操作调试	2
		（3）钨极氩弧焊机调试	1）焊机性能参数调试 2）焊机操作调试 ①供气系统的调试 ②焊枪使用检查 3）焊机工艺调试	（1）方法：讲授法、演示法 （2）重点与难点：焊机操作调试	2

续表

模块	课程	学习单元	课程内容	培训建议	课堂学时
2．焊接生产	2-1　焊接设备调试	（4）二氧化碳气体保护焊焊机调试	1）焊机性能参数的调试 2）焊机操作调试 ①送丝系统的调试 ②气路调试 ③焊枪使用检查 3）焊机工艺调试	（1）方法：讲授法、演示法 （2）重点与难点：焊机操作调试	2
	2-2　技术创新	（1）工装夹具设计	1）机械设计基础知识 ①机器的组成、机械零件和部件 ②机械设计的主要内容和一般程序 2）工装夹具结构和组成 ①工装夹具的结构及作用 ②工件的定位 3）工装夹具结构的设计 ①工装夹具的设计原则 ②工装夹具与生产工艺的关系 ③焊接工装夹具改进设计方案的制定	（1）方法：讲授法、讨论法 （2）重点与难点：工装夹具的改进方案	8
	2-3　结构焊接	（1）焊接结构件的生产	1）焊接结构生产的一般工艺流程 ①生产准备 ②备料加工 ③装配与焊接 ④质量检验	（1）方法：讲授法、实训法 （2）重点与难点：焊接结构的工艺分析	6

续表

模块	课程	学习单元	课程内容	培训建议	课堂学时
2．焊接生产	2-3　结构焊接	(1) 焊接结构件的生产	2）典型焊接结构生产的工艺流程 ①桁架的焊接工艺流程 ②压力容器的焊接工艺流程		
			3）复杂焊接结构的生产 ①焊接结构的工艺审查 ②焊接结构的工艺分析		
	2-4　焊接生产安全管理	(1) 焊接安全操作规程的构成	1）焊接生产的危害因素和有害因素 ①焊接安全生产的意义和方法 ②焊接生产的危害因素和有害因素 ③焊接车间的主要危险源及危害	(1) 方法：讲授法 (2) 重点与难点：特殊焊接安全技术	4
			2）与焊接安全卫生相关的法规和标准 ①相关的法规和标准 ②工程技术和管理人员对焊接安全生产工作的职责		
			3）特殊焊接安全技术		
		(2) 安全生产指导	1）焊工车间安全生产注意事项	(1) 方法：讲授法 (2) 重点与难点：安全生产注意事项及三级安全培训	4
			2）三级安全培训		
			3）案例分析 ①安全操作规程 ②安全生产事故案例分析		

续表

模块	课程	学习单元	课程内容	培训建议	课堂学时
3．焊接技术管理	3-1　焊接接头静载强度计算	（1）焊接接头静载强度计算	1）假设	（1）方法：讲授法、练习法 （2）重点与难点：对接接头静载强度计算	4
			2）许用应力		
			3）接头静载强度计算 ①对接接头 ②T形接头 ③搭接接头		
	3-2　施工过程管理	（1）焊接技术指导和监督	1）工程管理程序基本知识	（1）方法：讲授法 （2）重点与难点：焊接组织结构和制度的建立	2
			2）焊接组织结构和制度的建立		
			3）技术责任制		
		（2）工程管理	1）现场检查	（1）方法：讲授法 （2）重点与难点：现场管理	2
			2）焊接记录和资料		
			3）指导		
			4）配合		
			5）现场管理 ①技术指导和监督 ②现场监督 ③安全检查和特种检查		
4．焊接质量控制	4-1　质量检查	（1）焊接结构及工程质量验收标准	1）焊接结构质量验收标准 ①焊接结构焊后质量检查 ②焊工自检、交接检	（1）方法：讲授法 （2）重点与难点：焊接结构及工程质量验收标准	2
			2）工程质量验收标准		

续表

模块	课程	学习单元	课程内容	培训建议	课堂学时
4．焊接质量控制	4-1 质量检查	（2）典型焊接结构及工程焊后质量的验收	1）典型焊接结构及工程质量的验收 ①钢结构质量验收 ②锅炉质量验收 ③压力容器质量验收 ④压力管道质量验收	（1）方法：讲授法、讨论法 （2）重点与难点：典型焊接结构焊后质量验收	4
	4-2 质量管理	（1）焊接质量分析与改进	1）质量管理内容	（1）方法：讲授法、讨论法 （2）重点与难点：质量分析方法的应用	6
			2）质量分析方法		
			3）现场质量管理和改进		
		（2）焊接质量管理	1）质量管理体系	（1）方法：讲授法 （2）重点与难点：质量管理体系	2
			2）焊接质量管理保证体系		
			3）焊接质量管理体系的执行		
5．培训与指导	5-1 焊工培训	（1）焊工培训与指导	1）国际焊接培训与资格认证	（1）方法：讲授法、练习法 （2）重点与难点：培训教案编写	6
			2）培训教案编写 ①编写要求 ②编写方法		
	5-2 指导		3）常用教学仪器及使用方法		
			4）教学组织和实施		
课堂学时合计 焊接问题的解决 / 焊接生产 / 焊接技术管理 / 焊接质量控制 / 培训与指导					102/30/8/14/6

2.2.7 培训建议中培训方法说明

1．讲授法

讲授法指教师主要运用语言讲选，系统地向学员传授知识，传播思想观念。即教师通过叙述、描绘、解释、推论来传递信息、传授知识、阐明概念、论证定律和公式，引导学员分析和认识问题。

2．讨论法

讨论法指在教师的指导下，学员以班级或小组为单位，围绕学习单元的内容，对某一专题进行深入探讨，通过讨论或辩论活动，从而获得知识或巩固知识的一种教学方法，要求教师在讨论结束时需对讨论的主题做归纳性总结。

3．实训（练习）法

实训（练习）法指学员在教师的指导下巩固知识、运用知识，形成技能技巧的方法。通过实际操作的练习，形成操作技能。

4．参观法

参观法指教师组织或指导学员进行实地观察、调查、研究和学习，使学员获得新知识或巩固已学知识的教学方法。参观教学法可细分为“准备性参观、并行性参观、总结性参观”等。

5．演示法

演示法指在教学过程中，教师通过示范操作和讲解使学员获得知识、技能的教学方法。教学中，教师对操作内容进行现场演示，边操作边讲解，强调操作的关键步骤和注意事项，使学员边学边做，理论与技能并重，师生互动，提高学生的学习兴趣和学习效率。

6．案例教学法

案例教学法指通过对案例进行分析，提出问题，分析问题，并找到解决问题的途径和手段，培养学员分析问题、独立处理问题的能力。

7．项目教学法

项目教学法指以实际应用为目的，将理论知识与实际工作相结合，通过师生共同完成一个完整的项目工作，使学员获得知识和实践操作能力与解决实际问题能力的教学方法。其实施以小组为学习单位，步骤一般分为确定项目任务、计划、决策、实施、检查和评价 6 个步骤。强调学员在学习过程中的主体地位，以学员为中心，以学员学习为主、教师指导为辅，通过完成教学项目，激发学员的学习积极性，使学员既获得相关理论知识，又掌握实践技能和工作方法，提高解决实际问题的综合能力。

8．实物示教法

实物示教法指教师通过实物的操作演示或对学员实物操作演示的评价，实现对学员技能操作步骤、要领掌握情况的检查、纠错、修正，并演示正确的操作方法的一种教学方法。

9．观摩法

观摩法指让学员通过现场观摩、观看视频等形式，学习、获取知识、技能的一种教学方法。

2.3 考核规范

2.3.1 职业基本素质培训考核规范

<table>
<tr><th>考核范围</th><th>考核比重（%）</th><th>考核内容</th><th colspan="2">考核比重（%）</th><th>考核单元</th></tr>
<tr><td rowspan="2">1．焊工职业认知</td><td rowspan="2">15</td><td>1–1 职业认知</td><td colspan="2">5</td><td>（1）职业认知</td></tr>
<tr><td>1–2 职业道德与职业守则</td><td colspan="2">10</td><td>（1）职业道德与焊工职业守则</td></tr>
<tr><td rowspan="8">2．基础知识</td><td rowspan="8">80</td><td rowspan="4">2–1 焊接识图</td><td rowspan="4">10</td><td>3</td><td>（1）制图常识与投影的基本原理</td></tr>
<tr><td>2</td><td>（2）常用零部件的画法及其代号标注</td></tr>
<tr><td>2</td><td>（3）简单装配图的识读</td></tr>
<tr><td>3</td><td>（4）焊缝符号和焊接方法代号</td></tr>
<tr><td rowspan="4">2–2 常用金属材料知识</td><td rowspan="4">20</td><td>5</td><td>（1）金属材料的物理性能、化学性能和力学性能</td></tr>
<tr><td>5</td><td>（2）金属的晶体结构、合金的组织及 Fe—C 相图</td></tr>
<tr><td>5</td><td>（3）常用钢材的分类、牌号、成分、性能和用途</td></tr>
<tr><td>5</td><td>（4）钢的热处理</td></tr>
</table>

续表

考核范围	考核比重（%）	考核内容	考核比重（%）		考核单元
2. 基础知识		2-3 焊接基础知识	25	5	（1）焊接方法的分类及常用的焊接方法
				5	（2）焊接接头与坡口
				5	（3）焊接变形和焊接应力
				5	（4）焊接缺陷与焊接质量检测
				5	（5）焊接工艺文件
		2-4 焊接材料知识	5		（1）焊接材料的类别、保管及选用
		2-5 电焊机和焊接辅助设备基本知识	5		（1）电焊机和焊接辅助设备基本知识
		2-6 电工基本知识	5		（1）交流电基本概念、变压器的结构和工作原理
		2-7 安全卫生和焊接环境保护知识	10	3	（1）安全用电知识
				3	（2）焊接环境保护及焊接安全操作规程
				4	（3）焊接劳动保护知识
3. 相关法律知识	5	3-1 相关法律、法规知识	5		（1）相关法律、法规知识

2.3.2 初级职业技能培训理论知识考核规范

考核范围 1 ~ 10 任选其一进行考核。

考核范围	考核比重（%）	考核内容	考核单元	考核比重（%）	
1. 焊条电弧焊	100	1-1 厚度 δ =8 ~ 12 mm 低碳钢板或低合金钢板角接接头焊接	（1）认识焊条电弧焊	40	60
			（2）焊前准备	8	
			（3）组对、焊接	6	
			（4）焊缝外观质量检查	6	

续表

<table>
<tr><th>考核范围</th><th>考核比重（%）</th><th>考核内容</th><th>考核单元</th><th colspan="2">考核比重（%）</th></tr>
<tr><td rowspan="6">1．焊条电弧焊</td><td rowspan="6">100</td><td rowspan="3">1–2 厚度 $\delta \geq 6$ mm 低碳钢板或低合金钢板对接平焊</td><td>（1）焊前准备</td><td>8</td><td rowspan="3">20</td></tr>
<tr><td>（2）组对、焊接</td><td>6</td></tr>
<tr><td>（3）焊缝外观质量检查</td><td>6</td></tr>
<tr><td rowspan="3">1–3 管径 $\phi \geq 60$ mm 低碳钢管水平转动对接焊</td><td>（1）焊前准备</td><td>8</td><td rowspan="3">20</td></tr>
<tr><td>（2）组对、焊接</td><td>6</td></tr>
<tr><td>（3）焊缝外观质量检查</td><td>6</td></tr>
<tr><td rowspan="7">2．熔化极气体保护焊</td><td rowspan="7">100</td><td rowspan="4">2–1 低碳钢板或低合金钢板角接接头熔化极气体保护焊</td><td>（1）认识熔化极气体保护焊</td><td>60</td><td rowspan="4">80</td></tr>
<tr><td>（2）焊前准备</td><td>8</td></tr>
<tr><td>（3）组对、焊接</td><td>6</td></tr>
<tr><td>（4）焊缝外观质量检查</td><td>6</td></tr>
<tr><td rowspan="3">2–2 低碳钢板或低合金钢板平位对接熔化极气体保护焊（双面焊或背部加衬垫）</td><td>（1）焊前准备</td><td>8</td><td rowspan="3">20</td></tr>
<tr><td>（2）组对、焊接</td><td>6</td></tr>
<tr><td>（3）焊缝外观质量检查</td><td>6</td></tr>
<tr><td rowspan="10">3．非熔化极气体保护焊</td><td rowspan="10">100</td><td rowspan="4">3–1 低碳钢板厚度 $\delta<6$ mm 平位对接手工钨极氩弧焊</td><td>（1）认识手工钨极氩弧焊</td><td>40</td><td rowspan="4">60</td></tr>
<tr><td>（2）焊前准备</td><td>8</td></tr>
<tr><td>（3）组对、焊接</td><td>6</td></tr>
<tr><td>（4）焊缝外观质量检查</td><td>6</td></tr>
<tr><td rowspan="3">3–2 不锈钢板厚度 $\delta<6$ mm 平位对接手工钨极氩弧焊</td><td>（1）焊前准备</td><td>8</td><td rowspan="3">20</td></tr>
<tr><td>（2）组对、焊接</td><td>6</td></tr>
<tr><td>（3）焊缝外观质量检查</td><td>6</td></tr>
<tr><td rowspan="3">3–3 管径 $\phi<60$ mm 低碳钢管对接水平转动手工钨极氩弧焊</td><td>（1）焊前准备</td><td>8</td><td rowspan="3">20</td></tr>
<tr><td>（2）组对、焊接</td><td>6</td></tr>
<tr><td>（3）焊缝外观质量检查</td><td>6</td></tr>
</table>

续表

考核范围	考核比重（%）	考核内容	考核单元	考核比重（%）	
4．埋弧焊	100	4-1 低碳钢板或低合金钢板平位对接焊	（1）认识埋弧焊	60	80
			（2）焊前准备	8	
			（3）组对、焊接	6	
			（4）焊缝外观质量检查	6	
		4-2 厚度 $\delta=8\sim12$ mm 低碳钢板对接平焊（背部加衬垫或双面焊双面成型）	（1）焊前准备	8	20
			（2）组对、焊接	6	
			（3）焊缝外观质量检查	6	
5．气焊	100	5-1 管径 $\phi<60$ mm 低碳钢管对接水平转动和垂直固定气焊	（1）认识气焊	60	100
			（2）焊前准备	16	
			（3）组对、焊接	12	
			（4）焊缝外观质量检查	12	
6．钎焊	100	6-1 低碳钢板搭接手工火焰钎焊	（1）认识钎焊	60	80
			（2）焊前准备	8	
			（3）组对、焊接	6	
			（4）焊缝外观质量检查	6	
		6-2 不锈钢板搭接手工火焰钎焊	（1）焊前准备	8	20
			（2）组对、焊接	6	
			（3）焊缝外观质量检查	6	
7．电阻焊	100	7-1 低碳钢薄板电阻电焊	（1）认识电阻焊	20	40
			（2）焊前准备	8	
			（3）组对、焊接	6	
			（4）焊点外观质量检查	6	

续表

考核范围	考核比重（%）	考核内容	考核单元	考核比重（%）	
7．电阻焊	100	7-2 光圆钢筋或带筋钢筋闪光对焊	（1）焊前准备	8	20
			（2）组对、焊接	6	
			（3）焊缝外观质量检查	6	
		7-3 低碳钢薄板电阻缝焊	（1）焊前准备	8	20
			（2）组对、焊接	6	
			（3）焊缝外观质量检查	6	
		7-4 低碳钢螺柱焊	（1）焊前准备	8	20
			（2）组对、焊接	6	
			（3）焊缝外观质量检查	6	
8．压力焊	100	8-1 低碳钢板扩散焊	（1）认识扩散焊	30	50
			（2）焊前准备	8	
			（3）装夹、焊接	6	
			（4）焊缝外观质量检查	6	
		8-2 小径Ⅰ级钢筋电渣压力焊	（1）认识电渣压力焊	30	50
			（2）焊前准备	8	
			（3）装夹、焊接	6	
			（4）焊缝外观质量检查	6	
9．切割	100	9-1 低碳钢板手工气割	（1）认识气割	30	50
			（2）割前准备	8	
			（3）手工气割	6	
			（4）割缝质量检查	6	
		9-2 低碳钢板碳弧气刨	（1）认识碳弧气刨	30	50
			（2）气刨准备	8	
			（3）手工气刨	6	
			（4）割缝质量检查	6	

续表

考核范围	考核比重（%）	考核内容	考核单元	考核比重（%）	
10．机器人焊接	100	10-1　厚度 $\delta \geq 8$ mm 低碳钢板机器人平位堆焊（二氧化碳气体保护焊）	（1）认识机器人弧焊	50	100
			（2）焊前准备	20	
			（3）组对、焊接	15	
			（4）焊缝外观质量检查	15	

2.3.3　初级职业技能培训操作技能考核规范

考核范围	考核比重（%）	选考方式	考核内容	考核比重（%）	考核形式	考核时间（分钟）	重要程度
1．焊条电弧焊	100	必考，十选一	1-1　厚度 δ=8～12 mm 低碳钢板或低合金钢板角接接头焊接	40	实操	60	Y
			1-2　厚度 $\delta \geq 6$ mm 低碳钢板或低合金钢板对接平焊	30	实操	60	Y
			1-3　管径 $\phi \geq 60$ mm 低碳钢管水平转动对接焊	30	实操	60	X
2．熔化极气体保护焊	100		2-1　低碳钢板或低合金钢板角接接头熔化极气体保护焊	50	实操	60	Y
			2-2　低碳钢板或低合金钢板平位对接熔化极气体保护焊（双面焊或背部加衬垫）	50	实操	60	Y

续表

考核范围	考核比重（%）	选考方式	考核内容	考核比重（%）	考核形式	考核时间（分钟）	重要程度
3. 非熔化极氩弧焊	100	必考，十选一	3-1 低碳钢板厚度 δ <6 mm 平位对接手工钨极氩弧焊	50	实操二选一	60	Y
			3-2 不锈钢板厚度 δ <6 mm 平位对接手工钨极氩弧焊	50		60	X
			3-3 管径 ϕ<60 mm 低碳钢管对接水平转动手工钨极氩弧焊	50	实操	60	Y
4. 埋弧焊	100		4-1 低碳钢板或低合金钢板平位对接焊焊接	50	实操	60	Y
			4-2 厚度 δ = 8～12 mm 低碳钢板对接平焊（背部加衬垫或双面焊双面成型）	50	实操	60	X
5. 气焊	100		5-1 管径 ϕ<60 mm 低碳钢管对接水平转动和垂直固定气焊	100	实操	120	Y
6. 钎焊	100		6-1 低碳钢板搭接手工火焰钎焊	50	实操	60	Y
			6-2 不锈钢板搭接手工火焰钎焊	50	实操	60	X
7. 电阻焊	100		7-1 低碳钢薄板电阻点焊	25	实操	30	X
			7-2 光圆钢筋或带筋钢筋闪光对焊	25	实操	30	Y
			7-3 低碳钢薄板电阻缝焊	25	实操	30	X
			7-4 低碳钢螺柱焊	25	实操	30	Y
8. 压力焊	100		8-1 低碳钢板扩散焊	50	实操	60	X
			8-2 小径 I 级钢筋电渣压力焊	50	实操	60	Y

续表

考核范围	考核比重（%）	选考方式	考核内容	考核比重（%）	考核形式	考核时间（分钟）	重要程度
9．切割	100	必考，十选一	9–1　低碳钢板手工气割	50	实操	30	Z
			9–2　低碳钢板碳弧气刨	50	实操	30	Y
10．机器人焊接	100		10–1　厚度 $\delta \geqslant$ 8 mm 低碳钢板机器人平位堆焊（二气化碳气体保护焊）	100	实操	60	Y

说明：重要程度

“X”表示核心要素，是鉴定中最重要、出现频率也最高的内容，具有必备性、典型性的特点。“Y”表示一般要素，是鉴定中一般重要的内容。“Z”表示辅助要素，是鉴定中重要程度较低的内容。

2.3.4　中级职业技能培训理论知识考核规范

考核范围 1 ～ 7 任选其二进行考核。

考核范围	考核比重（%）	考核内容	考核单元	考核比重（%）	
1．焊条电弧焊	50	1–1　管板插入式或骑座式焊接的单面焊双面成型	（1）焊前准备	6	15
			（2）组对、焊接	6	
			（3）焊缝外观质量检查	3	
		1–2 厚度 $\delta \geqslant 6$ mm 低碳钢板或低合金钢板的对接立焊单面焊双面成型	（1）焊前准备	5	10
			（2）组对、焊接	3	
			（3）焊缝外观质量检查	2	
		1–3　厚度 $\delta \geqslant 6$ mm 低碳钢板或低合金钢板的对接横焊单面焊双面成型	（1）焊前准备	6	15
			（2）组对、焊接	6	
			（3）焊缝外观质量检查	3	
		1–4　管径 $\phi \geqslant 76$ mm 低碳钢管或低合金钢管的对接水平固定、垂直固定或 45° 固定焊接	（1）焊前准备	5	10
			（2）组对、焊接	3	
			（3）焊缝外观质量检查	2	

续表

考核范围	考核比重（%）	考核内容	考核单元	考核比重（%）	
2．熔化极气体保护焊	50	2-1　厚度 δ = 8～12 mm 低碳钢板或低合金钢板横位或立位对接的熔化极气体保护焊（单面焊双面成型）	（1）焊前准备	5	15
			（2）组对、焊接	5	
			（3）焊缝外观质量检查	5	
		2-2　管径 ϕ = 76～168 mm 低碳钢管或低合金钢管对接水平固定和垂直固定的二氧化碳气体保护焊	（1）焊前准备	5	15
			（2）组对、焊接	5	
			（3）焊缝外观质量检查	5	
		2-3　厚度 $\delta \geqslant$ 6 mm 低碳钢板或低合金钢板气电立焊	（1）认识气电立焊	5	20
			（2）焊前准备	5	
			（3）组对、焊接	5	
			（4）焊缝外观质量检查	5	
3．非熔化极气体保护焊	50	3-1　低碳钢管板插入式或骑座式的手工钨极氩弧焊	（1）焊前准备	10	25
			（2）组对、焊接	10	
			（3）焊缝外观质量检查	5	
		3-2　管径 ϕ < 60 mm 低合金钢管对接水平固定和垂直固定的手工钨极氩弧焊	（1）焊前准备	10	25
			（2）组对、焊接	10	
			（3）焊缝外观质量检查	5	
4．埋弧焊	50	4-1　低碳钢板或低合金钢板的双丝埋弧焊	（1）焊前准备	10	25
			（2）组对、焊接	10	
			（3）焊缝外观质量检查	5	
		4-2　不锈钢覆层的带极埋弧堆焊	（1）焊前准备	10	25
			（2）焊接	10	
			（3）焊缝外观质量检查	5	

续表

考核范围	考核比重（%）	考核内容	考核单元	考核比重（%）	
5．气焊	50	5–1　管径 ϕ<60 mm 低碳钢管的对接水平固定和 45°固定气焊	（1）焊前准备	5	15
			（2）组对、焊接	5	
			（3）焊缝外观质量检查	5	
		5–2　管径 ϕ<60 mm 低合金钢管的对接水平固定或垂直固定气焊	（1）焊前准备	5	15
			（2）组对、焊接	5	
			（3）焊缝外观质量检查	5	
		5–3　铝管搭接接头的手工火焰钎焊	（1）焊前准备	7	20
			（2）组对、焊接	7	
			（3）焊缝外观质量检查	6	
6．切割	50	6–1　不锈钢板的空气等离子弧切割	（1）认识空气等离子弧切割	7	20
			（2）割前准备	5	
			（3）切割	5	
			（4）割缝外观检查	3	
		6–2　不锈钢板的激光切割	（1）认识激光切割	7	20
			（2）切割准备	5	
			（3）切割	5	
			（4）割缝外观检查	3	
		6–3　厚度 $\delta \geqslant 50$ mm 低碳钢的气割	（1）气割准备	4	10
			（2）气割	4	
			（3）割缝外观检查	2	
7．机器人焊接	50	7–1　厚度 $\delta \geqslant 8$ mm 低碳钢板平位角接接头机器人弧焊（二氧化碳气体保护焊 +TIG 焊）	（1）认识机器人弧焊	10	25
			（2）焊前准备	5	
			（3）组对、焊接	5	
			（4）焊缝外观质量检查	5	
		7–2　低碳钢薄板机器人点焊	（1）认识点焊机器人	10	25
			（2）焊前准备	5	
			（3）装夹、焊接	5	
			（4）焊缝外观质量检查	5	

2.3.5 中级职业技能培训操作技能考核规范

考核范围	考核比重（%）	选考方式	考核内容	考核比重（%）	考核形式	考核时间（分钟）	重要程度
1．焊条电弧焊	50	七选二	1–1 管板插入式或骑座式焊接的单面焊双面成型	12	实操	90	X
			1–2 厚度 $\delta \geqslant 6$ mm 低碳钢板或低合金钢板的对接立焊单面焊双面成型	13	实操	90	Z
			1–3 厚度 $\delta \geqslant 6$ mm 低碳钢板或低合金钢板的对接横焊单面焊双面成型	13	实操	90	Y
			1–4 管径 $\phi \geqslant 76$ mm 低碳钢管或低合金钢管的对接水平固定、垂直固定或 45° 固定焊接	12	实操	90	X
2．熔化极气体保护焊	50		2–1 厚度 $\delta = 8 \sim 12$ mm 低碳钢板或低合金钢板横位或立位对接的熔化极气体保护焊（单面焊双面成型）	20	实操	90	Z
			2–2 管径 $\phi = 76 \sim 168$ mm 低碳钢管或低合金钢管对接水平固定和垂直固定的二氧化碳气体保护焊	20	实操	90	Y
			2–3 厚度 $\delta \geqslant 6$ mm 低碳钢板或低合金钢板气电立焊	10	实操	90	X
3．非熔化极气体保护焊	50		3–1 低碳钢管板插入式或骑座式的手工钨极氩弧焊	25	实操	90	Y
			3–2 管径 $\phi < 60$ mm 低合金钢管对接水平固定和垂直固定的手工钨极氩弧焊	25	实操	90	Y
4．埋弧焊	50		4–1 低碳钢板或低合金钢板的双丝埋弧焊	25	实操	60	Y
			4–2 不锈钢覆层的带极埋弧堆焊	25	实操	60	X

续表

考核范围	考核比重（%）	选考方式	考核内容	考核比重（%）	考核形式	考核时间（分钟）	重要程度
5．气焊	50	七选二	5–1 管径 $\phi<60$ mm 低碳钢管的对接水平固定和 45° 固定气焊	20	实操	90	Y
			5–2 管径 $\phi<60$ mm 低合金钢管的对接水平固定或垂直固定气焊	20	实操	90	Y
			5–3 铝管搭接接头的手工火焰钎焊	10	实操	90	X
6．切割	50		6–1 不锈钢板的空气等离子弧切割	20	实操	60	Y
			6–2 不锈钢板的激光切割	10	实操	60	X
			6–3 厚度 $\delta\geqslant 50$ mm 低碳钢的气割	20	实操	60	Z
7．机器人焊接	50		7–1 厚度 $\delta\geqslant 8$ mm 低碳钢板平位角接接头机器人弧焊（二氧化碳气体保护焊+TIG 焊）	25	实操	90	Y
			7–2 低碳钢薄板机器人点焊	25	实操	90	Y

2.3.6 高级职业技能培训理论知识考核规范

考核范围 1 ～ 5 任选其二进行考核。

考核范围	考核比重（%）	考核内容	考核单元	考核比重（%）	
1．焊条电弧焊	50	1–1 厚度 $\delta\geqslant 6$ mm 低碳钢板对接仰焊的单面焊双面成型	（1）焊前准备	6	15
			（2）组对、焊接	6	
			（3）焊缝外观质量检查	3	
		1–2 管径 $\phi\leqslant 76$ mm 低碳钢管对接垂直固定、水平固定或 45° 固定加排管障碍的单面焊双面成型	（1）焊前准备	6	15
			（2）组对、焊接	6	
			（3）焊缝外观质量检查	3	

续表

考核范围	考核比重（%）	考核内容	考核单元	考核比重（%）	
1．焊条电弧焊	50	1–3 管径 $\phi \leqslant 76$ mm 不锈钢管对接水平固定、垂直固定或45°倾斜固定的焊接	（1）焊前准备	5	10
			（2）组对、焊接	3	
			（3）焊缝外观质量检查	2	
		1–4 管径 $\phi \leqslant 76$ mm 异种钢管对接水平固定、垂直固定或45°倾斜固定的焊接	（1）焊前准备	5	10
			（2）组对、焊接	3	
			（3）焊缝外观质量检查	2	
2．熔化极气体保护焊	50	2–1 厚度 δ=8 ~ 12 mm 低碳钢板或低合金钢板的仰焊位置对接熔化极活性气体保护焊单面焊双面成型	（1）焊前准备	12	25
			（2）组对、焊接	8	
			（3）焊缝外观质量检查	5	
		2–2 不锈钢板对接平焊的富氩混合气体熔化极脉冲气体保护焊	（1）认识富氩混合气体熔化极脉冲保护焊	10	25
			（2）焊前准备	6	
			（3）组对、焊接	6	
			（4）焊缝外观质量检查	3	
3．非熔化极气体保护焊	50	3–1 管径 $\phi \leqslant 76$ mm 低合金钢管对接水平固定、垂直固定或45°固定加排管障碍的手工钨极氩弧焊	（1）焊前准备	4	10
			（2）组对、焊接	4	
			（3）焊缝外观质量检查	2	
		3–2 管径 $\phi \leqslant 76$ mm 不锈钢管对接水平固定、垂直固定或45°固定手工钨极氩弧焊	（1）焊前准备	8	15
			（2）组对、焊接	5	
			（3）焊缝外观质量检查	2	
		3–3 管径 $\phi \leqslant 76$ mm 异种钢管对接水平固定、垂直固定或45°固定手工钨极氩弧焊	（1）焊前准备	4	10
			（2）组对、焊接	4	
			（3）焊缝外观质量检查	2	
		3–4 不锈钢薄板等离子弧焊接	（1）认识等离子弧焊接	8	15
			（2）焊前准备	4	
			（3）组对、焊接	2	
			（4）焊缝外观质量检查	1	

续表

<table>
<tr><th>考核范围</th><th>考核比重（%）</th><th>考核内容</th><th>考核单元</th><th colspan="2">考核比重（%）</th></tr>
<tr><td rowspan="6">4. 气焊</td><td rowspan="6">50</td><td rowspan="3">4–1　铸铁的气焊</td><td>（1）焊前准备</td><td>10</td><td rowspan="3">25</td></tr>
<tr><td>（2）组对、焊接</td><td>10</td></tr>
<tr><td>（3）焊缝外观质量检验</td><td>5</td></tr>
<tr><td rowspan="3">4–2　管径 ϕ < 60 mm 低合金钢管对接 45° 固定气焊</td><td>（1）焊前准备</td><td>10</td><td rowspan="3">25</td></tr>
<tr><td>（2）组对、焊接</td><td>10</td></tr>
<tr><td>（3）焊缝质量检验</td><td>5</td></tr>
<tr><td rowspan="4">5. 机器人焊接</td><td rowspan="4">50</td><td rowspan="4">5–1　厚度 $\delta \geqslant 8$ mm 低碳钢板 V 型坡口平位对接机器人弧焊（二氧化碳气体保护焊）</td><td>（1）认识中厚板机器人弧焊</td><td>25</td><td rowspan="4">50</td></tr>
<tr><td>（2）焊前准备</td><td>10</td></tr>
<tr><td>（3）组对、焊接</td><td>10</td></tr>
<tr><td>（4）焊缝质量检验</td><td>5</td></tr>
</table>

2.3.7　高级职业技能培训操作技能考核规范

<table>
<tr><th>考核范围</th><th>考核比重（%）</th><th>选考方式</th><th>考核内容</th><th>考核比重（%）</th><th>考核形式</th><th>考核时间（分钟）</th><th>重要程度</th></tr>
<tr><td rowspan="3">1. 焊条电弧焊</td><td rowspan="3">50</td><td rowspan="3">五选二</td><td>1–1　厚度 $\delta \geqslant 6$ mm 低碳钢板对接仰焊的单面焊双面成型</td><td>12</td><td>实操</td><td>90</td><td>Y</td></tr>
<tr><td>1–2　管径 $\phi \leqslant 76$ mm 低碳钢管对接垂直固定、水平固定或 45° 固定加排管障碍的单面焊双面成型</td><td>13</td><td>实操</td><td>90</td><td>X</td></tr>
<tr><td>1–3　管径 $\phi \leqslant 76$ mm 不锈钢管对接水平固定、垂直固定或 45° 固定的焊接</td><td>12</td><td>实操</td><td>90</td><td>Z</td></tr>
</table>

续表

考核范围	考核比重（%）	选考方式	考核内容	考核比重（%）	考核形式	考核时间（分钟）	重要程度
1．焊条电弧焊	50	五选二	1–4　管径 $\phi \leqslant 76$ mm 异种钢管对接水平固定、垂直固定或45°固定的焊接	13	实操	90	X
2．熔化极气体保护焊	50		2–1　厚度 δ=8～12mm 低碳钢板或低合金钢板的仰焊位置对接熔化极活性气体保护焊单面焊双面成型	25	实操	90	Y
			2–2　不锈钢板对接平焊的富氩混合气体熔化极脉冲气体保护焊	25	实操	90	X
3．非熔化极气体保护焊	50		3–1　管径 $\phi \leqslant 76$ mm 低合金钢管对接水平固定、垂直固定或45°固定加排管障碍的手工钨极氩弧焊	16	实操，二选一	90	X
			3–2　管径 $\phi \leqslant 76$ mm 不锈钢管对接水平固定、垂直固定或45°固定手工钨极氩弧焊	16		90	Y
			3–3　管径 $\phi \leqslant 76$ mm 异种钢管对接水平固定、垂直固定或45°固定手工钨极氩弧焊	16	实操	90	Y
			3–4　不锈钢薄板等离子弧焊接	18	实操	90	X
4．气焊	50		4–1　铸铁的气焊	25	实操	90	X
			4–2　管径 $\phi < 60$ mm 低合金钢管对接45°固定气焊	25	实操	90	X
5．机器人焊接	50		5–1　厚度 $\delta \geqslant 8$ mm 低碳钢板V型坡口平位对接机器人弧焊（二氧化碳气体保护焊）	50	实操	90	Y

2.3.8 技师职业技能培训理论知识考核规范

考核范围 1 ～ 7 任选其二进行考核。考核范围 8、考核范围 9 为必选考核内容。

考核范围	考核比重（%）	考核内容	考核单元	考核比重（%）	
1．不锈钢管或异种钢管的焊接	40	1–1 管径 $\phi\leqslant 76$ mm 不锈钢管对接 45° 固定加障碍焊条电弧焊	（1）焊前准备	8	15
			（2）组对、焊接	5	
			（3）焊缝外观质量检查	2	
		1–2 管径 $\phi\leqslant 76$ mm 异种钢管对接 45° 固定加障碍焊条电弧焊	（1）焊前准备	8	15
			（2）组对、焊接	5	
			（3）焊缝外观质量检查	2	
		1–3 管径 $\phi\leqslant 76$ mm 不锈钢管或异种钢管对接 45° 加排管障碍的手工钨极氩弧焊	（1）焊前准备	4	10
			（2）组对、焊接	3	
			（3）焊缝外观质量检查	3	
2．铸铁的焊补	40	2–1 铸铁焊条电弧焊焊补	（1）铸铁基本知识	15	40
			（2）焊前准备	10	
			（3）预热、焊接	10	
			（4）焊缝外观质量检查	5	
3．铝及其合金的焊接	40	3–1 铝及其合金薄板对接平焊位置（加衬垫）的熔化极脉冲氩弧焊	（1）铝及其合金基本知识	10	25
			（2）焊前准备	8	
			（3）组对、焊接	5	
			（4）焊缝外观质量检查	2	
		3–2 铝及其合金薄板对接平焊位置（加衬垫）的钨极氩弧焊	（1）焊前准备	8	15
			（2）组对、焊接	5	
			（3）焊缝外观质量检查	2	
4．钛及其合金的焊接	40	4–1 钛及其合金板的熔化极氩弧焊	（1）钛及其合金基本知识	20	40
			（2）焊前准备	8	
			（3）组对、焊接	7	
			（4）焊缝外观质量检查	5	

续表

考核范围	考核比重（%）	考核内容	考核单元	考核比重（%）	
5．铜及其合金的焊接	40	5–1　铜及其合金板的熔化极氩弧焊	（1）铜及其合金基本知识	20	40
			（2）焊前准备	8	
			（3）组对、焊接	7	
			（4）焊缝外观质量检查	5	
6．新型材料的焊接	40	6–1　镍及其合金的熔焊	（1）镍及其合金基本知识	4	8
			（2）焊前准备	2	
			（3）组对、焊接	1	
			（4）焊缝外观质量检查	1	
		6–2　锆及其合金的熔焊	（1）锆及其合金基本知识	4	8
			（2）焊前准备	2	
			（3）组对、焊接	1	
			（4）焊缝外观质量检查	1	
		6–3　铂及其合金的熔焊	（1）铂及其合金基本知识	4	8
			（2）焊前准备	2	
			（3）组对、焊接	1	
			（4）焊缝外观质量检查	1	
		6–4　低温钢的熔焊	（1）低温钢基本知识	4	8
			（2）焊前准备	2	
			（3）组对、焊接	1	
			（4）焊缝外观质量检查	1	
		6–5　高合金细晶粒钢的熔焊	（1）高合金细晶粒钢基本知识	4	8
			（2）焊前准备	2	
			（3）组对、焊接	1	
			（4）焊缝外观质量检查	1	
7．机器人焊接	40	7–1　复杂工件多机器人焊接系统建立	（1）认识多机器人焊接系统	20	40
			（2）复杂工件多机器人焊接系统仿真模型建立	20	

续表

考核范围	考核比重（%）	考核内容	考核单元	考核比重（%）	
8．焊接生产	10	8-1　焊接性试验和焊接工艺评定	（1）焊接性试验	2	3
			（2）焊接工艺评定试件焊接	1	
		8-2　焊接设备的使用	（1）焊接设备验收	1	2
			（2）常用焊接设备故障分析	1	
		8-3　焊接质量验收	（1）焊接接头质量检查与缺陷分析	3	3
		8-4　工装夹具的应用	（1）工装夹具选择与改进	2	2
9．焊接技术管理	10	9-1　焊接生产管理	（1）成本核算	2	4
			（2）定额管理	2	
		9-2　技术文件编写	（1）技术总结撰写	2	3
			（2）技术论文撰写	1	
		9-3　焊工培训	（1）焊工培训	3	3

2.3.9　技师职业技能培训操作技能考核规范

考核范围	考核比重（%）	选考方式	考核内容	考核比重（%）	考核形式	考核时间（分钟）	重要程度
1．不锈钢管或异种钢管的焊接	35	七选二	1-1　管径 $\phi\leqslant76$ mm 不锈钢管对接 45°固定加障碍焊条电弧焊	12	实操	90	Y
			1-2　管径 $\phi\leqslant76$ mm 异种钢管对接 45°固定加障碍焊条电弧焊	11	实操	90	X
			1-3　管径 $\phi\leqslant76$ mm 不锈钢管或异种钢管对接 45°加排管障碍的手工钨极氩弧焊	12	实操	90	Y
2．铸铁的焊补	35		2-1　铸铁焊条电弧焊焊补	35	实操	90	Y

续表

考核范围	考核比重（%）	选考方式	考核内容	考核比重（%）	考核形式	考核时间（分钟）	重要程度
3．铝及其合金的焊接	35	七选二	3-1　铝及其合金薄板对接平焊位置（加衬垫）的熔化极脉冲氩弧焊	18	实操	60	X
			3-2　铝及其合金薄板对接平焊位置（加衬垫）的钨极氩弧焊	17	实操	60	Y
4．钛及其合金的焊接	35		4-1　钛及其合金板的熔化极氩弧焊	35	实操	90	X
5．铜及其合金的焊接	35		5-1　铜及其合金板的熔化极氩弧焊	35	实操	90	X
6．新型材料的焊接	35		6-1　镍及其合金的熔焊	18	实操或笔试，三选一	90/10	Y
			6-2　锆及其合金的熔焊	18		90/10	X
			6-3　铂及其合金的熔焊	18		90/10	X
			6-4　低温钢的熔焊	17	实操或笔试，二选一	90/10	X
			6-5　高合金细晶粒钢的熔焊	17		90/10	X
7．机器人焊接	35		7-1　复杂工件多机器人焊接系统建立	35	实操	90	Y
8．焊接生产	15	必考	8-1　焊接性试验和焊接工艺评定	4	笔试	10	Z
		必考	8-2　焊接设备的使用	3	笔试	10	Z
		必考	8-3　焊接质量验收	4	笔试	10	Y
		必考	8-4　工装夹具的应用	4	笔试	10	X
9．焊接技术管理	15	必考	9-1　焊接生产管理	5	笔试	10	X
		必考	9-2　技术文件编写	5	笔试	10	Y
		必考	9-3　焊工培训	5	笔试	10	Y

2.3.10 高级技师职业技能培训理论知识考核规范

考核范围为全部内容。

考核范围	考核比重（%）	考核内容	考核单元	考核比重（%）	
1. 焊接问题的解决	50	1-1 复杂环境障碍、可达性差的结构焊接	（1）复杂环境障碍、可达性差的结构焊接	5	10
			（2）焊后问题处理	5	
		1-2 厚度 δ>3 mm 的不锈钢与纯铜的焊条电弧焊	（1）焊前准备	4	10
			（2）组对、焊接	3	
			（3）焊缝外观质量检查	3	
		1-3 管径 $\phi \geqslant$ 168 mm 高合金马氏体钢管的手工钨极氩弧焊打底，焊条电弧焊盖面	（1）焊前准备	4	10
			（2）组对、焊接	3	
			（3）焊缝外观质量检查	3	
		1-4 铝及其他有色金属合金薄管或薄板材料制成组合结构件的焊接	（1）结构件装配图和零件图识读	2	10
			（2）焊前准备	3	
			（3）组对、焊接	3	
			（4）焊缝外观质量检查	2	
		1-5 机器人焊接新工艺与问题解决	（1）低碳钢板机器人激光焊	3	10
			（2）铝合金机器人搅拌摩擦焊	5	
			（3）机器人焊接工艺问题解决	2	
2. 焊接生产	15	2-1 焊接设备调试	（1）焊条电弧焊机调试	2	8
			（2）埋弧焊机调试	2	
			（3）钨极氩弧焊机调试	2	
			（4）二氧化碳气体保护焊焊机调试	2	
		2-2 技术创新	（1）工装夹具设计	1	1
		2-3 结构焊接	（1）焊接结构件生产	2	2
		2-4 焊接生产安全管理	（1）焊接安全操作规程的构成	2	4
			（2）安全生产指导	2	

续表

考核范围	考核比重（%）	考核内容	考核单元	考核比重（%）	
3．焊接技术管理	10	3–1 焊接接头静载强度计算	（1）焊接接头静载强度计算	5	5
		3–2 施工过程管理	（1）焊接技术指导和监督	3	5
			（2）工程管理实施	2	
4．焊接质量控制	15	4–1 质量检查	（1）焊接结构及工程质量验收标准	4	8
			（2）典型焊接结构及工程焊后质量验收	4	
		4–2 质量管理	（1）焊接质量分析与改进	4	7
			（2）焊接质量管理	3	
5．培训与指导	10	5–1 焊工培训 5–2 指导	（1）焊工培训与指导	10	10

2.3.11 高级技师职业技能培训操作考核规范

考核范围	考核比重（%）	选考方式	考核内容	考核比重（%）	考核形式	考核时间（分钟）	重要程度
1．焊接问题的解决	60	五选一	1–1 复杂环境障碍、可达性差的结构焊接	60	实操	90	Y
			1–2 厚度 δ >3 mm 的不锈钢与纯铜的焊条电弧焊	60	实操	90	X
			1–3 管径ϕ≥168 mm 高合金马氏体钢管的手工钨极氩弧焊打底，焊条电弧焊盖面	60	实操	90	X
			1–4 铝及其他有色金属合金薄管或薄板材料制成组合结构件的焊接	60	实操	90	X
			1–5 机器人焊接新工艺与问题解决	60	实操	90	Y

续表

考核范围	考核比重（%）	选考方式	考核内容	考核比重（%）	考核形式	考核时间（分钟）	重要程度
2．焊接生产	13	必考	2-1　焊接设备调试	3	实操或口试	30/10	X
		必考	2-2　技术创新	3	实操或口试	10	X
		必考	2-3　结构焊接	5	笔试或口试	20	Y
		必考	2-4　焊接生产安全管理	2	笔试或口试	10	Y
3．焊接技术管理	7	必考	3-1　焊接接头静载强度计算	4	笔试或口试	10	X
		必考	3-2　施工过程管理	3	笔试或口试	10	X
4．焊接质量控制	10	必考	4-1　质量检查	5	笔试或口试	10	Y
		必考	4-2　质量管理	5	笔试或口试	10	Y
5．培训与指导	10	必考	5-1　焊工培训	5	实操或笔试	10	Y
		必考	5-2　指导	5	实操或笔试	10	Y

附录

培训要求与课程规范对照表

附录 1　职业基本素质培训要求与课程规范对照表

2.1.1　职业基本素质培训要求			2.2.1　职业基本素质培训课程规范			
职业基本素质模块（模块）	培训内容（课程）	培训细目	学习单元	课程内容	培训建议	课堂学时
1. 焊工职业认知	1–1　职业认知	（1）焊接的定义及应用 （2）焊工职业简介	（1）职业认知	1）焊接 ①焊接的概念 ②焊接的应用	（1）方法：讲授法 （2）重点与难点：焊工的工作内容	1
				2）焊工 ①焊工的定义 ②焊工的工作内容		
	1–2　职业道德与职业守则	（1）职业道德的内涵 （2）职业道德的基本要素 （3）职业道德的特征 （4）焊工职业守则	（1）职业道德与焊工职业守则	1）职业道德的内涵、基本要素和特征	（1）方法：讲授法、讨论法 （2）重点与难点：焊工职业守则	1
				2）职业道德基本规范 ①爱岗敬业 ②诚实守信 ③办事公道 ④服务群众 ⑤奉献社会		
				3）焊工职业守则 ①遵守法律、法规和有关规定 ②爱岗敬业，忠于职守 ③工作认真负责，严于律己，吃苦耐劳 ④刻苦学习，不断提高专业能力 ⑤谦虚谨慎，团结协作，主动配合 ⑥严格执行工艺文件，保证质量 ⑦重视安全、环保和职业健康，坚持文明生产		

续表

2.1.1 职业基本素质培训要求			2.2.1 职业基本素质培训课程规范			
职业基本素质模块（模块）	培训内容（课程）	培训细目	学习单元	课程内容	培训建议	课堂学时
2．基础知识	2-1 焊接识图	（1）制图常识与投影的基本原理 （2）常用零部件的画法及代号标注 （3）简单装配图的识读 （4）焊缝符号和焊接方法代号标注 （5）焊接装配图识读	（1）制图常识与投影的基本原理	1）制图常识 ①图纸幅面与格式 ②比例 ③字体 ④图线	（1）方法：讲授法 （2）重点与难点：三视图	4
				2）投影的基本原理 ①投影基本知识 ②三视图 ③剖视图		
			（2）常用零部件的画法及其代号标注	1）常用零部件的画法 ①钢板的画法 ②管道的画法 ③型钢的画法 ④轴的画法 ⑤螺纹的画法 ⑥法兰的画法	（1）方法：讲授法 （2）重点：钢板、管道、型钢的画法及标注	6
				2）常用零部件的代号标注 ①钢板的代号标注 ②管道的代号标注 ③型钢的代号标注 ④轴的代号标注 ⑤螺纹的代号标注 ⑥法兰的代号标注		
			（3）简单装配图的识读	1）简单装配图的识读 ①装配图的作用与内容 ②装配图的表达方法 ③装配图的尺寸与技术要求 ④装配图零部件序号和明细栏	（1）方法：讲授法 （2）重点与难点：装配图的表达方法	4

续表

<table>
<tr><th colspan="3">2.1.1 职业基本素质培训要求</th><th colspan="4">2.2.1 职业基本素质培训课程规范</th></tr>
<tr><th>职业基本素质模块（模块）</th><th>培训内容（课程）</th><th>培训细目</th><th>学习单元</th><th>课程内容</th><th>培训建议</th><th>课堂学时</th></tr>
<tr><td rowspan="9">2. 基础知识</td><td rowspan="3">2-1 焊接识图</td><td rowspan="3">（1）制图常识与投影的基本原理
（2）常用零部件的画法及代号标注
（3）简单装配图的识读
（4）焊缝符号和焊接方法代号标注
（5）焊接装配图识读</td><td rowspan="3">（4）焊缝符号和焊接方法代号</td><td>1）焊缝符号及代号
①基本符号
②辅助符号
③补充符号
④焊缝尺寸符号
⑤焊接位置符号
⑥焊接方法代号及英文缩写</td><td rowspan="3">（1）方法：讲授法
（2）重点与难点：焊缝基本符号的识读</td><td rowspan="3">8</td></tr>
<tr><td>2）焊缝的标注
①指引线
②焊缝符号的标注方法</td></tr>
<tr><td>3）焊接装配图识读</td></tr>
<tr><td rowspan="6">2-2 常用金属材料知识</td><td rowspan="6">（1）金属材料的物理性能、化学性能和力学性能
（2）金属的晶体结构
（3）合金的组织结构及铁碳合金的基本组织
（4）Fe—C 相图的构造及应用
（5）非合金钢（碳素钢）、合金钢的分类、牌号、成分、性能和用途
（6）钢的热处理知识</td><td rowspan="2">（1）金属材料的物理性能、化学性能和力学性能</td><td>1）金属材料的物理性能和化学性能</td><td rowspan="2">（1）方法：讲授法、实验法
（2）重点与难点：金属材料的力学性能</td><td rowspan="2">6</td></tr>
<tr><td>2）金属材料的力学性能
①强度
②塑性
③硬度
④韧性</td></tr>
<tr><td rowspan="4">（2）金属的晶体结构、合金的组织及 Fe—C 相图</td><td>1）金属的晶体结构
①晶体结构
②同素异构转变</td><td rowspan="4">（1）方法：讲授法、实验法
（2）重点：合金的组织
（3）难点：Fe—C 相图</td><td rowspan="4">6</td></tr>
<tr><td>2）合金的组织结构
①固溶体
②化合物
③混合物
④固溶强化</td></tr>
<tr><td>3）钢的基本组织
①铁素体
②奥氏体
③渗碳体
④珠光体</td></tr>
<tr><td>4）Fe—C 相图
①相图中的组织
②共晶反应和共析反应
③相图中的点
④相图中的线
⑤ Fe—C 相图的应用</td></tr>
</table>

续表

<table>
<tr><th colspan="3">2.1.1　职业基本素质培训要求</th><th colspan="4">2.2.1　职业基本素质培训课程规范</th></tr>
<tr><th>职业基本素质模块（模块）</th><th>培训内容（课程）</th><th>培训细目</th><th>学习单元</th><th>课程内容</th><th>培训建议</th><th>课堂学时</th></tr>
<tr><td rowspan="9">2．基础知识</td><td rowspan="5">2-2　常用金属材料知识</td><td rowspan="5">（1）金属材料的物理性能、化学性能和力学性能
（2）金属的晶体结构
（3）合金的组织结构及铁碳合金的基本组织
（4）Fe—C 相图的构造及应用
（5）非合金钢（碳素钢）、合金钢的分类、牌号、成分、性能和用途
（6）钢的热处理知识</td><td rowspan="2">（3）常用钢材的分类、牌号、成分、性能和用途</td><td>1）非合金钢（碳素钢）的成分、分类、牌号、性能和用途</td><td rowspan="2">（1）方法：讲授法
（2）重点：非合金钢的分类和牌号
（3）难点：合金钢的性能</td><td rowspan="2">4</td></tr>
<tr><td>2）合金钢的成分、分类、牌号、性能和用途</td></tr>
<tr><td rowspan="3">（4）钢的热处理</td><td>1）钢的热处理原理、过程与用途</td><td rowspan="3">（1）方法：讲授法、实验法、演示法
（2）重点：常用的热处理工艺
（3）难点：钢的热处理原理</td><td rowspan="3">6</td></tr>
<tr><td>2）非合金钢在热处理过程中的组织
①过冷奥氏体
②索氏体
③曲氏体
④贝氏体
⑤马氏体</td></tr>
<tr><td>3）常用的热处理工艺
①退火
②正火
③淬火
④回火
⑤表面热处理</td></tr>
<tr><td rowspan="4">2-3　焊接基础知识</td><td rowspan="4">（1）焊接方法的分类
（2）常用焊接方法的基本原理
（3）焊接接头种类、坡口形式及坡口尺寸
（4）焊接变形及反变形的相关知识
（5）焊接应力的相关知识
（6）焊接缺陷的分类、定义、形成原因及防止措施
（7）焊缝外观质量的检验与验收
（8）无损检测方法、特点、选用以及法规、标准中有关无损检测方面的规定
（9）焊接工艺文件</td><td rowspan="2">（1）焊接方法的分类及常用的焊接方法</td><td>1）焊接方法的分类
①熔焊
②压力焊
③钎焊</td><td rowspan="2">（1）方法：讲授法、演示法
（2）重点：焊接方法的分类
（3）难点：常用焊接方法的原理</td><td rowspan="2">4</td></tr>
<tr><td>2）常用的焊接方法及其原理
①焊条电弧焊
②钨极氩弧焊
③埋弧焊
④二氧化碳气体保护焊
⑤气焊</td></tr>
<tr><td rowspan="2">（2）焊接接头与坡口</td><td>1）焊接接头的组成及种类
①焊接接头的组成
②焊接接头的种类</td><td rowspan="2">（1）方法：讲授法、演示法
（2）重点：焊接接头的种类
（3）难点：坡口的尺寸</td><td rowspan="2">4</td></tr>
<tr><td>2）坡口
①开坡口的目的
②坡口形式
③坡口尺寸
④坡口制备方法
⑤注意事项</td></tr>
</table>

续表

<table>
<tr><th colspan="3">2.1.1 职业基本素质培训要求</th><th colspan="4">2.2.1 职业基本素质培训课程规范</th></tr>
<tr><th>职业基本素质模块（模块）</th><th>培训内容（课程）</th><th>培训细目</th><th>学习单元</th><th>课程内容</th><th>培训建议</th><th>课堂学时</th></tr>
<tr><td rowspan="7">2．基础知识</td><td rowspan="7">2–3 焊接基础知识</td><td rowspan="7">（1）焊接方法的分类
（2）常用焊接方法的基本原理
（3）焊接接头种类、坡口形式及坡口尺寸
（4）焊接变形及反变形的相关知识
（5）焊接应力的相关知识
（6）焊接缺陷的分类、定义、形成原因及防止措施
（7）焊缝外观质量的检验与验收
（8）无损检测方法、特点、选用以及法规、标准中有关无损检测方面的规定
（9）焊接工艺文件</td><td rowspan="2">（3）焊接变形和焊接应力</td><td>1）焊接变形
①焊接变形的概念
②焊接变形的类型及产生原因
③预防和矫正焊接变形的方法及措施</td><td rowspan="2">（1）方法：讲授法、演示法
（2）重点：预防和减少焊接变形、焊接应力的方法和措施
（3）难点：焊接变形、焊接应力的产生原因</td><td rowspan="2">4</td></tr>
<tr><td>2）焊接应力
①焊接应力的概念
②焊接应力的类型及产生原因
③控制和减少焊接应力的方法和措施</td></tr>
<tr><td rowspan="5">（4）焊接缺陷与焊接质量检测</td><td>1）焊接缺陷及其分类
①焊接缺陷的定义
②表面缺陷
③内部缺陷</td><td rowspan="5">（1）方法：讲授法、实验法、演示法
（2）重点：焊接缺陷的分类
（3）难点：焊接缺陷的无损检测</td><td rowspan="5">8</td></tr>
<tr><td>2）焊接缺陷的形成原因及预防措施</td></tr>
<tr><td>3）焊接质量检测的标准</td></tr>
<tr><td>4）焊缝外观质量检测
①焊缝外观质量检测的工具
②焊缝外观质量检测的项目</td></tr>
<tr><td>5）无损检测
①射线探伤
②超声波探伤
③磁粉探伤
④渗透探伤
⑤涡流探伤</td></tr>
</table>

续表

2.1.1　职业基本素质培训要求			2.2.1　职业基本素质培训课程规范			
职业基本素质模块（模块）	培训内容（课程）	培训细目	学习单元	课程内容	培训建议	课堂学时
2. 基础知识	2–3　焊接基础知识		（5）焊接工艺文件	1）焊接工艺文件 ①焊接工艺评定（WPQ） ②预焊接工艺规程（PWPS） ③焊接工艺评定报告（PQR） ④焊接工艺规程（WPS） ⑤焊接作业指导书（WWI）	（1）方法：讲授法、演示法 （2）重点：焊接作业指导书 （3）难点：焊接工艺评定	2
	2–4　焊接材料知识	（1）焊材的类别 （2）焊材的保管 （3）焊材的选用原则	（1）焊接材料的类别、保管及选用	1）焊接材料的类别 ①焊条 ②焊丝 ③焊剂 ④气体 ⑤钨极	（1）方法：讲授法、演示法 （2）重点：焊接材料的类别 （3）难点：焊接材料的选用	4
				2）焊接材料的保管		
				3）焊接材料的选用 ①等强度原则 ②等成分原则		
	2–5　电焊机和焊接辅助设备基本知识	（1）电焊机的基本原理 （2）电焊机的种类及型号 （3）电焊机的铭牌号 （4）电焊机的选择、应用和日常维护常识 （5）焊接辅助设备	（1）电焊机和焊接辅助设备基本知识	1）电焊机 ①电焊机的基本原理 ②电焊机的种类及型号 ③电焊机的铭牌号 ④电焊机的选择、应用和日常维护常识	（1）方法：讲授法 （2）重点：电焊机的铭牌号 （3）难点：电焊机的日常维护	6
				2）焊接常用辅助设备 ①滚轮架 ②回转台 ③变位机 ④操作机		
	2–6　电工基本知识	（1）交流电基本概念 （2）变压器的结构和基本工作原理	（1）交流电基本概念、变压器的结构和工作原理	1）交流电 ①交流电的概念 ②正弦交流电 ③三相交流电	（1）方法：讲授法 （2）重点：变压器的结构 （3）难点：变压器的工作原理	2
				2）变压器的结构		
				3）变压器工作原理		

续表

2.1.1 职业基本素质培训要求			2.2.1 职业基本素质培训课程规范			
职业基本素质模块（模块）	培训内容（课程）	培训细目	学习单元	课程内容	培训建议	课堂学时
2．基础知识	2-7 安全卫生和焊接环境保护知识	（1）安全用电知识 （2）焊接环境保护及安全操作规程 （3）焊接劳动保护知识 （4）焊接安全操作规程	（1）安全用电知识	1）电流对人体的伤害 ①电伤 ②电击 ③电磁生理伤害	（1）方法：讲授法、案例教学法 （2）重点：电流对人体的伤害 （3）难点：预防触电的措施	4
				2）影响电击的因素 ①电流强度 ②电压 ③人体电阻 ④电流频率 ⑤电流作用时间		
				3）触电 ①触电的原因 ②触电的类型 ③防止触电的措施		
			（2）焊接环境保护及焊接安全操作规程	1）环境保护	（1）方法：讲授法、演示法、案例教学法 （2）重点与难点：焊接安全操作规程	4
				2）焊接环境 ①环境因素 ②焊接环境分类 ③焊接环境保护		
				3）焊接的三大危险 ①触电 ②火灾 ③爆炸		
				4）焊接安全操作规程		
			（3）焊接劳动保护知识	1）焊接中有害因素对人体的影响 ①烟尘和有害气体对人体的影响 ②电弧辐射对人体的影响 ③高频电磁场对人体的影响	（1）方法：讲授法、演示法 （2）重点：焊接作业防护措施 （3）难点：有害因素对人体的影响	2
				2）焊接作业防护措施 ①通风 ②电弧光的防护 ③焊工个人防护		

续表

<table>
<tr><th colspan="3">2.1.1 职业基本素质培训要求</th><th colspan="4">2.2.1 职业基本素质培训课程规范</th></tr>
<tr><th>职业基本素质模块（模块）</th><th>培训内容（课程）</th><th>培训细目</th><th>学习单元</th><th>课程内容</th><th>培训建议</th><th>课堂学时</th></tr>
<tr><td rowspan="3">3．相关法律知识</td><td rowspan="3">3-1 相关法律、法规知识</td><td rowspan="3">（1）《中华人民共和国劳动法》相关知识
（2）《中华人民共和国合同法》相关知识
（3）安全生产相关法律、法规知识
（4）《特种作业人员安全技术培训考核管理规定》相关知识
（5）《特种设备焊接操作人员考核细则》相关知识</td><td rowspan="3">（1）相关法律、法规知识</td><td>1）《中华人民共和国劳动法》相关知识
①劳动合同
②工资
③工作与休息时间
④劳动安全卫生
⑤女职工与未成年工保护</td><td rowspan="3">（1）方法：讲授法、案例教学法
（2）重点与难点：安全生产相关法律法规知识</td><td rowspan="3">8</td></tr>
<tr><td>2）《中华人民共和国合同法》相关知识
①合同的概念
②合同的订立
③合同的效力
④合同的履行
⑤合同的变更与转让
⑥合同的终止与解除
⑦合同的违约责任</td></tr>
<tr><td>3）安全生产相关法律、法规知识
①《安全生产法》
②《刑法》
③《中华人民共和国行政处罚法》
④《建筑法》
⑤《特种设备安全法》
⑥《产品质量法》
⑦《中华人民共和国职业病防治法》
⑧《劳动防护用品监督管理规定》
⑨《质量管理条例》
⑩《工伤保险条例》
⑪《安全生产许可证条例》
⑫《建筑工程安全生产管理条例》</td></tr>
</table>

续表

2.1.1 职业基本素质培训要求			2.2.1 职业基本素质培训课程规范			
职业基本素质模块（模块）	培训内容（课程）	培训细目	学习单元	课程内容	培训建议	课堂学时
3. 相关法律知识	3–1 相关法律、法规知识	(1)《中华人民共和国劳动法》相关知识 (2)《中华人民共和国合同法》相关知识 (3) 安全生产相关法律、法规知识 (4)《特种作业人员安全技术培训考核管理规定》相关知识 (5)《特种设备焊接操作人员考核细则》相关知识	(1) 相关法律、法规知识	4)《特种作业人员安全技术培训考核管理办法》相关知识 ①特种作业的界定 ②特种作业人员的基本条件 ③培训、考核和发证 ④特种作业人员的监督管理		
				5)《特种设备焊接操作人员考核细则》相关知识 ①特种设备的范围 ②考试程序与考试要求 ③证书管理		
课堂学时合计						98

附录 2 初级职业技能培训要求与课程规范对照表

2.1.2 初级职业技能培训要求				2.2.2 初级职业技能培训课程规范			
职业功能模块（模块）	培训内容（课程）	技能目标	培训细目	学习单元	课程内容	培训建议	课堂学时
1. 焊条电弧焊	1–1 厚度 δ=8 ~ 12 mm 低碳钢板或低合金钢板角接接头焊接	1–1–1 能根据焊接工艺文件要求进行钢板角接接头焊接所用设备、工机具、夹具安全检查	(1) 焊条电弧焊设备安全检查 (2) 焊条电弧焊工机具安全检查 (3) 焊条电弧焊夹具安全检查	(1) 认识焊条电弧焊	1) 焊条电弧焊原理、特点与应用	(1) 方法：讲授法、演示法 (2) 重点：常用工机具及安全操作规程 (3) 难点：焊条电弧焊设备	6
					2) 焊条电弧焊设备及辅助设备 ①焊机 ②焊接电缆 ③焊钳 ④变位机械 ⑤焊条烘干箱		

续表

2.1.2　初级职业技能培训要求				2.2.2　初级职业技能培训课程规范			
职业功能模块（模块）	培训内容（课程）	技能目标	培训细目	学习单元	课程内容	培训建议	课堂学时
1．焊条电弧焊	1-1　厚度 δ=8～12 mm 低碳钢板或低合金钢板角接接头焊接	1-1-2　能进行钢板角接接头坡口清理、组对及定位焊	（1）钢板角接接头焊件焊前清理 （2）钢板角接接头焊件组对及定位焊	（1）认识焊条电弧焊	3）焊条 ①焊条组成及作用 ②焊条分类与规格 ③焊条牌号与型号 ④焊条选用 ⑤焊条烘干与保存		
					4）焊条电弧焊焊接参数 ①电源极性 ②焊条直径 ③焊接电流 ④焊接速度 ⑤焊接层数		
		1-1-3　能进行角接接头焊条电弧焊引弧、运条、收弧操作	（1）角接接头焊条电弧焊引弧 （2）角接接头焊条电弧焊运条 （3）角接接头焊条电弧焊收弧		5）焊条电弧焊常用工机具		
					6）焊条电弧焊常用夹具 ①拉紧器 ②管口钳		
					7）焊条电弧焊基本操作要领 ①焊接姿势 ②焊条电弧焊引弧 ③焊条电弧焊运条 ④焊条电弧焊接头 ⑤焊条电弧焊收弧		
					8）焊条电弧焊安全操作规程		

续表

<table>
<tr><td colspan="4">2.1.2 初级职业技能培训要求</td><td colspan="4">2.2.2 初级职业技能培训课程规范</td></tr>
<tr><td>职业功能模块（模块）</td><td>培训内容（课程）</td><td>技能目标</td><td>培训细目</td><td>学习单元</td><td>课程内容</td><td>培训建议</td><td>课堂学时</td></tr>
<tr><td rowspan="8">1. 焊条电弧焊</td><td rowspan="8">1-1 厚度 δ=8 ~ 12 mm 低碳钢板或低合金钢板角接接头焊接</td><td rowspan="3">1-1-4 能焊接符合工艺要求角焊缝</td><td rowspan="3">（1）角焊缝焊接</td><td rowspan="5">（2）焊前准备</td><td>1）焊条电弧焊设备、工机具、夹具安全检查
①焊机安全检查
②电焊钳安全检查
③焊接电缆安全检查
④角磨机、直磨机安全检查
⑤夹具安全检查</td><td rowspan="5">（1）方法：讲授法、演示法、实训法
（2）重点与难点：焊条电弧焊工机具安全检查</td><td rowspan="5">2</td></tr>
<tr><td>2）材料准备
①焊接材料准备
②焊件准备</td></tr>
<tr><td>3）焊接参数确认与调节</td></tr>
<tr><td rowspan="5">1-1-5 能根据工艺文件对角接接头焊缝外观质量进行自检</td><td rowspan="5">（1）角接接头焊缝常见表面缺陷识别及其预防
（2）焊缝外观质量检查</td><td>4）焊前清理
①清理范围
②清理方法</td></tr>
<tr><td>5）周边环境安全检查</td></tr>
<tr><td rowspan="3">（3）组对、焊接</td><td>1）组对及定位焊</td><td rowspan="3">（1）方法：讲授法、演示法、实训法
（2）重点：角接接头焊接
（3）难点：焊接变形控制措施</td><td rowspan="3">20</td></tr>
<tr><td>2）焊接
①打底层的焊接
②填充层的焊接
③盖面层的焊接</td></tr>
<tr><td>3）焊后清理
①清理要求
②清理内容</td></tr>
<tr><td></td><td></td><td></td><td></td><td>（4）焊缝外观质量检查</td><td>1）焊缝外观质量检查
①检查项目
②检验工具
③检查方法</td><td>（1）方法：讲授法、演示法、实训法
（2）重点：检验工具使用
（3）难点：外观检查方法</td><td>2</td></tr>
</table>

续表

<table>
<tr><td colspan="4">2.1.2 初级职业技能培训要求</td><td colspan="4">2.2.2 初级职业技能培训课程规范</td></tr>
<tr><td>职业功能模块（模块）</td><td>培训内容（课程）</td><td>技能目标</td><td>培训细目</td><td>学习单元</td><td>课程内容</td><td>培训建议</td><td>课堂学时</td></tr>
<tr><td rowspan="10">1. 焊条电弧焊</td><td rowspan="10">1-2 厚度δ ≥6mm低碳钢板或低合金钢板对接平焊</td><td>1-2-1 能进行钢板对接平焊焊接所用设备、工具、夹具安全检查</td><td>（1）钢板对接平焊焊接设备安全检查
（2）钢板对接平焊工具安全检查
（3）钢板对接平焊夹具安全检查</td><td rowspan="6">（1）焊前准备</td><td>1）焊条电弧焊设备、工机具、夹具安全检查
①焊机安全检查
②电焊钳安全检查
③焊接电缆安全检查
④角磨机、直磨机安全检查
⑤夹具安全检查</td><td rowspan="6">（1）方法：讲授法、演示法、实训法
（2）重点：焊机安全检查
（3）难点：焊接参数确认与调节</td><td rowspan="6">2</td></tr>
<tr><td rowspan="3">1-2-2 能进行钢板对接平焊坡口清理、组对及定位焊</td><td rowspan="3">（1）对接平焊焊前清理
（2）对接平焊组对
（3）焊件定位焊</td><td>2）材料准备
①试件准备
②焊材准备</td></tr>
<tr><td>3）焊接参数确认与调节</td></tr>
<tr><td rowspan="2">4）焊前清理
①清理范围
②清理方法</td></tr>
<tr><td rowspan="2">1-2-3 能预留焊件反变形</td><td rowspan="2">（1）预留反变形量</td></tr>
<tr><td>5）周边环境安全检查</td></tr>
<tr><td rowspan="2">1-2-4 能根据焊接工艺文件选择钢板对接平焊焊条电弧焊参数</td><td rowspan="2">（1）钢板对接平焊焊接参数确认与调节</td><td rowspan="3">（2）组对、焊接</td><td>1）组对及定位焊</td><td rowspan="3">（1）方法：讲授法、演示法、实训法
（2）重点：锯齿形运条
（3）难点：打底焊道的单面焊双面成形</td><td rowspan="3">20</td></tr>
<tr><td>2）焊接
①打底层的焊接
②填充层的焊接
③盖面层的焊接</td></tr>
<tr><td>1-2-5 能根据焊接工艺文件要求确定钢板对接平焊打底层的焊接道及其他焊道运条方式完成焊接</td><td>（1）钢板对接平焊</td><td>3）焊后清理
①清理要求
②清理内容</td></tr>
<tr><td>1-2-6 能根据工艺文件对对接平焊焊缝外观质量进行自检</td><td>（1）对接平焊焊缝常见表面缺陷识别及其预防
（2）焊缝外观质量检查</td><td>（3）焊缝外观质量检查</td><td>1）焊缝外观质量检查
①检查项目
②检验工具
③检查方法</td><td>（1）方法：讲授法、演示法、实训法
（2）重点与难点：焊缝常见表面缺陷的识别及检查方法</td><td>2</td></tr>
</table>

续表

<table>
<tr><th colspan="4">2.1.2　初级职业技能培训要求</th><th colspan="4">2.2.2　初级职业技能培训课程规范</th></tr>
<tr><th>职业功能模块（模块）</th><th>培训内容（课程）</th><th>技能目标</th><th>培训细目</th><th>学习单元</th><th>课程内容</th><th>培训建议</th><th>课堂学时</th></tr>
<tr><td rowspan="9">1．焊条电弧焊</td><td rowspan="9">1-3　管径$\phi \geqslant 60$ mm低碳钢管水平转动对接焊</td><td>1-3-1　能进行管径$\phi \geqslant$ 60 mm低碳钢管水平转动对接焊所用设备、工具、夹具安全检查</td><td>(1) 钢管水平转动对接焊设备安全检查
(2) 钢管水平转动对接焊工具安全检查
(3) 钢管水平转动对接焊夹具安全检查</td><td rowspan="5">(1) 焊前准备</td><td>1) 焊条电弧焊设备、工机具、夹具安全检查
①焊机安全检查
②电焊钳安全检查
③焊接电缆安全检查
④角磨机、直磨机安全检查
⑤夹具安全检查</td><td rowspan="5">(1) 方法：讲授法、演示法、实训法
(2) 重点与难点：焊条电弧焊工具安全检查</td><td rowspan="5">2</td></tr>
<tr><td>1-3-2　能进行管径$\phi \geqslant$ 60 mm低碳钢管坡口清理、组对和定位焊</td><td>(1) 钢管焊水平对接焊前清理
(2) 焊件组对
(3) 焊件定位焊</td><td>2) 材料准备
①试件准备
②焊接材料准备</td></tr>
<tr><td rowspan="3">1-3-3　能根据焊接工艺文件选择中径低碳钢管水平转动对接焊参数</td><td rowspan="3">(1) 焊接参数确认与调节</td><td>3) 焊接参数确认与调节</td></tr>
<tr><td>4) 焊前清理
①清理范围
②清理方法</td></tr>
<tr><td>5) 周边环境安全检查</td></tr>
<tr><td rowspan="3">1-3-4　能根据焊接工艺文件要求确定$\phi \geqslant 60$ mm低碳钢管水平转动对接焊打底层的焊接道及其他焊道运条方式完成焊接</td><td rowspan="3">(1) 低碳钢管水平转动对接焊打底层焊接
(2) 低碳钢管水平转动对接焊填充层焊接
(3) 低碳钢管水平转动对接焊盖面层焊接</td><td rowspan="3">(2) 组对、焊接</td><td>1) 组对及定位焊</td><td rowspan="3">(1) 方法：讲授法、演示法、实训法
(2) 重点：焊条直径选择
(3) 难点：水平转动对接焊打底层的焊道运条</td><td rowspan="3">16</td></tr>
<tr><td>2) 焊接
①打底层的焊接
②填充层的焊接
③盖面层的焊接</td></tr>
<tr><td>3) 焊后清理
①清理要求
②清理内容</td></tr>
<tr><td>1-3-5　低碳钢管水平转动对接焊焊缝外观质量检验</td><td>(1) 钢管水平转动对接焊焊缝常见表面缺陷识别及其预防
(2) 钢管水平转动对接焊焊缝外观检查</td><td>(3) 焊缝外观质量检验</td><td>1) 焊缝外观质量检查
①检查项目
②检验工具
③检查方法</td><td>(1) 方法：讲授法、演示法、实训法
(2) 重点：常见表面缺陷识别
(3) 难点：检验工具使用</td><td>2</td></tr>
</table>

续表

2.1.2 初级职业技能培训要求				2.2.2 初级职业技能培训课程规范			
职业功能模块（模块）	培训内容（课程）	技能目标	培训细目	学习单元	课程内容	培训建议	课堂学时
2．熔化极气体保护焊	2-1 低碳钢板或低合金钢板角接接头熔化极气体保护焊	2-1-1 能进行钢板角接接头熔化极气体保护焊所用设备、工具、夹具安全检查	（1）熔化极气体保护焊设备安全检查 （2）熔化极气体保护焊工具安全检查 （3）钢板角接接头焊接夹具安全检查	（1）认识熔化极气体保护焊	1）气体保护焊原理、分类及应用	（1）方法：讲授法、演示法 （2）重点与难点：焊接参数及安全操作规程	6
					2）二氧化碳气体保护焊设备及设施 ①焊机 ②送丝系统 ③供气系统 ④变位机械		
					3）焊接材料 ①二氧化碳气体 ②焊丝		
		2-1-2 能进行钢板角接接头熔化极气体保护焊焊件清理、组对及定位焊	（1）钢板角接接头焊前清理 （2）钢板角接接头组对 （3）焊件定位焊		4）二氧化碳气体保护焊焊接参数 ①焊丝直径 ②焊接电流 ③电弧电压 ④焊接速度 ⑤焊丝伸出长度 ⑥气体流量 ⑦电源极性		
					5）二氧化碳气体保护焊常用工机具		
					6）二氧化碳气体保护焊常用夹具 ①拉紧器 ②管口钳 ③大力钳		
					7）二氧化碳气体保护焊基本操作要领 ①引弧、收弧 ②接头 ③焊枪摆动方式 ④焊枪运动方法 ⑤操作姿势		
					8）二氧化碳气体保护焊安全操作规程		

续表

<table>
<tr><th colspan="4">2.1.2　初级职业技能培训要求</th><th colspan="4">2.2.2　初级职业技能培训课程规范</th></tr>
<tr><th>职业功能模块（模块）</th><th>培训内容（课程）</th><th>技能目标</th><th>培训细目</th><th>学习单元</th><th>课程内容</th><th>培训建议</th><th>课堂学时</th></tr>
<tr><td rowspan="9">2. 熔化极气体保护焊</td><td rowspan="9">2-1　低碳钢板或低合金钢板角接接头熔化极气体保护焊</td><td>2-1-3　能选择符合钢板角接接头焊接工艺要求的焊接材料</td><td>（1）二氧化碳气体保护焊焊丝确认
（2）二氧化碳气体保护焊保护气体选择</td><td rowspan="5">（2）焊前准备</td><td>1）二氧化碳气体保护焊设备、工机具、夹具安全检查
①焊机安全检查
②供气系统安全检查
③送丝系统安全检查
④角磨机、直磨机安全检查
⑤夹具安全检查</td><td rowspan="5">（1）方法：讲授法、演示法、实训法
（2）重点与难点：设备安全检查</td><td rowspan="5">2</td></tr>
<tr><td rowspan="4">2-1-4　能进行钢板角接熔化极气体保护焊引弧、收弧、送丝</td><td rowspan="4">（1）二氧化碳气体保护焊引弧
（2）二氧化碳气体保护焊送丝
（3）二氧化碳气体保护焊收弧</td><td>2）材料准备
①试件准备
②焊材准备</td></tr>
<tr><td>3）焊接参数确认与调节</td></tr>
<tr><td>4）焊前清理
①清理范围
②清理方法</td></tr>
<tr><td>5）周边环境安全检查</td></tr>
<tr><td rowspan="3">2-1-5　能焊出符合钢板角接接头焊接工艺文件要求的角焊缝</td><td rowspan="3">（1）钢板角接接头二氧化碳气体保护焊焊接</td><td rowspan="3">（3）组对、焊接</td><td>1）组对及定位焊
①组对
②定位焊</td><td rowspan="3">（1）方法：讲授法、演示法
（2）重点与难点：角接接头焊接</td><td rowspan="3">20</td></tr>
<tr><td>2）焊接
①打底层的焊接
②填充层的焊接
③盖面层的焊接</td></tr>
<tr><td>3）焊后清理
①清理要求
②清理内容</td></tr>
<tr><td>2-1-6　能根据工艺文件对钢板角接接头熔化极气体保护焊焊缝外观质量进行自检</td><td>（1）钢板角接接头或T形接头焊接常见表面缺陷识别及其预防
（2）焊缝外观质量检查</td><td>（4）焊缝外观质量检查</td><td>1）焊缝外观质量检查
①检查项目
②检验工具
③检查方法</td><td>（1）方法：讲授法、演示法、实训法
（2）重点与难点：焊缝外观质量检查方法</td><td>2</td></tr>
</table>

续表

<table>
<tr><th colspan="4">2.1.2 初级职业技能培训要求</th><th colspan="4">2.2.2 初级职业技能培训课程规范</th></tr>
<tr><th>职业功能模块（模块）</th><th>培训内容（课程）</th><th>技能目标</th><th>培训细目</th><th>学习单元</th><th>课程内容</th><th>培训建议</th><th>课堂学时</th></tr>
<tr><td rowspan="9">2. 熔化极气体保护焊</td><td rowspan="9">2-2 低碳钢板或低合金钢板平位对接熔化极气体保护焊（双面焊或背部加衬垫）</td><td>2-2-1 能进行钢板平位对接熔化极气体保护焊所用设备、工具、夹具安全检查</td><td>(1) 二氧化碳气体保护焊设备安全检查
(2) 二氧化碳气体保护焊工具安全检查
(3) 钢板平位对接接头焊接夹具安全检查</td><td rowspan="5">(1) 焊前准备</td><td>1) 二氧化碳气体保护焊设备、工机具、夹具安全检查
①焊机安全检查
②供气系统安全检查
③送丝系统安全检查
④角磨机、直磨机安全检查
⑤夹具安全检查</td><td rowspan="5">(1) 方法：讲授法、演示法、实训法
(2) 重点与难点：焊件的焊前清理</td><td rowspan="5">2</td></tr>
<tr><td rowspan="2">2-2-2 能选择符合钢板平位对接熔化极气体保护焊工艺要求焊接材料</td><td rowspan="2">(1) 二氧化碳气体保护焊焊丝领用
(2) 二氧化碳气体确认</td><td>2) 材料准备
①试件准备
②焊材准备</td></tr>
<tr><td>3) 焊接参数确认与调节</td></tr>
<tr><td rowspan="3">2-2-3 能进行钢板平位对接熔化极气体保护焊件清理、组对、预防反变形及定位焊</td><td rowspan="3">(1) 焊件焊前清理
(2) 焊件组对
(3) 焊件定位焊</td><td>4) 焊前清理
①清理范围
②清理方法</td></tr>
<tr><td>5) 周边环境安全检查</td></tr>
<tr><td rowspan="3">(2) 组对、焊接</td><td>1) 组对及定位焊</td><td rowspan="3">(1) 方法：讲授法、演示法、实训法
(2) 重点与难点：焊接打底层的焊接</td><td rowspan="3">12</td></tr>
<tr><td rowspan="2">2-2-4 能进行钢板平位对接熔化极气体保护焊引弧、收弧和焊接</td><td rowspan="2">(1) 钢板平位对接二氧化碳气体保护焊引弧
(2) 钢板平位对接二氧化碳气体保护焊收弧
(3) 二氧化碳气体保护焊焊接</td><td>2) 焊接
①打底层的焊接
②填充层的焊接
③盖面层的焊接</td></tr>
<tr><td>3) 焊后清理
①清理要求
②清理内容</td></tr>
<tr><td>2-2-5 能根据工艺文件对钢板平位对接熔化极气体焊焊缝外观质量进行自检</td><td>(1) 钢板平位对接熔化极气体保护焊焊缝常见表面缺陷识别及其预防
(2) 焊缝外观质量检查</td><td>(3) 焊缝外观质量检查</td><td>1) 焊缝外观质量检查
①检查项目
②检验工具
③检查方法</td><td>(1) 方法：讲授法、演示法、实训法
(2) 重点与难点：检验工具的使用</td><td>2</td></tr>
</table>

续表

<table>
<tr><th colspan="4">2.1.2　初级职业技能培训要求</th><th colspan="4">2.2.2　初级职业技能培训课程规范</th></tr>
<tr><th>职业功能模块（模块）</th><th>培训内容（课程）</th><th>技能目标</th><th>培训细目</th><th>学习单元</th><th>课程内容</th><th>培训建议</th><th>课堂学时</th></tr>
<tr><td rowspan="8">3. 非熔化极气体保护焊</td><td rowspan="8">3-1　低碳钢板厚度 $\delta<6$ mm 平位对接手工钨极氩弧焊</td><td rowspan="3">3-1-1　能进行低碳钢板厚度 $\delta<6$ mm 平位对接手工钨极氩弧焊所用设备、工具、夹具安全检查</td><td rowspan="3">（1）手工钨极氩弧焊设备安全检查
（2）手工钨极氩弧焊工具安全检查
（3）钢板手工钨极氩弧焊夹具安全检查</td><td rowspan="8">（1）认识手工钨极氩弧焊</td><td>1）手工钨极氩弧焊原理、特点与应用</td><td rowspan="8">（1）方法：讲授法、演示法
（2）重点：常用工机具及安全操作规程
（3）难点：手工钨极氩弧焊参数的确认与调节</td><td rowspan="8">8</td></tr>
<tr><td>2）手工钨极氩弧焊设备及辅助设备
①焊接电源
②焊枪
③冷却系统
④供气系统
⑤控制系统</td></tr>
<tr><td>3）焊接材料
①焊丝
②钨极
③氩气</td></tr>
<tr><td>3-1-2　能选择符合低碳钢板厚度 $\delta<6$ mm 平位对接手工钨极氩弧焊工艺要求的工艺参数</td><td>（1）手工钨极氩弧焊焊接参数确认与调节</td><td>4）手工钨极氩弧焊焊接参数
①电源极性
②焊接电流
③电弧电压
④焊接速度
⑤气体流量
⑥喷嘴直径
⑦喷嘴与焊件距离
⑧钨极伸出长度</td></tr>
<tr><td rowspan="4">3-1-3　能进行低碳钢板厚度 $\delta<6$ mm 平位对接手工钨极氩弧焊焊件清理、组对和定位焊</td><td rowspan="4">（1）焊件焊前清理
（2）焊件组对
（3）焊件定位焊</td><td>5）手工钨极氩弧焊常用工机具</td></tr>
<tr><td>6）手工钨极氩弧焊接常用夹具
①拉紧器
②管口钳</td></tr>
<tr><td>7）手工钨极氩弧焊基本操作要领
①焊接姿势
②手工钨极氩弧焊引弧
③手工钨极氩弧焊送丝
④手工钨极氩弧焊焊接
⑤手工钨极氩弧焊收弧</td></tr>
<tr><td>8）手工钨极氩弧焊安全操作规程</td></tr>
</table>

续表

2.1.2 初级职业技能培训要求			
职业功能模块（模块）	培训内容（课程）	技能目标	培训细目
3. 非熔化极气体保护焊	3-1 低碳钢板厚度 δ<6 mm平位对接手工钨极氩弧焊	3-1-4 能在低碳钢厚度 δ<6 mm平位对接手工钨极氩弧焊前预留焊件的反变形	（1）预留焊件反变形量
		3-1-5 能进行低碳钢板厚度 δ<6 mm平位对接手工钨极氩弧焊引弧、焊接、收弧操作	（1）低碳钢板手工钨极氩弧焊引弧 （2）低碳钢板手工钨极氩弧焊送丝 （3）低碳钢板手工钨极氩弧焊焊接 （4）低碳钢板手工钨极氩弧焊收弧
		3-1-6 能根据焊接工艺文件进行低碳钢板厚度 δ<6 mm平位对接手工钨极氩弧焊打底层的焊接及其他焊道焊接	（1）低碳钢板平位对接手工钨极氩弧焊打底层焊接 （2）低碳钢板平位对接手工钨极氩弧焊盖面层焊接
		3-1-7 能根据焊接工艺文件要求进行低碳钢板厚度 δ<6 mm平位对接手工钨极氩弧焊焊缝外观质量自检	（1）低碳钢板平位对接手工钨极氩弧焊焊缝常见表面缺陷识别及其预防 （2）焊缝外观质量检查

2.2.2 初级职业技能培训课程规范			
学习单元	课程内容	培训建议	课堂学时
（2）焊前准备	1）手工钨极氩弧焊设备、工机具、夹具安全检查 ①焊机安全检查 ②供气系统安全检查 ③冷却系统安全检查 ④角磨机、直磨机安全检查 ⑤夹具安全检查	（1）方法：讲授法、演示法、实训法 （2）重点与难点：手工钨极氩弧焊工机具安全检查	2
	2）材料准备 ①焊接材料准备 ②焊件准备		
	3）焊接参数确认与调节		
	4）焊前清理 ①清理范围 ②清理方法		
	5）周边环境安全检查		
（3）组对、焊接	1）组对及定位焊	（1）方法：讲授法、演示法、实训法 （2）重点：焊接 （3）难点：定位焊及预留反变形量	18
	2）焊接 ①打底层的焊接 ②盖面层的焊接		
	3）焊后清理 ①清理要求 ②清理内容		
（4）焊缝外观质量检查	1）焊缝外观质量检查 ①检查项目 ②检验工具 ③检查方法	（1）方法：讲授法、演示法、实训法 （2）重点：检验工具使用 （3）难点：检查方法	2

续表

2.1.2 初级职业技能培训要求				2.2.2 初级职业技能培训课程规范			
职业功能模块（模块）	培训内容（课程）	技能目标	培训细目	学习单元	课程内容	培训建议	课堂学时
3. 非熔化极气体保护焊	3-2 不锈钢板厚度 δ<6 mm平位对接手工钨极氩弧焊	3-2-1 能进行不锈钢板厚度 δ<6 mm平位对接手工钨极氩弧焊所用设备、工具、夹具安全检查	（1）手工钨极氩弧焊设备安全检查 （2）手工钨极氩弧焊工具安全检查 （3）钢板手工钨极氩弧焊夹具安全检查	（1）焊前准备	1）手工钨极氩弧焊设备、工机具、安全环境检查 ①焊机安全检查 ②供气系统安全检查 ③冷却系统安全检查 ④角磨机、直磨机安全检查 ⑤夹具安全检查	（1）方法：讲授法、演示法、实训法 （2）重点与难点：手工钨极氩弧焊工机具安全检查	2
		3-2-2 能选择符合不锈钢板厚度 δ<6 mm平位对接手工钨极氩弧焊工艺要求工艺参数	（1）手工钨极氩弧焊焊接参数确认与调节		2）材料准备 ①焊接材料准备 ②焊件准备 3）焊接参数确认与调节		
		3-2-3 能进行不锈钢板厚度 δ<6 mm平位对接手工钨极氩弧焊焊件清理、组对和定位焊	（1）不锈钢板焊件焊前清理 （2）不锈钢板焊件组对 （3）不锈钢板焊件定位焊		4）焊前清理 ①清理范围 ②清理方法 5）周边环境安全检查		
		3-2-4 能在不锈钢板厚度 δ<6 mm平位对接手工钨极氩弧焊前预留焊件反变形	（1）预留焊件反变形量	（2）组对、焊接	1）组对及定位焊	（1）方法：讲授法、演示法、实训法 （2）重点：焊接 （3）难点：定位焊及预留反变形量	16

续表

2.1.2　初级职业技能培训要求				2.2.2　初级职业技能培训课程规范			
职业功能模块（模块）	培训内容（课程）	技能目标	培训细目	学习单元	课程内容	培训建议	课堂学时
3. 非熔化极气体保护焊	3-2　不锈钢板厚度 δ<6 mm 平位对接手工钨极氩弧焊	3-2-5　能进行不锈钢板厚度 δ<6 mm 平位对接手工钨极氩弧焊引弧、焊接、收弧操作	（1）不锈钢板手工钨极氩弧焊引弧 （2）不锈钢板手工钨极氩弧焊送丝 （3）不锈钢板手工钨极氩弧焊焊接 （4）不锈钢板手工钨极氩弧焊收弧	（2）组对、焊接	2）焊接 ①打底层的焊接 ②盖面层的焊接		
		3-2-6　能根据焊接工艺文件进行不锈钢板厚度 δ<6 mm 平位对接手工钨极氩弧焊打底层的焊接及其他焊道焊接	（1）不锈钢板平位对接手工钨极氩弧焊打底层焊接 （2）不锈钢板平位对接手工钨极氩弧焊盖面层焊接		3）焊后清理 ①清理要求 ②清理内容		
		3-2-7　能根据焊接工艺文件要求进行不锈钢板厚度 δ<6mm 平位对接手工钨极氩弧焊焊缝外观质量自检	（1）不锈钢板平位对接手工钨极氩弧焊焊缝常见表面缺陷识别及其预防 （2）焊缝外观质量检查	（3）焊缝外观质量检查	1）焊缝外观质量检查 ①检查项目 ②检验工具 ③检查方法	（1）方法：讲授法、演示法、实训法 （2）重点：检验工具使用 （3）难点：焊缝外观检查方法	2

续表

<table>
<tr><th colspan="4">2.1.2 初级职业技能培训要求</th><th colspan="4">2.2.2 初级职业技能培训课程规范</th></tr>
<tr><th>职业功能模块（模块）</th><th>培训内容（课程）</th><th>技能目标</th><th>培训细目</th><th>学习单元</th><th>课程内容</th><th>培训建议</th><th>课堂学时</th></tr>
<tr><td rowspan="9">3. 非熔化极气体保护焊</td><td rowspan="9">3-3 管径 ϕ<60 mm 低碳钢管对接水平转动手工钨极氩弧焊</td><td>3-3-1 能进行管径 ϕ<60 mm 低碳钢管对接水平转动手工钨极氩弧焊所用设备、工具、夹具安全检查</td><td>（1）手工钨极氩弧焊设备安全检查
（2）手工钨极氩弧焊工具安全检查
（3）钢管水平转动手工钨极氩弧焊夹具安全检查</td><td rowspan="5">（1）焊前准备</td><td>1）手工钨极氩弧焊设备、工机具、夹具安全检查
①焊机安全检查
②供气系统安全检查
③冷却系统安全检查
④角磨机、直磨机安全检查
⑤夹具安全检查</td><td rowspan="5">（1）方法：讲授法、演示法、实训法
（2）重点与难点：手工钨极氩弧焊工机具安全检查</td><td rowspan="5">2</td></tr>
<tr><td rowspan="4">3-3-2 能根据焊接工艺文件选择符合管径 ϕ<60 mm 低碳钢管对接水平转动手工钨极氩弧焊工艺要求的工艺参数</td><td rowspan="4">（1）低碳钢管对接水平转动手工钨极氩弧焊焊接参数确认与调节</td><td>2）材料准备
①焊接材料准备
②焊件准备</td></tr>
<tr><td>3）焊接参数确认与调节</td></tr>
<tr><td>4）焊前清理
①清理范围
②清理方法</td></tr>
<tr><td>5）周边环境安全检查</td></tr>
<tr><td rowspan="2">3-3-3 能进行管径 ϕ<60 mm 低碳钢管对接水平转动手工钨极氩弧焊焊件清理、组对和定位焊</td><td rowspan="2">（1）焊件焊前清理
（2）焊件组对
（3）焊件定位焊</td><td rowspan="4">（2）组对、焊接</td><td>1）组对及定位焊</td><td rowspan="4">（1）方法：讲授法、演示法、实训法
（2）重点：转动焊焊接
（3）难点：定位焊及预留反变形量</td><td rowspan="4">16</td></tr>
<tr><td>2）焊接
①打底层的焊接
②盖面层的焊接</td></tr>
<tr><td rowspan="2">3-3-4 能根据焊接工艺文件进行管径 ϕ<60 mm 低碳钢管对接水平转动手工钨极氩弧焊打底层的焊接及其他焊道焊接</td><td rowspan="2">（1）低碳钢管对接水平转动手工钨极氩弧焊打底层焊接
（2）低碳钢管对接水平转动手工钨极氩弧焊焊接</td><td rowspan="2">3）焊后清理
①清理要求
②清理内容</td></tr>
<tr></tr>
</table>

续表

2.1.2 初级职业技能培训要求				2.2.2 初级职业技能培训课程规范			
职业功能模块（模块）	培训内容（课程）	技能目标	培训细目	学习单元	课程内容	培训建议	课堂学时
3．非熔化极氩弧焊	3–3 管径ϕ<60mm低碳钢管对接水平转动手工钨极氩弧焊	3–3–5 能根据焊接工艺文件要求对管径ϕ<60 mm低碳钢管对接水平转动手工钨极氩弧焊焊缝外观质量进行自检	（1）低碳钢管对接水平转动手工钨极氩弧焊常见表面缺陷识别及其预防 （2）焊缝外观质量检查	（3）焊缝外观质量检查	1）焊缝外观质量检查 ①检查项目 ②检验工具 ③检查方法	（1）方法：讲授法、演示法、实训法 （2）重点：检验工具使用 （3）难点：焊缝外观检查方法	2
4．埋弧焊	4–1 低碳钢板或低合金钢板平位对接焊	4–1–1 能根据工艺文件进行低碳钢板或低合金钢板平位对接埋弧焊接坡口清理、组对和定位焊	（1）焊件焊前清理 （2）焊件组对 （3）焊件定位焊	（1）认识埋弧焊	1）埋弧焊原理、特点及应用 ①埋弧焊原理 ②埋弧焊特点 ③埋弧焊应用	（1）方法：讲授法、实物示教法 （2）重点与难点：埋弧焊基本操作要领	8
					2）埋弧焊设备及辅助设备 ①自动行走小车 ②埋弧焊辅助设备		
		4–1–2 能根据工艺文件选择低碳钢板或低合金钢板平位对接埋弧焊接工艺参数	（1）埋弧焊焊接参数确认与调节		3）埋弧焊焊接材料 ①焊丝 ②焊剂		
					4）埋弧焊焊接参数 ①焊丝直径 ②焊接电流 ③焊接电压 ④焊接速度 ⑤焊丝伸出长度 ⑥焊剂粒度和堆高 ⑦焊丝倾角		
					5）埋弧焊常用工机具		
					6）埋弧焊常用夹具		
					7）埋弧焊基本操作要领 ①引弧 ②收弧 ③碳弧气刨操作		
					8）埋弧焊安全操作规程		

续表

2.1.2 初级职业技能培训要求				2.2.2 初级职业技能培训课程规范			
职业功能模块（模块）	培训内容（课程）	技能目标	培训细目	学习单元	课程内容	培训建议	课堂学时
4. 埋弧焊	4-1 低碳钢板或低合金钢板平位对接焊	4-1-3 能进行低碳钢板或低合金钢板平位对接双面埋弧焊	(1) 钢板平位对接双面埋弧焊引弧 (2) 钢板平位对接埋弧焊焊接	(2) 焊前准备	1) 埋弧焊设备、工机具、夹具安全检查 ①焊接电源检查 ②控制箱检查 ③行走小车检查 ④电缆检查 ⑤角磨机、直磨机安全检查 ⑥夹具安全检查	(1) 方法：讲授法、演示法、实训法 (2) 重点与难点：设备安全检查、焊接参数确认与调节	2
		4-1-4 能用碳弧气刨进行背部清根	(1) 碳弧气刨背部清根		2) 材料准备 ①焊接材料准备 ②焊件准备		
					3) 焊接参数确认与调节		
					4) 焊前清理 ①清理范围 ②清理方法		
					5) 周边环境安全检查		
				(3) 组对、焊接	1) 组对及定位焊	(1) 方法：讲授法、演示法、实训法 (2) 重点与难点：埋弧焊操作	16
					2) 焊接 ①正面焊接 ②碳弧气刨清根 ③背面焊接		
		4-1-5 能根据焊接工艺文件要求对低碳钢板或低合金钢板埋弧焊焊缝外观质量进行自检	(1) 平位对接埋弧焊常见表面缺陷识别及其预防 (2) 焊缝外观质量检查		3) 焊后清理 ①清理要求 ②清理内容		
				(4) 焊缝外观质量检查	1) 焊缝外观质量检查 ①检查项目 ②检验工具 ③检查方法	(1) 方法：讲授法、演示法、实训法 (2) 重点与难点：焊接缺陷检查	2

续表

<table>
<tr><th colspan="4">2.1.2　初级职业技能培训要求</th><th colspan="4">2.2.2　初级职业技能培训课程规范</th></tr>
<tr><th>职业功能模块（模块）</th><th>培训内容（课程）</th><th>技能目标</th><th>培训细目</th><th>学习单元</th><th>课程内容</th><th>培训建议</th><th>课堂学时</th></tr>
<tr><td rowspan="5">4．埋弧焊</td><td rowspan="5">4-2　厚度δ =8～12 mm 低碳钢板对接平焊（背部加衬垫或双面焊双面成型）</td><td>4-2-1　能进行厚度δ = 8～12 mm 低碳钢板埋弧焊所用设备、工具、夹具安全检查</td><td>（1）埋弧焊平焊设备安全检查
（2）埋弧焊平焊工具安全检查
（3）埋弧焊平焊夹具安全检查</td><td rowspan="5">（1）焊前准备</td><td>1）埋弧焊设备、工机具、夹具安全检查
①焊接电源检查
②控制箱检查
③行走小车检查
④电缆检查
⑤角磨机、直磨机安全检查
⑥夹具安全检查</td><td rowspan="5">（1）方法：讲授法、演示法、实训法
（2）重点与难点：设备、工机具、夹具安全检查</td><td rowspan="5">2</td></tr>
<tr><td>4-2-2　能根据厚度δ = 8～12 mm 低碳钢板埋弧焊工艺文件选择焊接材料</td><td>（1）焊丝选用
（2）焊剂选用</td><td>2）材料准备
①焊接材料准备
②焊件准备</td></tr>
<tr><td rowspan="2">4-2-3　能选择厚度δ = 8～12 mm 低碳钢板埋弧焊工艺参数</td><td rowspan="2">（1）钢板对接平焊焊接参数确认与调节</td><td>3）焊接参数确认与调节</td></tr>
<tr><td>4）焊前清理
①清理范围
②清理方法</td></tr>
<tr><td>4-2-4　能对厚度δ = 8～12 mm 低碳钢板埋弧焊件采取防变形措施</td><td>（1）钢板对接埋弧焊件焊接防变形控制</td><td>5）周边环境安全检查</td></tr>
</table>

续表

2.1.2 初级职业技能培训要求				2.2.2 初级职业技能培训课程规范			
职业功能模块（模块）	培训内容（课程）	技能目标	培训细目	学习单元	课程内容	培训建议	课堂学时
4．埋弧焊	4-2 厚度 $\delta=8\sim12$ mm 低碳钢板对接平焊（背部加衬垫或双面焊双面成型）	4-2-5 能进行厚度 $\delta=8\sim12$ mm 低碳钢板对接埋弧焊焊件清理	（1）焊件焊前清理	（2）组对、焊接	1）组对及定位焊	（1）方法：讲授法、演示法、实训法 （2）重点与难点：碳弧气刨清根	16
		4-2-6 能进行厚度 $\delta=8\sim12$ mm 低碳钢板对接埋弧焊焊件组对与定位焊	（1）焊件组对 （2）焊件定位焊		2）焊接 ①正面焊接 ②碳弧气刨清根 ③背面焊接		
		4-2-7 能使用厚度 $\delta=8\sim12$ mm 低碳钢板对接埋弧焊的焊接跟踪装置进行焊接	（1）钢板对接埋弧焊辅助设备使用 （2）钢板对接埋弧焊焊接		3）焊后清理 ①清理要求 ②清理内容		
		4-2-8 能根据焊接工艺文件要求对厚度 $\delta=8\sim12$ mm 低碳钢板对接埋弧焊焊缝外观质量进行自检	（1）钢板对接埋弧焊常见表面缺陷识别及其预防 （2）焊缝外观质量检查	（3）焊缝外观质量检查	1）焊缝外观质量检查 ①检查项目 ②检验工具 ③检查方法	（1）方法：讲授法、演示法、实训法 （2）重点与难点：焊接缺陷检查	2

续表

2.1.2 初级职业技能培训要求				2.2.2 初级职业技能培训课程规范			
职业功能模块（模块）	培训内容（课程）	技能目标	培训细目	学习单元	课程内容	培训建议	课堂学时
5. 气焊	5-1 管径ϕ<60 mm低碳钢管对接水平转动和垂直固定气焊	5-1-1 能进行管径ϕ<60 mm低碳钢管气焊所用设备、工具、夹具安全检查	（1）钢管气焊设备安全检查 （2）钢管气焊工具安全检查 （3）钢管气焊夹具安全检查	（1）认识气焊	1）气焊原理、特点与应用 ①气焊原理 ②气焊特点 ③气焊应用	（1）方法：讲授法、演示法、实训法 （2）重点与难点：气焊参数确认与调节	14
					2）气焊设备及辅助设备 ①气瓶 ②供气系统 ③焊炬		
					3）气焊焊接材料 ①焊丝 ②溶剂		
		5-1-2 能进行焊件及焊丝清理	（1）焊件清理 （2）焊丝清理		4）气焊焊接参数 ①焊丝直径 ②气体火焰种类 ③火焰能率 ④焊嘴倾斜角 ⑤焊丝倾角 ⑥焊接速度		
					5）气焊常用工机具		
		5-1-3 能调整可燃气体和助燃气体比值，将火焰类别调整到适应被焊材料	（1）气焊火焰调节		6）气焊常用夹具		
					7）气焊基本操作要领 ①焊缝起焊 ②左焊法与右焊法 ③焊丝填充 ④焊炬和焊丝摆动 ⑤焊缝接头 ⑥焊缝收尾		
					8）气焊安全操作规程		

续表

2.1.2 初级职业技能培训要求				2.2.2 初级职业技能培训课程规范			
职业功能模块（模块）	培训内容（课程）	技能目标	培训细目	学习单元	课程内容	培训建议	课堂学时
5．气焊	5-1 管径ϕ<60mm 低碳钢管对接水平转动和垂直固定气焊	5-1-4 能根据工件厚度和焊接位置确定坡口尺寸和接头间隙	（1）焊件组对	（2）焊前准备	1）气焊设备、工机具、夹具安全检查 ①气瓶及减压器安全检查 ②胶管安全检查 ③焊炬安全检查 ④角磨机、直磨机安全检查 ⑤夹具安全检查	（1）方法：讲授法、演示法、实训法 （2）重点与难点：焊接参数确认与调节	2
					2）材料准备 ①焊接材料准备 ②焊件准备		
		5-1-5 能确定定位焊焊点位置，并能进行定位焊	（1）焊件定位焊		3）焊接参数确认与调节		
					4）焊前清理 ①清理要求 ②清理内容		
					5）周边环境安全检查		
		5-1-6 能根据焊接工艺文件要求选择工艺参数，起焊、焊接和焊接收尾	（1）钢管对接水平转动气焊 （2）钢管对接垂直固定气焊	（3）组对、焊接	1）组对及定位焊	（1）方法：讲授法、演示法、实训法 （2）重点与难点：气焊操作	24
					2）钢管对接水平转动气焊 ①打底层的焊接 ②盖面层的焊接		
					3）钢管对接垂直固定气焊 ①打底层的焊接 ②盖面层的焊接		
		5-1-7 能根据焊接工艺文件要求对管径 ϕ < 60 mm 低碳钢管对接气焊焊缝外观质量进行自检	（1）钢管对接气焊常见表面缺陷识别及其预防 （2）焊缝外观质量检查		4）焊后清理 ①清理要求 ②清理内容		
				（4）焊缝外观质量检查	1）焊缝外观质量检查 ①检查项目 ②检验工具 ③检查方法	（1）方法：讲授法、演示法、实训法 （2）重点与难点：检验工具使用	2

续表

<table>
<tr><th colspan="4">2.1.2　初级职业技能培训要求</th><th colspan="4">2.2.2　初级职业技能培训课程规范</th></tr>
<tr><th>职业功能模块（模块）</th><th>培训内容（课程）</th><th>技能目标</th><th>培训细目</th><th>学习单元</th><th>课程内容</th><th>培训建议</th><th>课堂学时</th></tr>
<tr><td rowspan="9">6. 钎焊</td><td rowspan="9">6-1　低碳钢板搭接手工火焰钎焊</td><td rowspan="3">6-1-1　能进行低碳钢板搭接手工火焰钎焊所用设备、工具、夹具安全检查</td><td rowspan="3">（1）钢板搭接手工火焰钎焊设备安全检查
（2）钢板搭接手工火焰钎焊工具安全检查
（3）钢板搭接手工火焰钎焊夹具安全检查</td><td rowspan="6">（1）认识钎焊</td><td>1）钎焊原理、分类、特点及应用</td><td rowspan="6">（1）方法：讲授法
（2）重点与难点：钎焊焊接工艺</td><td rowspan="6">6</td></tr>
<tr><td>2）钎焊焊接材料及钎剂
①钎焊钎料
②钎焊常用钎剂</td></tr>
<tr><td rowspan="2">3）手工火焰钎焊设备和工具
①手工火焰钎焊设备
②手工火焰钎焊工具</td></tr>
<tr><td rowspan="3">6-1-2　能进行低碳钢板焊件清理、装配和固定</td><td rowspan="3">（1）焊件清理
（2）焊件装配
（3）焊件固定</td></tr>
<tr><td>4）钎焊焊接工艺与参数</td></tr>
<tr><td>5）手工火焰钎焊安全操作规程</td></tr>
<tr><td>6-1-3　能选择低碳钢板搭接手工火焰钎焊接头间隙</td><td>（1）钢板搭接手工火焰钎焊接头间隙选择</td><td rowspan="3">（2）焊前准备</td><td>1）钎焊设备、工机具、夹具安全检查
①氧气瓶安全检查
②乙炔瓶安全检查
③减压器安全检查
④焊炬安全检查
⑤胶管安全检查
⑥护目镜安全检查
⑦锤子、錾子等安全检查</td><td rowspan="3">（1）方法：讲授法、实物示教法
（2）重点与难点：焊接参数确认与调节</td><td rowspan="3">2</td></tr>
<tr><td>6-1-4　能根据焊接工艺文件选择低碳钢板手工火焰钎焊钎料和钎剂</td><td>（1）钎料领取和确认
（2）钎剂领取和确认</td><td>2）材料准备
①焊件准备
②钎料及钎剂准备</td></tr>
<tr><td>6-1-5　能选择低碳钢板搭接手工火焰钎焊工艺参数</td><td>（1）钎焊焊接参数确认与调节</td><td>3）焊接参数确认与调节
①气体压力
②火焰种类
③钎焊温度
④保温时间</td></tr>
</table>

续表

<table>
<tr><th colspan="4">2.1.2 初级职业技能培训要求</th><th colspan="4">2.2.2 初级职业技能培训课程规范</th></tr>
<tr><th>职业功能模块（模块）</th><th>培训内容（课程）</th><th>技能目标</th><th>培训细目</th><th>学习单元</th><th>课程内容</th><th>培训建议</th><th>课堂学时</th></tr>
<tr><td rowspan="9">6. 钎焊</td><td rowspan="6">6–1 低碳钢板搭接手工火焰钎焊</td><td rowspan="2">6–1–6 能用火焰设备、工具进行低碳钢板搭接手工火焰钎焊</td><td rowspan="2">（1）低碳钢板手工火焰钎焊操作</td><td rowspan="2">（2）焊前准备</td><td>4）焊前清理
①清理要求
②清理内容</td><td rowspan="2"></td><td rowspan="2"></td></tr>
<tr><td>5）周边环境安全检查</td></tr>
<tr><td rowspan="3">6–1–7 能进行低碳钢板搭接手工火焰钎焊钎缝清洗</td><td rowspan="3">（1）钎焊钎缝清洗</td><td rowspan="3">（3）组对、焊接</td><td>1）组对及定位焊</td><td rowspan="3">（1）方法：讲授法、演示法、实训法
（2）重点与难点：钎料及钎剂的添加</td><td rowspan="3">24</td></tr>
<tr><td>2）焊接</td></tr>
<tr><td>3）焊后清理
①清理要求
②清理内容</td></tr>
<tr><td>6–1–8 能根据工艺文件要求对低碳钢板搭接手工火焰钎焊钎缝外观质量进行自检</td><td>（1）低碳钢板手工火焰钎焊常见表面缺陷识别及其预防
（2）焊缝外观质量检查</td><td>（4）焊缝外观质量检查</td><td>1）焊缝外观质量检查
①检查项目
②检验工具
③检查方法</td><td>（1）方法：讲授法
（2）重点与难点：焊接表面缺陷检查</td><td>2</td></tr>
<tr><td rowspan="3">6–2 不锈钢板搭接手工火焰钎焊</td><td>6–2–1 能进行不锈钢板搭接手工火焰钎焊所用设备、工具、夹具安全检查</td><td>（1）不锈钢板搭接手工火焰钎焊设备安全检查
（2）不锈钢板搭接手工火焰钎焊工具安全检查
（3）不锈钢板搭接手工火焰钎焊夹具安全检查</td><td rowspan="3">（1）焊前准备</td><td>1）钎焊设备、工机具、夹具安全检查
①氧气瓶安全检查
②乙炔瓶安全检查
③减压器安全检查
④焊炬安全检查
⑤胶管安全检查
⑥护目镜安全检查
⑦锤子、錾子等安全检查</td><td rowspan="3">（1）方法：讲授法、演示法、实训法
（2）重点与难点：不锈钢板搭接手工火焰钎焊焊接工艺</td><td rowspan="3">2</td></tr>
<tr><td>6–2–2 能进行不锈钢板焊件清理、装配和固定</td><td>（1）焊件清理
（2）焊件装配
（3）焊件固定</td><td rowspan="2">2）材料准备
①焊件准备
②钎料及钎剂准备</td></tr>
<tr><td>6–2–3 能选择不锈钢板搭接手工火焰钎焊接头间隙</td><td>（1）不锈钢板搭接手工火焰钎焊接头间隙选择</td></tr>
</table>

续表

2.1.2 初级职业技能培训要求				2.2.2 初级职业技能培训课程规范			
职业功能模块（模块）	培训内容（课程）	技能目标	培训细目	学习单元	课程内容	培训建议	课堂学时
6. 钎焊	6-2 不锈钢板搭接手工火焰钎焊	6-2-4 能根据焊接工艺文件选择不锈钢板搭接手工火焰钎焊钎料和钎剂	(1) 钎料领取和确认 (2) 钎剂领取和确认	(1) 焊前准备	3) 焊接参数确认与调节 ①气体压力 ②火焰种类 ③钎焊温度 ④保温时间		
		6-2-5 能选择不锈钢板搭接手工火焰钎焊工艺参数	(1) 钎焊焊接参数确认与调节		4) 焊前清理 ①清理要求 ②清理内容		
					5) 周边环境安全检查		
		6-2-6 能用火焰设备、工具进行不锈钢板搭接手工火焰钎焊	(1) 不锈钢板搭接手工火焰钎焊	(2) 组对、焊接	1) 组对及定位焊	(1) 方法：讲授法、演示法、实训法 (2) 重点与难点：钎焊时钎料及钎剂的添加	16
		6-2-7 能进行不锈钢板搭接手工火焰钎焊钎缝清洗	(1) 钎焊钎缝清洗		2) 焊接		
					3) 焊后清洗 ①清洗要求 ②清洗内容		
		6-2-8 能根据工艺文件要求对不锈钢板搭接手工火焰钎焊钎缝外观质量进行自检	(1) 不锈钢板搭接手工火焰钎焊常见表面缺陷识别及其预防 (2) 焊缝外观质量检查	(3) 焊缝外观质量检查	1) 焊缝外观质量检查 ①检查项目 ②检验工具 ③检查方法	(1) 方法：讲授法、演示法、实训法 (2) 重点与难点：焊接表面缺陷检查	2

续表

2.1.2 初级职业技能培训要求				2.2.2 初级职业技能培训课程规范			
职业功能模块（模块）	培训内容（课程）	技能目标	培训细目	学习单元	课程内容	培训建议	课堂学时
7. 电阻焊	7-1 低碳钢薄板电阻点焊	7-1-1 能进行电阻点焊所用设备、工具、夹具安全检查	（1）电阻点焊设备安全检查 （2）电阻点焊工具安全检查 （3）电阻点焊夹具安全检查	（1）认识电阻焊	1）电阻焊原理、分类、特点及应用 2）电阻焊设备及辅助设备 ①焊接电源 ②控制装置 ③机械装置 ④变位机械	（1）方法：讲授法、演示法、实训法 （2）重点与难点：焊接电源特点	6
		7-1-2 能进行低碳钢薄板清理	（1）电阻焊低碳钢薄板清理		3）电阻焊焊接参数 ①通电时间 ②焊接电流 ③电极压力 ④电极端面尺寸 4）电阻焊常用工机具		
		7-1-3 能根据被焊低碳钢薄板选择电极	（1）电阻点焊电极选择		5）电阻焊常用夹具 ①压紧器 ②定位销 ③定位面 ④限位器 6）电阻焊安全操作规程		

续表

<table>
<tr><th colspan="4">2.1.2　初级职业技能培训要求</th><th colspan="4">2.2.2　初级职业技能培训课程规范</th></tr>
<tr><th>职业功能模块（模块）</th><th>培训内容（课程）</th><th>技能目标</th><th>培训细目</th><th>学习单元</th><th>课程内容</th><th>培训建议</th><th>课堂学时</th></tr>
<tr><td rowspan="10">7. 电阻焊</td><td rowspan="10">7-1　低碳钢薄板电阻点焊</td><td>7-1-4　能对电极进行清理和修整，满足低碳钢薄板电阻点焊工艺要求</td><td>（1）电阻点焊电极清理
（2）电阻点焊电极修整</td><td rowspan="5">（2）焊前准备</td><td>1）电阻点焊设备、工机具、夹具安全检查
①电路安全检查
②水路安全检查
③气路安全检查
④吊挂机构安全检查
⑤工机具安全检查
⑥夹具安全检查</td><td rowspan="5">（1）方法：讲授法、演示法、实训法
（2）重点与难点：低碳钢板电阻焊参数确定</td><td rowspan="5">2</td></tr>
<tr><td rowspan="4">7-1-5　能根据焊接工艺文件工艺参数要求设定焊机参数和点焊压力</td><td rowspan="4">（1）电阻点焊薄板焊接参数确认与调节</td><td>2）材料准备</td></tr>
<tr><td>3）焊接参数确认与调节</td></tr>
<tr><td>4）焊前清理
①清理范围
②清理方法</td></tr>
<tr><td>5）周边环境安全检查</td></tr>
<tr><td rowspan="3">7-1-6　能对低碳钢薄板进行装夹和点焊</td><td rowspan="3">（1）电阻点焊低碳钢薄板装夹
（2）电阻焊低碳钢薄板点焊</td><td rowspan="4">（3）组对、焊接</td><td>1）电阻点焊电极修整
①锉刀修整
②更换电极</td><td rowspan="4">（1）方法：讲授法、演示法、实训法
（2）重点与难点：低碳钢板电阻点焊焊接</td><td rowspan="4">12</td></tr>
<tr><td>2）焊件定位装夹
①焊件定位
②焊件装夹</td></tr>
<tr><td>3）焊接
①通电
②加压
③保压
④卸压断电</td></tr>
<tr><td rowspan="2">7-1-7　能根据焊接工艺文件要求对焊点外观质量进行自检</td><td rowspan="2">（1）电阻点焊焊常见表面缺陷识别及其预防
（2）焊点外观质量检查</td><td>4）焊后清理
①清理要求
②清理内容</td></tr>
<tr><td>（4）焊点外观质量检查</td><td>1）焊点外观质量检查
①检查项目
②检验工具
③检查方法</td><td>（1）方法：讲授法、演示法、实训法
（2）重点与难点：焊点表面质量检查</td><td>2</td></tr>
</table>

续表

2.1.2 初级职业技能培训要求				2.2.2 初级职业技能培训课程规范			
职业功能模块（模块）	培训内容（课程）	技能目标	培训细目	学习单元	课程内容	培训建议	课堂学时
7. 电阻焊	7-2 光圆钢筋或带筋钢筋闪光对焊	7-2-1 能进行闪光对焊所用设备、工具、夹具安全检查	(1) 闪光对焊设备安全检查 (2) 闪光对焊工具安全检查 (3) 闪光对焊夹具安全检查	(1) 焊前准备	1) 闪光对焊设备、工机具、夹具安全检查 ①焊机安全检查 ②电缆安全检查 ③工机具安全检查 ④夹具安全检查	(1) 方法：讲授法、演示法、实训法 (2) 重点与难点：闪光对焊参数确定	2
		7-2-2 能进行光圆钢筋或带筋钢筋焊接区域清理	(1) 焊接区域清理		2) 材料准备 3) 焊接参数确认与调节		
		7-2-3 能根据被焊接材料选择电极	(1) 闪光对焊电极选择		4) 焊前清理 ①清理范围 ②清理方法 5) 周边环境安全检查		
		7-2-4 能对电极进行清理和修整，满足闪光对焊工艺要求	(1) 闪光对焊电极清理 (2) 闪光对焊电极修整	(2) 组对、焊接	1) 组对 2) 焊接 ①通电 ②顶锻 ③保压 ④断电	(1) 方法：讲授法、演示法、实训法 (2) 重点与难点：焊接设备操作	4
		7-2-5 能根据焊接工艺文件要求设定对焊机参数	(1) 对焊机参数确认与调节				
		7-2-6 能对Ⅰ级和Ⅱ级钢筋进行装夹和闪光对焊	(1) 钢筋装夹 (2) 钢筋闪光对焊		3) 焊后清理 ①清理要求 ②清理内容		
		7-2-7 能根据焊接工艺文件要求对闪光对焊接头外观质量进行自检	(1) 闪光对焊常见表面缺陷识别及其预防 (2) 焊缝外观质量检查	(3) 焊缝外观质量检查	1) 焊缝外观质量检查 ①检查项目 ②检验工具 ③检查方法	(1) 方法：讲授法、演示法、实训法 (2) 重点与难点：检验工具使用	2

续表

2.1.2 初级职业技能培训要求				2.2.2 初级职业技能培训课程规范			
职业功能模块（模块）	培训内容（课程）	技能目标	培训细目	学习单元	课程内容	培训建议	课堂学时
7．电阻焊	7-3 低碳钢薄板电阻缝焊	7-3-1 能进行电阻缝焊所用设备、工具、夹具安全检查	（1）电阻缝焊设备安全检查 （2）电阻缝焊工具安全检查 （3）电阻缝焊夹具安全检查	（1）焊前准备	1）电阻缝焊设备、工机具、夹具安全检查 ①电路安全检查 ②水路安全检查 ③气路安全检查 ④工机具安全检查 ⑤夹具安全检查	（1）方法：讲授法、演示法、实训法 （2）重点与难点：电阻缝焊设备安全检查	2
					2）材料准备		
		7-3-2 能进行焊件焊接区域清理	（1）焊接区域清理		3）焊接参数确认与调节		
					4）焊前清理 ①清理范围 ②清理方法		
		7-3-3 能根据被焊接材料选择电阻缝焊电极	（1）电阻缝焊电极选择		5）周边环境安全检查		
		7-3-4 能对电阻缝焊电极进行清理和修整	（1）电阻缝焊电极清理 （2）电阻缝焊电极修整	（2）组对、焊接	1）组对	（1）方法：讲授法、演示法、实训法 （2）重点与难点：电阻缝焊设备操作	8
		7-3-5 能根据焊接工艺文件工艺参数要求设定缝焊机参数和缝焊压力	（1）电阻缝焊焊接参数确认与调节 （2）电阻焊缝压力确认		2）焊接 ①加压 ②通电加热 ③卸压断电		
		7-3-6 能对低碳钢薄板进行装夹和缝焊	（1）电阻缝焊低碳钢薄板装夹 （2）低碳钢薄板缝焊		3）焊后清理 ①清理要求 ②清理内容		
		7-3-7 能根据焊接工艺文件要求对焊缝外观质量进行自检	（1）低碳钢薄板缝焊常见表面缺陷识别及其预防 （2）焊缝外观质量检查	（3）焊缝外观质量检查	1）焊缝外观质量检查 ①检查项目 ②检验工具 ③检查方法	（1）方法：讲授法、演示法、实训法 （2）重点与难点：检查工具使用	2

续表

<table>
<tr><th colspan="4">2.1.2　初级职业技能培训要求</th><th colspan="4">2.2.2　初级职业技能培训课程规范</th></tr>
<tr><th>职业功能模块（模块）</th><th>培训内容（课程）</th><th>技能目标</th><th>培训细目</th><th>学习单元</th><th>课程内容</th><th>培训建议</th><th>课堂学时</th></tr>
<tr><td rowspan="11">7．电阻焊</td><td rowspan="11">7-4　低碳钢螺柱焊</td><td>7-4-1　能进行螺柱焊所有设备、工具、夹具安全检查</td><td>（1）螺柱焊设备安全检查
（2）螺柱焊工具安全检查
（3）螺柱焊夹具安全检查</td><td rowspan="5">（1）焊前准备</td><td>1）螺柱焊设备、工机具、夹具安全检查
①焊机安全检查
②焊枪安全检查
③电缆安全检查
④夹具安全检查</td><td rowspan="5">（1）方法：讲授法、演示法、实训法
（2）重点与难点：螺柱焊工机具安全检查</td><td rowspan="5">2</td></tr>
<tr><td>7-4-2　能调节电弧螺柱焊设备</td><td>（1）电弧螺柱焊设备调节</td><td>2）材料准备
①焊接材料准备
②焊件准备</td></tr>
<tr><td rowspan="3">7-4-3　能根据工艺文件选择电弧螺柱焊工艺参数</td><td rowspan="3">（1）电弧螺柱焊焊接参数确认与调节</td><td>3）焊接参数确认与调节</td></tr>
<tr><td>4）焊前清理
①清理范围
②清理方法</td></tr>
<tr><td>5）周边环境安全检查</td></tr>
<tr><td rowspan="3">7-4-4　能对螺柱进行装夹和引弧、焊接</td><td rowspan="3">（1）螺柱焊焊件装夹
（2）螺柱焊焊接</td><td rowspan="3">（2）组对、焊接</td><td>1）螺柱焊焊件装夹</td><td rowspan="3">（1）方法：讲授法、演示法、实训法
（2）重点与难点：螺柱焊焊接角度控制</td><td rowspan="3">4</td></tr>
<tr><td>2）焊接</td></tr>
<tr><td>3）焊后清理
①清理要求
②清理内容</td></tr>
<tr><td>7-4-5　能根据焊接工艺文件要求对电弧螺柱焊接头质量进行自检</td><td>（1）电弧螺柱焊常见表面缺陷识别及其预防
（2）焊缝外观质量检查</td><td>（3）焊缝外观质量检查</td><td>1）焊缝外观质量检查
①检查项目
②检验工具
③检查方法</td><td>（1）方法：讲授法、演示法、实训法
（2）重点与难点：检查工具使用</td><td>2</td></tr>
</table>

续表

2.1.2 初级职业技能培训要求				2.2.2 初级职业技能培训课程规范			
职业功能模块（模块）	培训内容（课程）	技能目标	培训细目	学习单元	课程内容	培训建议	课堂学时
8．压力焊	8-1 低碳钢板扩散焊	8-1-1 能进行扩散焊所用设备、工具、夹具安全检查	（1）扩散焊设备安全检查 （2）扩散焊工具安全检查 （3）扩散焊夹具安全检查	（1）认识扩散焊	1）扩散焊特点、分类及应用	（1）方法：讲授法、演示法、实训法 （2）重点与难点：扩散焊特点及应用	4
					2）扩散焊设备 ①分类及组成 ②型号及主要技术参数		
					3）扩散焊焊接材料 ①中间层材料 ②隔离剂		
		8-1-2 能进行焊件清理，满足扩散焊工艺要求	（1）焊件焊前清理		4）扩散焊焊接参数 ①焊接温度 ②焊接压力 ③扩散时间 ④保护气氛		
		8-1-3 能根据焊接工艺文件设定扩散焊工艺参数	（1）扩散焊焊接参数确认与调节		5）扩散焊常用工具 ①角磨机 ②钢丝刷		
					6）扩散焊常用夹具		
					7）扩散焊安全操作规程		

续表

2.1.2 初级职业技能培训要求				2.2.2 初级职业技能培训课程规范			
职业功能模块（模块）	培训内容（课程）	技能目标	培训细目	学习单元	课程内容	培训建议	课堂学时
8．压力焊	8-1 低碳钢板扩散焊	8-1-4 能装夹被焊工件	（1）扩散焊焊件装夹	（2）焊前准备	1）扩散焊设备、工机具、夹具安全检查 ①焊机安全检查 ②角磨机 ③夹具安全检查	（1）方法：讲授法、演示法、实训法 （2）重点与难点：设备安全检查	2
					2）材料准备 ①试件准备 ②焊材准备 ③清洗液		
					3）焊接选择确认与调节		
					4）焊前清理 ①清理范围 ②清理方法		
					5）周边环境安全检查		
		8-1-5 能在真空或保护气氛下对低碳钢板进行扩散焊	（1）扩散焊焊接	（3）装夹、焊接	1）焊件装夹 ①装夹被焊工件 ②安装辅助工具	（1）方法：讲授法、演示法、实训法 （2）重点与难点：扩散焊焊接操作	12
					2）焊接过程 ①抽真空 ②焊接		
					3）焊后清理 ①清理要求 ②清理内容		
		8-1-6 能根据焊接工艺文件要求对扩散焊接头外观质量进行自检	（1）扩散焊常见表面缺陷识别及其预防 （2）焊缝外观质量检查	（4）焊缝外观质量检查	1）焊缝外观质量检查 ①检查项目 ②检验工具 ③检查方法	（1）方法：讲授法、演示法、实训法 （2）重点与难点：焊缝外观质量检查方法	2

续表

2.1.2 初级职业技能培训要求				2.2.2 初级职业技能培训课程规范			
职业功能模块（模块）	培训内容（课程）	技能目标	培训细目	学习单元	课程内容	培训建议	课堂学时
8．压力焊	8-2 小径Ⅰ级钢筋电渣压力焊	8-2-1 能进行电渣压力焊所用设备、工具、夹具安全检查	（1）电渣压力焊设备安全检查 （2）电渣压力焊工具安全检查 （3）电渣压力焊夹具安全检查	（1）认识电渣压力焊	1）电渣压力焊原理、特点及应用 2）电渣压力焊设备 ①分类及组成 ②型号及主要技术参数 ③操作方式	（1）方法：讲授法、演示法 （2）重点与难点：电渣压力焊设备和焊接参数	4
		8-2-2 能进行钢筋清理，并将钢筋端面切平，无毛刺	（1）钢筋清理 （2）钢筋端面切平		3）电渣压力焊焊接材料 ①焊剂作用 ②常用焊剂牌号 4）电渣压力焊接参数 ①钢筋直径 ②焊接电流 ③焊接电压 ④焊接通电时间		
		8-2-3 能将钢筋装夹于焊接夹具	（1）钢筋装夹		5）电渣压力焊常用工具 ①锉刀 ②钢丝刷 ③角磨机 ④调直机 ⑤锤子 ⑥无齿锯等 6）电渣压力焊常用夹具 7）电渣压力焊安全操作规程		

续表

<table>
<tr><th colspan="4">2.1.2　初级职业技能培训要求</th><th colspan="4">2.2.2　初级职业技能培训课程规范</th></tr>
<tr><th>职业功能模块（模块）</th><th>培训内容（课程）</th><th>技能目标</th><th>培训细目</th><th>学习单元</th><th>课程内容</th><th>培训建议</th><th>课堂学时</th></tr>
<tr><td rowspan="9">8．压力焊</td><td rowspan="9">8-2　小径Ⅰ级钢筋电渣压力焊</td><td rowspan="2">8-2-4　能根据焊接工艺文件设定电渣压力焊工艺参数</td><td rowspan="2">（1）电渣压力焊焊接参数确认与调节</td><td rowspan="5">（2）焊前准备</td><td>1）电渣压力焊设备、工机具、夹具安全检查
①焊机安全检查
②角磨机及调直机安全检查
③夹具安全检查</td><td rowspan="5">（1）方法：讲授法、演示法、实训法
（2）重点与难点：设备安全检查</td><td rowspan="5">2</td></tr>
<tr><td>2）材料准备
①试件准备
②焊材准备</td></tr>
<tr><td rowspan="6">8-2-5　能完成电渣压力焊电弧过程、电渣过程以及断电和加压，得到完好接头</td><td rowspan="6">（1）电渣压力焊焊接</td><td>3）焊接参数确认与调节</td></tr>
<tr><td>4）焊前清理
①清理范围
②清理内容</td></tr>
<tr><td>5）周边环境安全检查</td></tr>
<tr><td rowspan="3">（3）装夹、焊接</td><td>1）焊件装夹
①下料
②调直
③打磨
④装夹</td><td rowspan="3">（1）方法：讲授法、演示法、实训法
（2）重点与难点：焊接过程</td><td rowspan="3">14</td></tr>
<tr><td>2）钢筋电渣压力焊
①引弧
②电弧
③电渣
④顶锻</td></tr>
<tr><td>3）焊后清理
①清理要求
②清理内容</td></tr>
<tr><td>8-2-6　能根据焊接工艺文件要求对电渣压力焊接头外观质量进行自检</td><td>（1）电渣压力焊接头表面缺陷识别及其预防
（2）焊缝外观质量检查</td><td>（4）焊缝外观质量检查</td><td>1）焊缝外观质量检查
①检查项目
②检验工具
③检查方法</td><td>（1）方法：讲授法、演示法、实训法
（2）重点与难点：焊缝外观质量检查方法</td><td>2</td></tr>
</table>

续表

2.1.2 初级职业技能培训要求				2.2.2 初级职业技能培训课程规范			
职业功能模块（模块）	培训内容（课程）	技能目标	培训细目	学习单元	课程内容	培训建议	课堂学时
9．切割	9-1 低碳钢板手工气割	9-1-1 能进行气割所用设备、工具安全检查	（1）气割设备安全检查 （2）气割工具安全检查	（1）认识气割	1）气割原理、特点及应用范围	（1）方法：讲授法、演示法 （2）重点与难点：气割原理、气割设备及安全操作规程	4
					2）气割设备 ①气瓶 ②减压器 ③橡胶软管		
		9-1-2 能连接氧气瓶、乙炔瓶、氧气减压器、乙炔减压器、割炬、割嘴、氧气胶管、乙炔胶管	（1）气割设备连接		3）气割常用气体种类 ①氧气 ②乙炔 ③液化石油气		
		9-1-3 能清理待割件表面油、锈，并划线	（1）待割件表面清理 （2）待割件划线		4）气割参数 ①气割氧压力 ②预热火焰能率 ③割嘴与被割工件表面距离 ④割嘴与被割工件表面倾斜角 ⑤切割速度		
					5）气割常用工具 ①割炬和割嘴 ②点火工具 ③通针 ④护目镜		
					6）气割常用夹具		
					7）气割火焰种类及特点		
					8）气割安全操作规程		

续表

<table>
<tr><th colspan="4">2.1.2 初级职业技能培训要求</th><th colspan="4">2.2.2 初级职业技能培训课程规范</th></tr>
<tr><th>职业功能模块（模块）</th><th>培训内容（课程）</th><th>技能目标</th><th>培训细目</th><th>学习单元</th><th>课程内容</th><th>培训建议</th><th>课堂学时</th></tr>
<tr><td rowspan="9">9．切割</td><td rowspan="9">9-1 低碳钢板手工气割</td><td>9-1-4 能调整火焰为中性焰或者轻微氧化焰</td><td>（1）气割火焰调整</td><td rowspan="5">（2）割前准备</td><td>1）气割设备、工机具及夹具安全检查
①气瓶安全检查
②减压器安全检查
③橡胶管安全检查
④割炬安全检查
⑤夹具安全检查</td><td rowspan="5">（1）方法：讲授法、演示法
（2）重点与难点：设备及工具安全检查</td><td rowspan="5">2</td></tr>
<tr><td rowspan="4">9-1-5 能调节切割气压力</td><td rowspan="4">（1）气割参数调节</td><td>2）材料准备
①试件准备
②气体准备</td></tr>
<tr><td>3）焊接参数确认与调节</td></tr>
<tr><td>4）清理及划线
①清理待割件
②划线</td></tr>
<tr><td>5）周边环境安全检查</td></tr>
<tr><td rowspan="2">9-1-6 能在钢板上进行手工直线切割或手工切割出直线组合形状部件</td><td rowspan="2">（1）手工气割</td><td rowspan="2">（3）手工气割</td><td>1）手工气割操作
①点火
②火焰调节
③起割
④正常气割过程
⑤停割</td><td rowspan="2">（1）方法：讲授法、演示法、实训法
（2）重点与难点：气割基本操作方法</td><td rowspan="2">16</td></tr>
<tr><td>2）割后清理
①清理要求
②清理内容</td></tr>
<tr><td>9-1-7 能对手工气割割缝质量进行自检</td><td>（1）手工气割割缝缺陷识别及其预防
（2）割缝质量检查</td><td>（4）割缝质量检查</td><td>1）割缝外观质量检查
①检查项目
②检验工具
③检查方法</td><td>（1）方法：讲授法、演示法、实训法
（2）重点与难点：检验工具使用</td><td>2</td></tr>
</table>

续表

2.1.2　初级职业技能培训要求				2.2.2　初级职业技能培训课程规范			
职业功能模块（模块）	培训内容（课程）	技能目标	培训细目	学习单元	课程内容	培训建议	课堂学时
9．切割	9-2　低碳钢板碳弧气刨	9-2-1　能选用碳弧气刨的焊材、工具、夹具	（1）碳弧气刨焊材、工具、夹具选用	（1）认识碳弧气刨	1）碳弧气刨的工作原理、特点及应用范围	（1）方法：讲授法、演示法 （2）重点与难点：碳弧气刨原理及安全操作规程	4
					2）碳弧气刨设备 ①碳弧气刨电源 ②压缩空气源		
		9-2-2　能进行碳弧气刨所用设备、工具、夹具的安全检查	（1）碳弧气刨设备安全检查 （2）碳弧气刨工具安全检查 （3）碳弧气刨夹具安全检查		3）碳弧气刨材料及要求		
					4）碳弧气刨工艺参数		
					5）碳弧气刨常用工具		
					6）碳弧气刨安全操作规程		
		9-2-3　能连接及调整碳弧气刨设备	（1）碳弧气刨设备连接 （2）碳弧气刨设备调整	（2）气刨准备	1）碳弧气刨设备、工机具及夹具的安全检查 ①碳弧气刨电源的安全检查 ②压缩空气源的安全检查 ③碳弧气刨钳的安全检查 ④碳弧气刨软管的安全检查 ⑤拉紧器安全检查 ⑥管口钳安全检查	（1）方法：讲授法、演示法 （2）重点与难点：设备及工机具安全检查	2
		9-2-4　能根据工艺文件选择碳弧气刨工艺参数	（1）碳弧气刨工艺参数确认与调节		2）材料的准备 ①焊件的准备 ②碳棒的准备		
					3）碳弧气刨工艺参数确认与调节		
					4）周边环境安全检查		

续表

<table>
<tr><th colspan="4">2.1.2 初级职业技能培训要求</th><th colspan="4">2.2.2 初级职业技能培训课程规范</th></tr>
<tr><th>职业功能模块（模块）</th><th>培训内容（课程）</th><th>技能目标</th><th>培训细目</th><th>学习单元</th><th>课程内容</th><th>培训建议</th><th>课堂学时</th></tr>
<tr><td rowspan="5">9．切割</td><td rowspan="5">9-2 低碳钢板手工碳弧气刨</td><td rowspan="2">9-2-5 能用碳弧气刨刨削U形坡口，并达到两个工件对接焊接坡口的要求</td><td rowspan="2">（1）碳弧气刨刨削U形坡口</td><td rowspan="3">（3）手工气刨</td><td>1）碳弧气刨基本操作技术
①引弧
②刨削</td><td rowspan="3">（1）方法：讲授法、演示法、实训法
（2）重点与难点：碳弧气刨基本操作</td><td rowspan="3">16</td></tr>
<tr><td>2）碳弧气刨的操作
①刨坡口
②刨削焊接缺陷
③清除焊根</td></tr>
<tr><td rowspan="3">9-2-6 能用碳弧气刨清除焊缝缺陷</td><td rowspan="3">（1）割缝缺陷识别及其预防
（2）用碳弧气刨清除焊缝缺陷操作</td><td>3）注意事项
①操作注意事项
②安全注意事项</td></tr>
<tr><td rowspan="2">（4）割缝质量检查</td><td>1）碳弧气刨常见缺陷及防止措施
①夹碳
②粘渣
③槽形不正、宽窄不一或深浅不均
④刨偏
⑤铜斑</td><td rowspan="2">（1）方法：讲授法、演示法、实训法
（2）重点与难点：检验工具使用</td><td rowspan="2">2</td></tr>
<tr><td>2）割缝外观质量检查
①检查项目
②检验工具
③检查方法</td></tr>
</table>

续表

<table>
<tr><th colspan="4">2.1.2　初级职业技能培训要求</th><th colspan="4">2.2.2　初级职业技能培训课程规范</th></tr>
<tr><th>职业功能模块（模块）</th><th>培训内容（课程）</th><th>技能目标</th><th>培训细目</th><th>学习单元</th><th>课程内容</th><th>培训建议</th><th>课堂学时</th></tr>
<tr><td rowspan="7">10. 机器人焊接</td><td rowspan="7">10-1 厚度 δ=8 mm 低碳钢板机器人平位堆焊（二氧化碳气体保护焊）</td><td rowspan="3">10-1-1 能根据焊接工艺文件选择低碳钢板机器人平位堆焊参数</td><td rowspan="3">（1）焊接参数确认与调节</td><td rowspan="7">（1）认识机器人弧焊</td><td>1）弧焊机器人原理、特点及应用</td><td rowspan="7">（1）方法：讲授法
（2）重点与难点：机器人基本动作编程</td><td rowspan="7">16</td></tr>
<tr><td>2）机器人弧焊设备及辅助设备
①本体
②控制柜
③弧焊系统
④工装夹具</td></tr>
<tr><td>3）机器人弧焊焊接参数
①焊接电流
②焊接电压
③焊接速度
④焊丝干伸长度</td></tr>
<tr><td rowspan="4">10-1-2 能根据工艺文件要求进行低碳钢板机器人平位堆焊所用设备、工具、夹具的安全检查</td><td rowspan="4">（1）弧焊机器人设备安全检查
（2）弧焊机器人工机具安全检查
（3）弧焊机器人夹具安全检查</td><td>4）机器人弧焊常用工机具</td></tr>
<tr><td>5）机器人弧焊常用夹具
①三维柔性夹具平台
②快速夹紧器、锁紧器</td></tr>
<tr><td>6）机器人弧焊基本动作编程
①直线编程
②圆弧编程</td></tr>
<tr><td>7）机器人弧焊安全操作规程</td></tr>
</table>

续表

<table>
<tr><th colspan="4">2.1.2　初级职业技能培训要求</th><th colspan="4">2.2.2　初级职业技能培训课程规范</th></tr>
<tr><th>职业功能模块（模块）</th><th>培训内容（课程）</th><th>技能目标</th><th>培训细目</th><th>学习单元</th><th>课程内容</th><th>培训建议</th><th>课堂学时</th></tr>
<tr><td rowspan="8">10. 机器人焊接</td><td rowspan="8">10-1　厚度 δ=8 mm 低碳钢板机器人平位堆焊(二氧化碳气体保护焊)</td><td rowspan="4">10-1-3　能进行低碳钢板机器人平位堆焊的焊前清理</td><td rowspan="4">（1）低碳钢板机器人平位堆焊焊前清理</td><td rowspan="4">（2）焊前准备</td><td>1）机器人弧焊设备、工机具、夹具及周边环境安全检查
①机器人单体安全检查
②工作台及夹具安全检查
③供气系统安全检查
④焊机、电缆线、控制线安全检查
⑤工机具安全检查
⑥周边环境安全检查</td><td rowspan="4">（1）方法：讲授法、演示法、实训法
（2）重点与难点：焊接参数确认与调节</td><td rowspan="4">8</td></tr>
<tr><td>2）材料的准备
①焊接材料准备
②焊件准备</td></tr>
<tr><td>3）焊接参数确认与调节</td></tr>
<tr><td>4）坡口检查和焊前清理</td></tr>
<tr><td rowspan="3">10-1-4　能按照工艺文件要求完成低碳钢板机器人平位堆焊</td><td rowspan="3">（1）弧焊机器人编程及焊接</td><td rowspan="3">（3）组对、焊接</td><td>1）组对及定位焊</td><td rowspan="3">（1）方法：讲授法、演示法、实训法
（2）重点与难点：编程及焊接操作</td><td rowspan="3"></td></tr>
<tr><td>2）编程及焊接</td></tr>
<tr><td>3）焊后清理
①清理要求
②清理内容</td></tr>
<tr><td>10-1-5　能根据工艺文件对低碳钢板机器人平位堆焊焊缝外观质量进行自检</td><td>（1）常见低碳钢板机器人平位堆焊焊缝表面缺陷识别及其预防
（2）焊缝外观质量检查</td><td>（4）焊缝外观质量自检</td><td>1）焊缝外观质量检查
①检查项目
②检验工具
③检查方法</td><td>（1）方法：讲授法、演示法、实训法
（2）重点与难点：检查工具的使用</td><td>2</td></tr>
<tr><td colspan="7">课堂学时合计
焊条电弧焊 / 熔化极气体保护焊 / 非熔化极气体保护焊 / 埋弧焊 / 气焊 / 钎焊 / 电阻焊 / 压力焊 / 切割 / 机器人焊接</td><td>74/46/70/48/42/54/50/42/48/66</td></tr>
</table>

附录3　中级职业技能培训要求与课程规范对照表

<table>
<tr><th colspan="4">2.1.3　中级职业技能培训要求</th><th colspan="4">2.2.3　中级职业技能培训课程规范</th></tr>
<tr><th>职业功能模块（模块）</th><th>培训内容（课程）</th><th>技能目标</th><th>培训细目</th><th>学习单元</th><th>课程内容</th><th>培训建议</th><th>课堂学时</th></tr>
<tr><td rowspan="10">1. 焊条电弧焊</td><td rowspan="10">1-1　管板插入式或骑座式焊接的单面焊双面成型</td><td>1-1-1　能选择符合管板焊接要求的焊条</td><td>（1）焊条领取和确认</td><td rowspan="6">（1）焊前准备</td><td>1）管板连接的形式</td><td rowspan="6">（1）方法：讲授法、演示法、实训法
（2）重点与难点：焊接参数确认与调节</td><td rowspan="6">2</td></tr>
<tr><td rowspan="6">1-1-2　能根据焊接工艺文件要求进行管板的坡口清理</td><td rowspan="6">（1）坡口清理</td><td>2）焊条电弧焊设备、工机具、夹具的安全检查
①焊机的安全检查
②电焊钳的安全检查
③焊接电缆的安全检查
④角磨机、直磨机的安全检查
⑤夹具的安全检查</td></tr>
<tr><td>3）材料准备
①焊接材料准备
②焊件准备</td></tr>
<tr><td>4）焊接参数确认与调节</td></tr>
<tr><td>5）焊前清理
①清理范围
②清理方法</td></tr>
<tr><td>6）周边环境安全检查</td></tr>
<tr><td rowspan="4">（2）组对、焊接</td><td>1）组对及定位焊</td><td rowspan="4">（1）方法：讲授法、演示法、实训法
（2）重点与难点：单面焊双面成型</td><td rowspan="4">30</td></tr>
<tr><td rowspan="3">1-1-3　能根据焊接工艺文件选择焊接参数，调整焊条角度，焊出符合要求的角焊缝</td><td rowspan="3">（1）骑座式管板水平固定全位置焊接
（2）插入式管板水平固定全位置焊接</td><td>2）管板插入式水平固定全位置焊接
①打底层的焊接
②填充层的焊接
③盖面层的焊接</td></tr>
<tr><td>3）管板骑座式水平固定全位置焊接
①打底层的焊接
②填充层的焊接
③盖面层的焊接</td></tr>
<tr><td>4）焊后清理
①清理要求
②清理内容</td></tr>
</table>

续表

2.1.3 中级职业技能培训要求				2.2.3 中级职业技能培训课程规范			
职业功能模块（模块）	培训内容（课程）	技能目标	培训细目	学习单元	课程内容	培训建议	课堂学时
1．焊条电弧焊	1-1 管板插入式或骑座式焊接的单面焊双面成型	1-1-4 能根据工艺文件对管板焊缝外观质量进行自检	（1）管板焊缝常见表面缺陷识别及其预防 （2）焊缝外观质量检查	（3）焊缝外观质量检查	1）焊缝外观质量检查 ①检查项目 ②检验工具 ③检查方法	（1）方法：讲授法、演示法、实训法 （2）重点与难点：检查方法	2
	1-2 厚度$\delta \geqslant 6$mm低碳钢板或低合金钢板的对接立焊单面焊双面成型	1-2-1 能进行钢板对接立焊坡口清理	（1）钢板对接立焊坡口清理	（1）焊前准备	1）焊条电弧焊设备、工机具、夹具的安全检查 ①焊机的安全检查 ②电焊钳的安全检查 ③焊接电缆的安全检查 ④角磨机、直磨机的安全检查 ⑤夹具的安全检查	（1）方法：讲授法、演示法、实训法 （2）重点与难点：焊接参数确认与调节	2
		1-2-2 能根据焊接工艺文件选择钢板对接立焊焊条电弧焊的参数	（1）焊接参数确认与调节		2）材料准备 ①焊接材料准备 ②焊件准备		
					3）焊接参数确认与调节		
		1-2-3 能预留焊件的反变形，完成焊件的组对和定位焊	（1）焊件组对 （2）焊件定位焊		4）焊前清理 ①清理范围 ②清理方法		
					5）周边环境安全检查		
		1-2-4 能根据焊接工艺文件要求确定钢板对接立焊打底焊道及其他焊道的运条方式，焊接符合根部透度要求的焊缝，单面焊双面成型	（1）对接立焊单面焊双面成型焊接	（2）组对、焊接	1）组对及定位焊	（1）方法：讲授法、演示法、实训法 （2）重点：焊条角度的控制 （3）难点：对接立焊打底焊操作技能	30
					2）焊接 ①打底层的焊接 ②填充层的焊接 ③盖面层的焊接		
					3）焊后清理 ①清理要求 ②清理内容		

续表

2.1.3 中级职业技能培训要求				2.2.3 中级职业技能培训课程规范			
职业功能模块（模块）	培训内容（课程）	技能目标	培训细目	学习单元	课程内容	培训建议	课堂学时
1. 焊条电弧焊	1–2 厚度 δ ≥ 6 mm 低碳钢板或低合金钢板的对接立焊单面焊双面成型	1–2–5 能根据工艺文件对厚度 δ ≥ 6 mm 低碳钢板或低合金钢板对接立焊焊缝外观质量进行自检	（1）钢板对接立焊常见表面缺陷识别及其预防 （2）焊缝外观质量检查	（3）焊缝外观质量检查	1）焊缝外观质量检查 ①检查项目 ②检验工具 ③检查方法	（1）方法：讲授法、演示法、实训法 （2）重点：焊缝外观质量检查方法	2
	1–3 厚度 δ ≥ 6 mm 低碳钢板或低合金钢板的对接横焊单面焊双面成型	1–3–1 能选择符合中等厚度低碳钢板或低合金钢板对接横焊要求的焊条	（1）焊条领取和确认	（1）焊前准备	1）焊条电弧焊设备、工机具、夹具的安全检查 ①焊机的安全检查 ②电焊钳的安全检查 ③焊接电缆的安全检查 ④角磨机、直磨机的安全检查 ⑤夹具的安全检查	（1）方法：讲授法、演示法、实训法 （2）重点与难点：焊接参数的确认与调节	2
		1–3–2 能根据图样对厚度 δ ≥ 6mm 低碳钢板或低合金钢板的对接坡口进行检查与清理	（1）焊件坡口检查 （2）焊件清理		2）材料准备 ①焊接材料准备 ②焊件准备 3）焊接参数确认与调节 4）坡口检查和焊前清理 5）周边环境安全检查		
		1–3–3 能通过焊件的反变形降低焊接残余变形	（1）焊接残余变形的降低	（2）组对、焊接	1）组对及定位焊 2）焊接 ①打底层的焊接 ②填充层的焊接 ③盖面层的焊接	（1）方法：讲授法、演示法、实训法 （2）重点：焊条角度的控制 （3）难点：对接横焊打底焊操作技能	30
		1–3–4 能焊接符合根部透度要求的钢板对接打底焊道，清理中间焊道以及成型良好的盖面焊缝	（1）板对接横焊单面焊双面成型焊接		3）焊后清理 ①清理要求 ②清理内容		

续表

<table>
<tr><td colspan="4">2.1.3　中级职业技能培训要求</td><td colspan="4">2.2.3　中级职业技能培训课程规范</td></tr>
<tr><td>职业功能模块（模块）</td><td>培训内容（课程）</td><td>技能目标</td><td>培训细目</td><td>学习单元</td><td>课程内容</td><td>培训建议</td><td>课堂学时</td></tr>
<tr><td rowspan="7">1. 焊条电弧焊</td><td>1-3　厚度 $\delta \geqslant$ 6 mm 低碳钢板或低合金钢板的对接横焊单面焊双面成型</td><td>1-3-5　能根据工艺文件对厚度 $\delta \geqslant$ 6 mm 低碳钢板或低合金钢板对接横焊焊缝外观质量进行自检</td><td>（1）板对接横焊常见表面缺陷识别及其预防
（2）焊缝外观质量检查</td><td>（3）焊缝外观质量检查</td><td>1）焊缝外观质量检查
①检查项目
②检验工具
③检查方法</td><td>（1）方法：讲授法、演示法、实训法
（2）重点与难点：焊缝外观质量检查方法</td><td>2</td></tr>
<tr><td rowspan="6">1-4　管径 $\phi \geqslant$ 76 mm 低碳钢管或低合金钢管的对接水平固定、垂直固定或 45° 固定焊接</td><td>1-4-1　能选择符合管径 $\phi \geqslant$ 76 mm 低碳钢管或低合金钢管对接要求的焊条</td><td>（1）焊条领取和确认</td><td rowspan="6">（1）焊前准备</td><td>1）钢管焊接位置基本形式
①水平转动
②水平固定
③垂直固定
④ 45° 固定</td><td rowspan="6">（1）方法：讲授法、演示法、实训法
（2）重点与难点：焊接参数确认与调节</td><td rowspan="6">2</td></tr>
<tr><td rowspan="5">1-4-2　能根据图样对管径 $\phi \geqslant$ 76 mm 低碳钢管或低合金钢管进行坡口检查与清理</td><td rowspan="5">（1）坡口检查
（2）焊前清理</td><td>2）焊条电弧焊设备、工机具、夹具的安全检查
①焊机的安全检查
②电焊钳的安全检查
③焊接电缆的安全检查
④角磨机、直磨机的安全检查
⑤夹具的安全检查</td></tr>
<tr><td>3）材料准备
①焊接材料准备
②焊件准备</td></tr>
<tr><td>4）焊接参数确认与调节</td></tr>
<tr><td>5）坡口检查和焊前清理</td></tr>
<tr><td>6）周边环境安全检查</td></tr>
</table>

续表

<table>
<tr><th colspan="4">2.1.3 中级职业技能培训要求</th><th colspan="4">2.2.3 中级职业技能培训课程规范</th></tr>
<tr><th>职业功能模块（模块）</th><th>培训内容（课程）</th><th>技能目标</th><th>培训细目</th><th>学习单元</th><th>课程内容</th><th>培训建议</th><th>课堂学时</th></tr>
<tr><td rowspan="3">1. 焊条电弧焊</td><td rowspan="3">1-4 管径 $\phi \geqslant$ 76 mm 低碳钢管或低合金钢管的对接水平固定、垂直固定或45°固定焊接</td><td>1-4-3 能根据焊接工艺文件确定定位焊位置</td><td>（1）焊件组对
（2）焊件定位焊</td><td rowspan="2">（2）组对、焊接</td><td>1）组对及定位焊
2）钢管的对接水平固定焊接
①打底层的焊接
②填充层的焊接
③盖面层的焊接</td><td rowspan="2">（1）方法：讲授法、演示法、实训法
（2）重点与难点：打底层的焊接</td><td rowspan="2">30</td></tr>
<tr><td>1-4-4 根据焊接位置调整焊条角度，能焊接符合焊缝尺寸要求的管径 $\phi \geqslant 76$ mm 低碳钢管或低合金钢管对接打底焊道，清理中间焊道以及成型良好的盖面焊缝</td><td>（1）对接水平固定焊接
（2）对接垂直固定焊接
（3）对接45°固定焊接</td><td>3）钢管的对接垂直固定焊接
①打底层的焊接
②填充层的焊接
③盖面层的焊接
4）钢管的对接45°固定焊接
①打底层的焊接
②填充层的焊接
③盖面层的焊接
5）焊后清理
①清理要求
②清理内容</td></tr>
<tr><td>1-4-5 能根据工艺文件对管径 $\phi \geqslant$ 76 mm 低碳钢管或低合金钢管对接焊缝外观质量进行自检</td><td>（1）钢管对接焊接常见表面缺陷识别及其预防
（2）焊缝外观质量检查</td><td>（3）焊缝外观质量检查</td><td>1）焊缝外观质量检查
①检查项目
②检验工具
③检查方法</td><td>（1）方法：讲授法、演示法、实训法
（2）重点与难点：焊缝外观质量检查方法</td><td>2</td></tr>
<tr><td>2. 熔化极气体保护焊</td><td>2-1 厚度 δ = 8～12 mm 低碳钢板或低合金钢板横位或立位对接的熔化极气体保护焊（单面焊双面成型）</td><td>2-1-1 能选择符合低碳钢板或低合金钢板横位或立位对接要求的二氧化碳气体保护焊焊丝</td><td>（1）焊丝领取与确认</td><td>（1）焊前准备</td><td>1）二氧化碳气体保护焊设备、工机具、夹具的安全检查
①焊机的安全检查
②供气系统的安全检查
③冷却系统的安全检查
④角磨机、直磨机的安全检查
⑤夹具安全检查</td><td>（1）方法：讲授法、演示法、实训法
（2）重点与难点：焊接参数确认与调节</td><td>2</td></tr>
</table>

续表

2.1.3　中级职业技能培训要求				2.2.3　中级职业技能培训课程规范			
职业功能模块（模块）	培训内容（课程）	技能目标	培训细目	学习单元	课程内容	培训建议	课堂学时
2. 熔化极气体保护焊	2-1　厚度 δ=8 ~ 12 mm 低碳钢板或低合金钢板横位或立位对接的熔化极气体保护焊（单面焊双面成型）	2-1-2　能根据图样对厚度 δ=8 ~ 12 mm 钢板对接横焊或立焊的坡口进行检查与清理	（1）焊件坡口检查 （2）焊件清理	（1）焊前准备	2）材料准备 ①焊接材料准备 ②焊件准备		
					3）焊接参数确认与调节		
		2-1-3　能根据焊接工艺文件选择厚度 δ=8 ~ 12 mm 钢板横位或立位对接的焊接参数	（1）焊接参数确认与调节		4）坡口检查和焊前清理		
					5）周边环境安全检查		
		2-1-4　能选择熔化极气体保护焊左向焊和右向焊	（1）焊接方向选择	（2）组对、焊接	1）组对及定位焊	（1）方法：讲授法、演示法、实训法 （2）重点与难点：钢板横位对接焊接操作	12
					2）钢板横位对接焊接 ①打底层的焊接 ②填充层的焊接 ③盖面层的焊接		
		2-1-5　能焊接符合要求的打底焊道，中间焊道，以及成型良好的盖面焊缝	（1）钢板立位对接的熔化极气体保护焊焊接 （2）钢板横位对接的熔化极气体保护焊焊接		3）钢板立位对接焊接 ①打底层的焊接 ②填充层的焊接 ③盖面层的焊接		
					4）焊后清理 ①清理要求 ②清理内容		
		2-1-6　能根据工艺文件对中等厚度低碳钢板或低合金钢板焊缝外观质量进行自检	（1）钢板对接横焊或立焊常见表面缺陷识别及其预防 （2）焊缝外观质量检查	（3）焊缝外观质量检查	1）焊缝外观质量检查 ①检查项目 ②检验工具 ③检查方法	（1）方法：讲授法、演示法、实训法 （2）重点与难点：焊缝外观质量检查方法	2

2.1.3 中级职业技能培训要求				2.2.3 中级职业技能培训课程规范			
职业功能模块（模块）	培训内容（课程）	技能目标	培训细目	学习单元	课程内容	培训建议	课堂学时
2. 熔化极气体保护焊	2-2 管径 ϕ=76 ~ 168 mm 低碳钢管或低合金钢管对接水平固定和垂直固定的二氧化碳气体保护焊	2-2-1 能选择符合管径 ϕ 76~168 mm 低碳钢管或低合金钢管对接工艺要求的二氧化碳气体保护焊焊丝	（1）焊丝领取与确认	（1）焊前准备	1）二氧化碳气体保护焊设备、工机具、夹具的安全检查 ①焊机的安全检查 ②供气系统的安全检查 ③冷却系统的安全检查 ④角磨机、直磨机的安全检查 ⑤夹具安全检查	（1）方法：讲授法、演示法、实训法 （2）重点与难点：焊接参数确认与调节	2
		2-2-2 能根据图样对管径 ϕ=76 ~ 168 mm 低碳钢管或低合金钢管对接二氧化碳气体保护焊的坡口进行检查与清理	（1）焊件坡口检查 （2）焊件清理		2）材料准备 ①焊接材料准备 ②焊件准备		
		2-2-3 能根据工艺文件选择管径 ϕ= 76 ~ 168 mm 低碳钢管或低合金钢管水平固定和垂直固定的焊接参数	（1）焊接参数确认与调节		3）焊接参数确认与调节		
					4）坡口检查和焊前清理		
					5）周边环境安全检查		
		2-2-4 能根据焊接工艺文件选择管径 ϕ=76 ~168 mm 低碳钢管或低合金钢管水平固定和垂直固定的二氧化碳气体保护焊的定位焊位置	（1）焊件组对 （2）焊件定位焊	（2）组对、焊接	1）组对及定位焊	（1）方法：讲授法、演示法、实训法 （2）重点与难点：焊枪角度调整	12
					2）钢管对接水平固定焊接 ①打底层的焊接 ②填充层的焊接 ③盖面层的焊接		
					3）钢管对接垂直固定焊接 ①打底层的焊接 ②填充层的焊接 ③盖面层的焊接		

续表

2.1.3 中级职业技能培训要求				2.2.3 中级职业技能培训课程规范			
职业功能模块（模块）	培训内容（课程）	技能目标	培训细目	学习单元	课程内容	培训建议	课堂学时
2. 熔化极气体保护焊	2-2 管径 ϕ=76～168 mm低碳钢管或低合金钢管对接水平固定和垂直固定的二氧化碳气体保护焊	2-2-5 能根据管径 ϕ= 76 ~ 168 mm钢管焊接位置方向的变化调整焊枪角度，焊接符合透度要求的焊缝	（1）钢管对接水平固定焊接 （2）钢管对接垂直固定焊接	（2）组对、焊接	4）焊后清理 ①清理要求 ②清理内容		
		2-2-6 能根据工艺文件对管径 ϕ= 76 ~ 168 mm低碳钢或低合金钢管水平固定和垂直固定焊缝外观质量进行自检	（1）钢管对接水平固定和垂直固定焊接常见表面缺陷识别及其预防 （2）焊缝外观质量检验	（3）焊缝外观质量检查	1）焊缝外观质量检查 ①检查项目 ②检验工具 ③检查方法	（1）方法：讲授法、演示法、实训法 （2）重点与难点：焊缝外观质量检查方法	2
	2-3 厚度 $\delta \geqslant$ 6 mm低碳钢板或低合金钢板气电立焊	2-3-1 能选择符合低碳钢板气电立焊要求的焊丝	（1）焊丝领取及确认 （2）保护气体确认	（1）认识气电立焊	1）气电立焊原理、分类及应用 2）气电立焊焊接材料 ①保护气体 ②焊丝	（1）方法：讲授法、演示法、实训法 （2）重点与难点：气电立焊焊接工艺要领	2
		2-3-2 能根据图样对低碳钢板气电立焊进行坡口检查、焊件清理、组对及定位焊	（1）坡口检查及清理 （2）焊件组对 （3）焊件定位焊		3）气电立焊焊接参数 ①焊接电流 ②电弧电压 ③焊接速度 ④焊丝摆幅 ⑤焊丝伸出长度 ⑥气体流量		

续表

2.1.3 中级职业技能培训要求				2.2.3 中级职业技能培训课程规范			
职业功能模块（模块）	培训内容（课程）	技能目标	培训细目	学习单元	课程内容	培训建议	课堂学时
2. 熔化极气体保护焊	2-3 厚度$\delta \geqslant 6$ mm低碳钢板或低合金钢板气电立焊	2-3-3 能根据焊接工艺文件选择焊接参数	(1) 焊接参数确认与调节	(1) 认识气电立焊	4) 气电立焊的设备组成及应用		
		2-3-4 能进行气电立焊设备及工艺设备的调试	(1) 气电立焊设备及工艺设备调试		5) 气电立焊工具 ①扳手 ②角磨机 ③尖嘴钳		
					6) 气电立焊夹具		
					7) 气电立焊焊接工艺要领		
					8) 气电立焊安全操作规程		
				(2) 焊前准备	1) 气电立焊设备、工艺设备的调试及安全检查 ①携焊机头升降的机械系统调试及安全检查 ②快速送丝系统调试及安全检查 ③水冷强迫成型系统调试及安全检查 ④焊接电源及供(保护)气系统调试及安全检查 ⑤焊枪及焊枪摆动控制系统调试及安全检查 ⑥焊接过程自动控制系统调试及安全检查	(1) 方法：讲授法、演示法、实训法 (2) 重点与难点：气电立焊设备安全检查及调试	2
		2-3-5 能进行气电立焊的引弧、焊接和收弧	(1) 钢板气电立焊的焊接 (2) 焊后清理		2) 气电立焊工机具、夹具的安全检查 ①角磨机、直磨机的安全检查 ②夹具的安全检查		

续表

<table>
<tr><th colspan="4">2.1.3　中级职业技能培训要求</th><th colspan="4">2.2.3　中级职业技能培训课程规范</th></tr>
<tr><th>职业功能模块（模块）</th><th>培训内容（课程）</th><th>技能目标</th><th>培训细目</th><th>学习单元</th><th>课程内容</th><th>培训建议</th><th>课堂学时</th></tr>
<tr><td rowspan="8">2. 熔化极气体保护焊</td><td rowspan="8">2-3　厚度$\delta \geq 6$mm低碳钢板或低合金钢板气电立焊</td><td rowspan="4">2-3-5　能进行气电立焊的引弧、焊接和收弧</td><td rowspan="4">（1）钢板气电立焊的焊接
（2）焊后清理</td><td rowspan="4">（2）焊前准备</td><td>3）材料准备
①焊接材料准备
②焊件准备
③衬垫准备</td><td rowspan="4"></td><td rowspan="4"></td></tr>
<tr><td>4）焊接参数确认与调节</td></tr>
<tr><td>5）坡口检查和焊前清理</td></tr>
<tr><td>6）周边环境安全检查</td></tr>
<tr><td rowspan="4">2-3-6　能根据工艺文件对低碳钢板气电立焊焊缝外观质量进行自检</td><td rowspan="4">（1）钢板气电立焊常见表面缺陷识别及其预防
（2）焊缝外观质量检查</td><td rowspan="3">（3）组对、焊接</td><td>1）组对及定位焊</td><td rowspan="3">（1）方法：讲授法、演示法、实训法
（2）重点与难点：气电立焊焊接操作</td><td rowspan="3">12</td></tr>
<tr><td>2）钢板气电立焊焊接
①引弧
②焊接
③收弧</td></tr>
<tr><td>3）焊后清理
①清理要求
②清理内容</td></tr>
<tr><td>（4）焊缝外观质量检查</td><td>1）焊缝外观质量检查
①检查项目
②检验工具
③检查方法</td><td>（1）方法：讲授法、演示法、实训法
（2）重点与难点：焊缝外观质量检查方法</td><td>2</td></tr>
<tr><td rowspan="2">3. 非熔化极气体保护焊</td><td rowspan="2">3-1　低碳钢管板插入式或骑座式的手工钨极氩弧焊</td><td>3-1-1　能选择符合低碳钢管板插入式或骑座式手工钨极氩弧焊的焊接材料</td><td>（1）焊丝领取及确认
（2）钨极领取及确认</td><td rowspan="2">（1）焊前准备</td><td>1）管板连接的形式</td><td rowspan="2">（1）方法：讲授法、演示法、实训法
（2）重点与难点：焊接参数确认与调节</td><td rowspan="2">2</td></tr>
<tr><td>3-1-2　能进行低碳钢管板插入式或骑座式手工钨极氩弧焊的坡口检查与清理</td><td>（1）坡口检查
（2）焊件清理</td><td>2）手工钨极氩弧焊设备、工机具、夹具的安全检查
①焊机的安全检查
②供气系统的安全检查
③冷却系统的安全检查
④角磨机、直磨机的安全检查
⑤夹具安全检查</td></tr>
</table>

续表

2.1.3　中级职业技能培训要求				2.2.3　中级职业技能培训课程规范			
职业功能模块（模块）	培训内容（课程）	技能目标	培训细目	学习单元	课程内容	培训建议	课堂学时
3. 非熔化极气体保护焊	3-1　低碳钢管板插入式或骑座式的手工钨极氩弧焊	3-1-3　能选择低碳钢管板手工钨极氩弧焊焊接参数	（1）焊接参数确认与调节	（1）焊前准备	3）材料准备 ①焊接材料准备 ②焊件准备 4）焊接参数确认与调节 5）坡口检查和焊前清理 6）周边环境安全检查		
		3-1-4　能进行低碳钢管板插入式或骑座式的手工钨极氩弧焊打底、填充、盖面成型的焊接	（1）管板插入式手工钨极氩弧焊焊接 （2）管板骑座式手工钨极氩弧焊焊接	（2）组对、焊接	1）组对及定位焊 2）管板插入式水平固定焊接 ①打底层的焊接 ②填充层的焊接 ③盖面层的焊接 3）管板骑座式水平固定焊接 ①打底层的焊接 ②填充层的焊接 ③盖面层的焊接 4）焊后清理 ①清理要求 ②清理内容	（1）方法：讲授法、演示法、实训法 （2）重点与难点：焊接过程中焊枪、焊丝的配合	18
		3-1-5　能根据焊接工艺文件要求对低碳钢管板的手工钨极氩弧焊焊缝外观质量进行自检	（1）管板手工钨极氩弧焊常见表面缺陷识别及其预防 （2）焊缝外观质量检查	（3）焊缝外观质量检查	1）焊缝外观质量检查 ①检查项目 ②检验工具 ③检查方法	（1）方法：讲授法、演示法、实训法 （2）重点与难点：焊缝外观质量检查方法	2
	3-2　管径 $\phi<60$ mm低合金钢管对接水平固定和垂直固定的手工钨极氩弧焊	3-2-1　能进行管径 $\phi<60$ mm低合金钢管对接水平固定和垂直固定手工钨极氩弧焊的坡口检查与清理	（1）焊件坡口检查 （2）焊件焊前清理	（1）焊前准备	1）手工钨极氩弧焊设备、工机具、夹具的安全检查 ①焊机的安全检查 ②供气系统的安全检查 ③冷却系统的安全检查 ④角磨机、直磨机的安全检查 ⑤夹具安全检查	（1）方法：讲授法、演示法、实训法 （2）重点与难点：焊接参数确认与调节	2

续表

2.1.3 中级职业技能培训要求				2.2.3 中级职业技能培训课程规范			
职业功能模块（模块）	培训内容（课程）	技能目标	培训细目	学习单元	课程内容	培训建议	课堂学时
3. 非熔化极气体保护焊	3-2 管径 ϕ < 60 mm 低合金钢管对接水平固定和垂直固定的手工钨极氩弧焊	3-2-2 能选择管径 ϕ < 60 mm 低合金钢管对接水平固定和垂直固定的手工钨极氩弧焊焊接参数	（1）焊接参数确认与调节		2）材料准备 ①焊接材料准备 ②焊件准备		
					3）焊接参数确认与调节		
					4）坡口检查和焊前清理		
					5）周边环境安全检查		
		3-2-3 能进行管径 ϕ < 60 mm 低合金钢管对接水平固定和垂直固定手工钨极氩弧焊打底焊道、填充焊道、盖面焊缝的焊接，单面焊双面成型	（1）低合金钢管对接水平固定手工钨极氩弧焊焊接 （2）低合金钢管对接垂直固定手工钨极氩弧焊焊接	（2）组对、焊接	1）组对及定位焊	（1）方法：讲授法、演示法、实训法 （2）重点与难点：对接接头焊接过程中焊枪、焊丝的配合	24
					2）钢管对接水平固定焊接 ①打底层的焊接 ②填充层的焊接 ③盖面层的焊接		
					3）钢管对接垂直固定焊接 ①打底层的焊接 ②填充层的焊接 ③盖面层的焊接		
					4）焊后清理 ①清理要求 ②清理内容		
		3-2-4 能根据焊接工艺文件要求对管径 ϕ < 60 mm 低合金钢管对接水平固定和垂直固定焊缝外观质量进行自检	（1）低合金钢管对接焊常见表面缺陷识别及其预防 （2）焊缝外观质量检查	（3）焊缝外观质量检查	1）焊缝外观质量检查 ①检查项目 ②检验工具 ③检查方法	（1）方法：讲授法、演示法、实训法 （2）重点与难点：焊缝外观质量检查方法	2

续表

<table>
<tr><th colspan="4">2.1.3 中级职业技能培训要求</th><th colspan="4">2.2.3 中级职业技能培训课程规范</th></tr>
<tr><th>职业功能模块（模块）</th><th>培训内容（课程）</th><th>技能目标</th><th>培训细目</th><th>学习单元</th><th>课程内容</th><th>培训建议</th><th>课堂学时</th></tr>
<tr><td rowspan="10">4. 埋弧焊</td><td rowspan="10">4-1 低碳钢板或低合金钢板的双丝埋弧焊</td><td rowspan="2">4-1-1 能选择低碳钢板或低合金钢板双丝埋弧焊的焊接材料</td><td rowspan="2">（1）焊丝领取与确认
（2）焊剂领取与确认</td><td rowspan="6">（1）焊前准备</td><td>1）双丝埋弧焊的工艺特点和应用</td><td rowspan="6">（1）方法：讲授法、演示法、实训法
（2）重点与难点：焊接参数确认与调节</td><td rowspan="6">2</td></tr>
<tr><td>2）双丝埋弧焊设备、工机具、夹具的安全检查
①焊接电源检查
②控制箱检查
③行走小车检查
④电缆检查
⑤角磨机、直磨机安全检查
⑥夹具安全检查</td></tr>
<tr><td rowspan="4">4-1-2 能根据被焊材料和焊接材料选择双丝埋弧焊焊接参数</td><td rowspan="4">（1）焊接参数确认与调节</td><td>3）材料准备
①焊接材料准备
②焊件准备</td></tr>
<tr><td>4）焊接参数确认与调节</td></tr>
<tr><td>5）坡口检查和焊前清理</td></tr>
<tr><td>6）周边环境安全检查</td></tr>
<tr><td rowspan="2">4-1-3 能根据低碳钢板或低合金钢板双丝埋弧焊的工艺要求进行焊件组对与定位焊</td><td rowspan="2">（1）焊件组对
（2）焊件定位焊</td><td rowspan="3">（2）组对、焊接</td><td>1）组对及定位焊</td><td rowspan="3">（1）方法：讲授法、演示法、实训法
（2）重点与难点：焊接过程监控</td><td rowspan="3">22</td></tr>
<tr><td>2）焊接
①引弧
②焊接过程监控
③收弧</td></tr>
<tr><td>4-1-4 能根据双丝埋弧焊工艺要求进行焊接</td><td>（1）钢板双丝埋弧焊焊接</td><td>3）焊后清理
①清理要求
②清理内容</td></tr>
<tr><td>4-1-5 能对低碳钢板或低合金钢板双丝埋弧焊的焊缝外观质量进行自检</td><td>（1）钢板双丝埋弧焊常见表面缺陷识别及其预防
（2）焊缝外观质量检查</td><td>（3）焊缝外观质量检查</td><td>1）焊缝外观质量检查
①检查项目
②检验工具
③检查方法</td><td>（1）方法：讲授法、演示法、实训法
（2）重点与难点：焊缝外观质量检查方法</td><td>2</td></tr>
</table>

续表

2.1.3　中级职业技能培训要求				2.2.3　中级职业技能培训课程规范			
职业功能模块（模块）	培训内容（课程）	技能目标	培训细目	学习单元	课程内容	培训建议	课堂学时
4. 埋弧焊	4-2　不锈钢覆层的带极埋弧堆焊	4-2-1　能根据焊接工艺文件选择带极和基板材料	（1）带极和焊剂领取与确认 （2）基板检查与清理	（1）焊前准备	1）带极埋弧焊的工艺特点和应用	（1）方法：讲授法、实物示教法 （2）重点与难点：焊接参数的调节	2
					2）带极埋弧焊设备、工机具、夹具的安全检查 ①焊接电源检查 ②控制箱检查 ③行走小车检查 ④电缆检查 ⑤角磨机、直磨机安全检查 ⑥夹具安全检查		
		4-2-2　能选择带极埋弧堆焊的焊接参数	（1）焊接参数确认与调节		3）材料准备 ①焊接材料准备 ②焊件准备		
					4）焊接参数确认与调节		
					5）焊前清理		
					6）周边环境安全检查		
		4-2-3　能根据带极埋弧堆焊工艺要求进行堆焊	（1）带极埋弧堆焊焊接	（2）焊接	1）焊接 ①引弧 ②焊接 ③收弧	（1）方法：讲授法、演示法、实训法 （2）重点与难点：焊接操作	22
					2）焊后清理 ①清理要求 ②清理内容		
		4-2-4　能根据焊接工艺文件对带极埋弧堆焊焊缝外观质量进行自检	（1）带极埋弧堆焊常见表面缺陷识别及其预防 （2）焊缝外观质量检查	（3）焊缝外观质量检查	1）焊缝外观质量检查 ①检查项目 ②检验工具 ③检查方法	（1）方法：讲授法、演示法、实训法 （2）重点与难点：焊缝外观质量检查方法	2

续表

2.1.3 中级职业技能培训要求				2.2.3 中级职业技能培训课程规范			
职业功能模块（模块）	培训内容（课程）	技能目标	培训细目	学习单元	课程内容	培训建议	课堂学时
5. 气焊	5-1 管径 ϕ < 60 mm 低碳钢管的对接水平固定和45° 固定气焊	5-1-1 能根据图样进行管径 ϕ<60 mm 低碳钢管的坡口检查与清理	(1) 坡口检查 (2) 焊件清理	(1) 焊前准备	1) 气焊设备、工机具、夹具安全检查 ①气瓶及减压器安全检查 ②胶管安全检查 ③焊炬安全检查 ④角磨机、直磨机安全检查 ⑤夹具安全检查	(1) 方法：讲授法、演示法、实训法 (2) 重点与难点：焊接参数确认与调节	2
		5-1-2 能根据工艺文件确定可燃气体、助燃气体和焊炬，以满足低碳钢管气焊要求	(1) 可燃气体和助燃气体确认 (2) 焊炬确认		2) 材料准备 ①焊接材料准备 ②焊件准备		
		5-1-3 能根据焊接工艺文件要求调整火焰类别，以适应低碳钢管的气焊	(1) 气焊火焰类别确认与调节		3) 焊接参数确认与调节		
					4) 坡口检查和焊前清理		
					5) 周边环境安全检查		
		5-1-4 能根据管径 ϕ< 60 mm 低碳钢管厚度确定焊接的层数	(1) 焊接层数确认	(2) 组对、焊接	1) 组对及定位焊	(1) 方法：讲授法、演示法、实训法 (2) 重点与难点：焊接操作	18
					2) 钢管水平固定焊接 ①打底焊 ②盖面焊		
		5-1-5 能根据管径 ϕ< 60 mm 低碳钢管气焊工艺文件要求起焊、焊接和收尾	(1) 低碳钢管水平固定气焊焊接 (2) 低碳钢管45° 固定气焊焊接		3) 钢管45° 固定焊接 ①打底焊 ②盖面焊		
					4) 焊后清理 ①清理要求 ②清理内容		

续表

<table>
<tr><th colspan="4">2.1.3　中级职业技能培训要求</th><th colspan="4">2.2.3　中级职业技能培训课程规范</th></tr>
<tr><th>职业功能模块（模块）</th><th>培训内容（课程）</th><th>技能目标</th><th>培训细目</th><th>学习单元</th><th>课程内容</th><th>培训建议</th><th>课堂学时</th></tr>
<tr><td rowspan="9">5. 气焊</td><td>5-1　管径$\phi<60$ mm 低碳钢管的对接水平固定和45°固定气焊</td><td>5-1-6　能对管径$\phi<60$ mm 低碳钢管气焊焊缝的外观质量进行自检</td><td>（1）低碳钢管气焊焊缝常见表面缺陷识别及其预防
（2）焊缝外观质量检查</td><td>（3）焊缝外观质量检查</td><td>1）焊缝外观质量检查
①检查项目
②检验工具
③检查方法</td><td>（1）方法：讲授法、演示法、实训法
（2）重点与难点：焊缝外观质量检查方法</td><td>2</td></tr>
<tr><td rowspan="8">5-2　管径$\phi<60$ mm 低合金钢管的对接水平固定或垂直固定气焊</td><td>5-2-1　能根据图样进行管径$\phi<60$ mm 低碳钢管的坡口检查与清理</td><td>（1）焊件坡口检查
（2）焊件清理</td><td rowspan="5">（1）焊前准备</td><td>1）气焊设备、工机具、夹具安全检查
①气瓶及减压器安全检查
②胶管安全检查
③焊炬安全检查
④角磨机、直磨机安全检查
⑤夹具安全检查</td><td rowspan="5">（1）方法：讲授法、演示法、实训法
（2）重点与难点：焊接参数确认与调节</td><td rowspan="5">2</td></tr>
<tr><td rowspan="4">5-2-2　能根据工艺文件确定可燃气体、助燃气体和焊炬，以满足低碳钢管气焊要求</td><td rowspan="4">（1）可燃气体和助燃气体确认
（2）焊炬确认</td><td>2）材料准备
①焊接材料准备
②焊件准备</td></tr>
<tr><td>3）焊接参数确认与调节</td></tr>
<tr><td>4）坡口检查和焊前清理</td></tr>
<tr><td>5）周边环境安全检查</td></tr>
<tr><td rowspan="2">5-2-3　能根据焊接工艺文件要求调整火焰类别，以适应低碳钢管的气焊</td><td rowspan="2">（1）火焰类别确认与调节</td><td rowspan="3">（2）组对、焊接</td><td>1）组对及定位焊</td><td rowspan="3">（1）方法：讲授法、演示法、实训法
（2）重点与难点：气焊焊丝与焊炬角度调节</td><td rowspan="3">18</td></tr>
<tr><td>2）钢管水平固定焊接
①打底焊
②盖面焊</td></tr>
<tr><td>5-2-4　能根据管径$\phi<60$ mm 低碳钢管厚度确定焊接的层数</td><td>（1）焊接层数确认</td><td>3）钢管垂直固定焊接
①打底焊
②盖面焊</td></tr>
</table>

续表

2.1.3 中级职业技能培训要求				2.2.3 中级职业技能培训课程规范			
职业功能模块（模块）	培训内容（课程）	技能目标	培训细目	学习单元	课程内容	培训建议	课堂学时
5. 气焊	5-2 管径 ϕ<60 mm 低合金钢管的对接水平固定或垂直固定气焊	5-2-5 能根据管径 ϕ< 60 mm 低碳钢管气焊工艺文件要求起焊、焊接和收尾	（1）低合金钢管的对接水平固定气焊焊接 （2）低合金钢管的垂直固定气焊焊接	（2）组对、焊接	4）焊后清理 ①清理要求 ②清理内容		
		5-2-6 能对管径 ϕ<60 mm 低碳钢管气焊焊缝的外观质量进行自检	（1）低碳钢管气焊焊缝常见表面缺陷识别及其预防 （2）焊缝外观质量检查	（3）焊缝外观质量检查	1）焊缝外观质量检查 ①检查项目 ②检验工具 ③检查方法	（1）方法：讲授法、演示法、实训法 （2）重点与难点：焊缝外观质量检查方法	2
	5-3 铝管搭接接头的手工火焰钎焊	5-3-1 能进行铝管手工火焰钎焊前的清洗和表面处理	（1）焊件清洗 （2）焊件表面处理	（1）焊前准备	1）铝及铝合金手工火焰钎焊的工艺特点及应用 2）钎焊设备、工机具、夹具安全检查 ①气瓶及减压器安全检查 ②胶管安全检查 ③焊炬安全检查 ④角磨机、直磨机安全检查 ⑤夹具安全检查	（1）方法：讲授法 （2）重点与难点：焊接参数确认与调节	2
		5-3-2 能进行铝管手工火焰钎焊前的装配和固定	（1）铝及铝合金接头装配与固定		3）材料准备 ①钎剂准备 ②钎料准备 ③焊件准备		
		5-3-3 能采用夹具调整钎焊接头间隙	（1）接头间隙调整		4）焊接参数确认与调节		
		5-3-4 能根据工艺文件选择钎剂、钎料	（1）钎剂领取与确认 （2）钎料领取与确认		5）焊件清洗和表面处理 6）周边环境安全检查		

续表

2.1.3 中级职业技能培训要求				2.2.3 中级职业技能培训课程规范			
职业功能模块（模块）	培训内容（课程）	技能目标	培训细目	学习单元	课程内容	培训建议	课堂学时
5. 气焊	5-3 铝管搭接接头的手工火焰钎焊	5-3-5 能选择铝管手工火焰钎焊钎剂、钎料的施加方法	（1）钎焊钎剂、钎料的施加	（2）组对、焊接	1）装配和固定	（1）方法：讲授法、演示法、实训法 （2）重点与难点：预热及钎料加入	12
		5-3-6 能选择火焰类别，以适应铝管的钎焊	（1）铝及铝合金钎焊火焰确认与调节		2）焊接 ①预热 ②钎料、钎剂添加		
		5-3-7 能用火焰设备工具进行铝管搭接的手工火焰钎焊	（1）铝管搭接的手工火焰钎焊操作		3）焊后清洗 ①清洗要求 ②清洗内容		
		5-3-8 能进行铝管手工火焰钎焊钎缝的清洗	（1）铝管手工火焰钎焊钎缝清洗				
		5-3-9 能根据焊接工艺文件要求对铝管搭接接头手工火焰钎焊焊缝外观质量进行自检	（1）铝管搭接接头手工火焰钎焊常见表面缺陷识别及其预防 （2）焊缝外观质量检查	（3）焊缝外观质量检查	1）焊缝外观质量检查 ①检查项目 ②检验工具 ③检查方法	（1）方法：讲授法、演示法、实训法 （2）重点与难点：焊缝外观质量检查方法	2
6. 切割	6-1 不锈钢板的空气等离子弧切割	6-1-1 能进行等离子弧切割设备的组装和调整	（1）等离子弧切割设备组装和调整	（1）认识空气等离子弧切割	1）空气等离子弧切割的原理、特点及分类	（1）方法：讲授法、演示法、实训法 （2）重点与难点：等离子弧切割的设备及安全操作规程	4
					2）空气等离子弧切割的设备 ①供气装置 ②电源 ③割枪		
					3）空气等离子弧切割工作气体		
					4）空气等离子弧切割的切割参数 ①切割电流 ②切割电压 ③空载电压 ④切割速度 ⑤气体流量 ⑥喷嘴至工件的距离 ⑦电极内缩量		

续表

2.1.3 中级职业技能培训要求				2.2.3 中级职业技能培训课程规范			
职业功能模块（模块）	培训内容（课程）	技能目标	培训细目	学习单元	课程内容	培训建议	课堂学时
6. 切割	6-1 不锈钢板的空气等离子弧切割	6-1-2 能依据被切割材料的材质和厚度选择空气等离子弧切割参数	（1）切割参数确认与调节		5）空气等离子弧切割常用工具 ①钢丝刷 ②敲渣锤 ③活扳手		
					6）空气等离子弧切割常用夹具		
					7）空气等离子弧切割机操作要点		
					8）空气等离子弧切割安全操作规程		
		6-1-3 能进行直线、曲线和各种封闭孔的空气等离子弧切割	（1）手工等离子弧切割 （2）自动等离子弧切割	（2）割前准备	1）空气等离子弧切割设备、工机具及夹具的安全检查 ①供气装置的安全检查 ②电源的安全检查 ③割枪的安全检查 ④控制装置的安全检查 ⑤工机具安全检查 ⑥夹具的安全检查	（1）方法：讲授法、演示法、实训法 （2）重点与难点：切割参数调节	2
					2）材料准备 ①焊件准备 ②电极准备 ③气体准备		
					3）切割参数确认与调节		
					4）工件表面清理		
					5）周边环境安全检查		
		6-1-4 能根据工艺文件对割缝外观质量进行自检	（1）不锈钢板等离子弧切割常见表面缺陷识别及其预防 （2）割缝外观质量检查	（3）切割	1）划线	（1）方法：讲授法、演示法、实训法 （2）重点与难点：等离子弧切割的基本操作	12
					2）空气等离子弧切割操作 ①工件直线切割 ②工件曲线切割 ③工件封闭孔切割		
					3）切口清理		

续表

2.1.3　中级职业技能培训要求				2.2.3　中级职业技能培训课程规范			
职业功能模块（模块）	培训内容（课程）	技能目标	培训细目	学习单元	课程内容	培训建议	课堂学时
6. 切割	6-1　不锈钢板的空气等离子弧切割	6-1-4　能根据工艺文件对割缝外观质量进行自检	（1）不锈钢板等离子弧切割常见表面缺陷识别及其预防 （2）割缝外观质量检查	（4）割缝外观检查	1）割缝外观质量检查 ①检查项目 ②检验工具 ③检查方法	（1）方法：讲授法、演示法 （2）重点与难点：割缝外观质量检查方法	2
	6-2　不锈钢板的激光切割	6-2-1　能根据板厚选择割嘴型号、气体流量	（1）激光切割割嘴型号确认 （2）激光切割气体流量确认与调节	（1）认识激光切割	1）激光切割的原理、特点及分类 2）激光切割的设备 ①激光器 ②导光系统 ③ CNC 控制的运动系统 3）激光切割参数 ①切割速度 ②焦点位置 ③辅助气体压力 ④激光输出功率 4）激光切割的常用工具 5）激光切割的常用夹具 6）激光切割的操作要领 7）激光切割安全操作规程	（1）方法：讲授法 演示法 （2）重点与难点：激光切割设备及安全操作规程	8
		6-2-2　能根据工艺文件选择激光切割的参数	（1）激光切割参数确认与调节	（2）切割准备	1）激光切割设备、工机具、夹具的安全检查 ①激光器安全检查 ②导光系统安全检查 ③ CNC 控制的运动系统安全检查 ④工机具安全检查 ⑤夹具的安全检查 2）材料准备 ①试件准备 ②气体准备	（1）方法：讲授法、演示法 （2）重点与难点：激光切割参数确认与调节	2

续表

<table>
<tr><th colspan="4">2.1.3　中级职业技能培训要求</th><th colspan="4">2.2.3　中级职业技能培训课程规范</th></tr>
<tr><th>职业功能模块（模块）</th><th>培训内容（课程）</th><th>技能目标</th><th>培训细目</th><th>学习单元</th><th>课程内容</th><th>培训建议</th><th>课堂学时</th></tr>
<tr><td rowspan="11">6. 切割</td><td rowspan="6">6-2　不锈钢板的激光切割</td><td rowspan="5">6-2-3　能进行直线、曲线的激光切割</td><td rowspan="5">（1）激光直线切割
（2）激光曲线切割</td><td rowspan="2">（2）切割准备</td><td>3）激光切割参数确认与调节</td><td rowspan="2"></td><td rowspan="2"></td></tr>
<tr><td>4）周边环境安全检查</td></tr>
<tr><td rowspan="3">（3）切割</td><td>1）激光切割的直线切割
①开启激光
②切割过程
③切割</td><td rowspan="3">（1）方法：讲授法、演示法、实训法
（2）重点与难点：激光切割操作</td><td rowspan="3">12</td></tr>
<tr><td>2）激光切割的曲线切割
①开启激光
②切割过程
③切割</td></tr>
<tr><td>3）切割后清理
①清理要求
②清理内容</td></tr>
<tr><td>6-2-4　能根据工艺文件对割缝外观质量进行自检</td><td>（1）不锈钢激光切割常见表面缺陷识别及其预防
（2）割缝外观质量检查</td><td>（4）割缝外观检查</td><td>1）割缝外观质量检查
①检查项目
②检验工具
③检查方法</td><td>（1）方法：讲授法、演示法
（2）重点与难点：割缝外观质量检查方法</td><td>2</td></tr>
<tr><td rowspan="5">6-3　厚度 $\delta \geqslant 50$ mm 低碳钢的气割</td><td rowspan="2">6-3-1　能根据厚度选择割炬的型号、调整气体的流量</td><td rowspan="2">（1）割炬型号确认
（2）气体流量确认与调节</td><td rowspan="5">（1）气割准备</td><td>1）气割设备、工机具及夹具的安全检查
①气瓶安全检查
②减压器安全检查
③橡胶管安全检查
④割炬安全检查
⑤夹具安全检查</td><td rowspan="5">（1）方法：讲授法、演示法
（2）重点与难点：气割设备、工机具的安全检查</td><td rowspan="5">2</td></tr>
<tr><td>2）材料准备
①试件准备
②气体准备</td></tr>
<tr><td rowspan="3">6-3-2　能根据低碳钢的厚度确定火焰能率</td><td rowspan="3">（1）火焰能率确认与调节</td><td>3）气割参数确认与调节</td></tr>
<tr><td>4）待割件清理</td></tr>
<tr><td>5）周边环境安全检查</td></tr>
</table>

续表

2.1.3 中级职业技能培训要求				2.2.3 中级职业技能培训课程规范			
职业功能模块（模块）	培训内容（课程）	技能目标	培训细目	学习单元	课程内容	培训建议	课堂学时
6. 切割	6-3 厚度δ≥50mm低碳钢的气割	6-3-3 能通过调整割炬角度进行厚度δ≥50mm低碳钢板的直线、曲线气割	(1) 中厚板手工气割 (2) 中厚板自动气割	(2) 气割	1) 手工气割 ①点火 ②起割 ③气割过程 ④停割	(1) 方法：讲授法、演示法、实训法 (2) 重点与难点：手工气割基本操作	12
					2) 自动气割 ①点火 ②起割 ③气割过程 ④停割		
					3) 切割后清理 ①清理要求 ②清理内容		
		6-3-4 能根据工艺文件对割缝外观质量进行自检	(1) 中厚板气割常见表面缺陷识别及其预防 (2) 割缝外观质量检查	(3) 割缝外观检查	1) 割缝外观质量检查 ①检查项目 ②检验工具 ③检查方法	(1) 方法：讲授法、演示法 (2) 重点与难点：割缝外观质量检查方法	2
7. 机器人焊接	7-1 厚度δ≥8 mm低碳钢板平位角接接头机器人弧焊（二氧化碳气体保护焊+TIG焊）	7-1-1 能根据焊接工艺文件选择低碳钢板平位角接头机器人弧焊参数	(1) 焊接参数确认与调节	(1) 认识机器人弧焊	1) 机器人弧焊指令类别和应用	(1) 方法：讲授法、实物示教法、实训法 (2) 重点：弧焊指令类别 (3) 难点：示教误差的消除	4
					2) 示教误差来源与消除		
					3) 机器人焊枪TCP点标定		
					4) 清枪剪丝编程		
					5) 机器人弧焊基本动作编程 ①直线摆动编程 ②圆弧摆动编程		
		7-1-2 能进行低碳钢板平位角接坡口检查、组对及定位焊	(1) 焊件坡口检查 (2) 焊件组对 (3) 焊件定位焊	(2) 焊前准备	1) 机器人弧焊设备、工机具、夹具及周边环境安全检查	(1) 方法：讲授法、演示法、实训法 (2) 重点与难点：焊接参数的确定	4
					2) 材料准备		
					3) 焊接参数确认与调节		
					4) 坡口检查和焊前清理		

续表

<table>
<tr><th colspan="4">2.1.3　中级职业技能培训要求</th><th colspan="4">2.2.3　中级职业技能培训课程规范</th></tr>
<tr><th>职业功能模块（模块）</th><th>培训内容（课程）</th><th>技能目标</th><th>培训细目</th><th>学习单元</th><th>课程内容</th><th>培训建议</th><th>课堂学时</th></tr>
<tr><td rowspan="10">7. 机器人焊接</td><td rowspan="4">7-1 厚度 $\delta \geqslant$ 8 mm 低碳钢板平位角接接头机器人弧焊（二氧化碳气体保护焊+TIG 焊）</td><td rowspan="3">7-1-3 能按照工艺文件要求进行低碳钢板平位角接接头机器人弧焊</td><td rowspan="3">（1）低碳钢板平位对接机器人二氧化碳气体保护焊
（2）低碳钢板平位对接机器人 TIG 焊</td><td rowspan="3">（3）组对、焊接</td><td>1）组对及定位焊</td><td rowspan="3">（1）方法：讲授、演示法、实训法
（2）重点与难点：编程及焊接</td><td rowspan="3">16</td></tr>
<tr><td>2）编程及焊接</td></tr>
<tr><td>3）焊后清理
①清理要求
②清理内容</td></tr>
<tr><td>7-1-4 能根据工艺文件对低碳钢板角接焊缝外观质量进行自检</td><td>（1）常见表面缺陷识别及其预防
（2）焊缝外观质量检查</td><td>（4）焊缝外观质量检验</td><td>1）焊缝外观质量检查
①检查项目
②检验工具
③检查方法</td><td>（1）方法：讲授法、演示法、实训法
（2）重点与难点：检查方法</td><td>1</td></tr>
<tr><td rowspan="6">7-2 低碳钢薄板的机器人点焊</td><td rowspan="4">7-2-1 能根据工艺文件要求进行薄板机器人点焊所用设备、工具、夹具的安全检查</td><td rowspan="4">（1）点焊机器人设备安全检查
（2）点焊机器人工机具安全检查
（3）点焊机器人夹具安全检查</td><td rowspan="6">（1）认识点焊机器人</td><td>1）点焊机器人原理、特点及应用</td><td rowspan="6">（1）方法：讲授法
（2）重点：机器人示教编程
（3）难点：示教误差的消除</td><td rowspan="6">8</td></tr>
<tr><td>2）机器人点焊设备及辅助设备
①机器人本体
②控制柜
③点焊焊接系统
④电极修磨器</td></tr>
<tr><td>3）焊接材料</td></tr>
<tr><td>4）机器人点焊焊接参数
①通电时间
②焊接电流
③电极压力
④电极端面尺寸</td></tr>
<tr><td rowspan="2">7-2-2 能进行低碳钢薄板焊件的清理</td><td rowspan="2">（1）焊件清理</td><td>5）机器人点焊常用工机具</td></tr>
<tr><td>6）机器人点焊常用夹具</td></tr>
</table>

续表

2.1.3　中级职业技能培训要求				2.2.3　中级职业技能培训课程规范			
职业功能模块（模块）	培训内容（课程）	技能目标	培训细目	学习单元	课程内容	培训建议	课堂学时
7. 机器人焊接	7-2 低碳钢薄板的机器人点焊	7-2-2 能进行低碳钢薄板焊件的清理	（1）焊件清理	（1）认识点焊机器人	7）点焊机器人示教及误差消除		
					8）点焊机器人焊钳 TCP 点标定		
					9）点焊机器人伺服焊钳设定		
					10）点焊机器人电极修磨编程		
					11）机器人点焊安全操作规程		
		7-2-3 能按工艺文件要求使用夹具进行零件的清理、装配、定位与夹紧	（1）焊件装配、定位与夹紧	（2）焊前准备	1）点焊机器人设备、工机具、夹具及周边环境安全检查 ①机器人安全检查 ②点焊系统安全检查 ③电缆安全检查 ④工机具、夹具安全检查 ⑤周边环境安全检查	（1）方法：讲授法、演示法、实训法 （2）重点与难点：焊接参数确认与调节	24
					2）材料准备 ①焊接材料准备 ②焊件准备		
		7-2-4 能根据工艺文件选择低碳钢薄板机器人点焊工艺参数	（1）机器人点焊工艺参数确认与调节		3）焊接参数确认与调节		
					4）焊前清理 ①清理范围 ②清理方法		

续表

2.1.3 中级职业技能培训要求				2.2.3 中级职业技能培训课程规范			
职业功能模块（模块）	培训内容（课程）	技能目标	培训细目	学习单元	课程内容	培训建议	课堂学时
7. 机器人焊接	7-2 低碳钢薄板的机器人点焊	7-2-5 能焊接符合工艺要求的焊点	（1）薄板机器人点焊	（3）装夹、焊接	1）装夹及定位 2）编程 3）焊接 4）焊后清理 ①清理要求 ②清理内容	（1）方法：讲授法、演示法、实训法 2）重点与难点：编程及焊接	12
		7-2-6 能根据工艺文件要求对低碳钢薄板机器人点焊焊点外观质量进行自检	（1）焊缝外观质量检查	（4）焊缝外观质量检查	1）焊缝外观质量检查 ①检查项目 ②检验工具 ③检查方法	（1）方法：讲授法 演示法 实训法 （2）重点与难点：检查工具的使用	1
课堂学时合计 焊条电弧焊 / 熔化极气体保护焊 / 非熔化极气体保护弧焊 / 埋弧焊 / 气焊 / 切割 / 机器人焊接							136/ 50/50/ 52/60 60/50

附录 4　高级职业技能培训要求与课程规范对照表

2.1.4 高级职业技能培训要求				2.2.4 高级职业技能培训课程规范			
职业功能模块（模块）	培训内容（课程）	技能目标	培训细目	学习单元	课程内容	培训建议	课堂学时
1. 焊条电弧焊	1-1 厚度 $\delta \geqslant$ 6 mm 低碳钢板对接仰焊的单面焊双面成型	1-1-1 能根据焊接工艺文件选择低碳钢板对接焊条电弧焊工艺参数	（1）焊接参数确认与调节	（1）焊前准备	1）焊条电弧焊设备、工机具、夹具及周边环境的安全检查 ①焊机的安全检查 ②电焊钳的安全检查 ③焊接电缆的安全检查 ④角磨机、直磨机的安全检查 ⑤夹具的安全检查 ⑥周边环境的安全检查	（1）方法：讲授法、演示法、实训法 （2）重点：设备安全检查 （3）难点：清理方法	2

续表

<table>
<tr><th colspan="4">2.1.4　高级职业技能培训要求</th><th colspan="4">2.2.4　高级职业技能培训课程规范</th></tr>
<tr><th>职业功能模块（模块）</th><th>培训内容（课程）</th><th>技能目标</th><th>培训细目</th><th>学习单元</th><th>课程内容</th><th>培训建议</th><th>课堂学时</th></tr>
<tr><td rowspan="8">1. 焊条电弧焊</td><td rowspan="7">1-1　厚度 $\delta \geq$ 6 mm 低碳钢板对接仰焊的单面焊双面成型</td><td rowspan="3">1-1-1　能根据焊接工艺文件选择低碳钢板对接焊条电弧焊工艺参数</td><td rowspan="3">（1）焊接参数确认与调节</td><td rowspan="3">（1）焊前准备</td><td>2）材料的准备
①焊接材料的准备
②焊件的准备</td><td rowspan="3"></td><td rowspan="3"></td></tr>
<tr><td>3）焊接参数确认与调节</td></tr>
<tr><td>4）坡口检查和焊前清理</td></tr>
<tr><td>1-1-2　能进行厚度 $\delta \geq$ 6 mm 低碳钢板对接仰焊坡口检查清理、组对及定位焊</td><td>（1）焊件坡口检查清理
（2）焊件组对
（3）焊件定位焊</td><td rowspan="3">（2）组对、焊接</td><td>1）组对及定位焊</td><td rowspan="3">（1）方法：讲授法、演示法、实训法
（2）重点：组对及定位焊
（3）难点：中厚钢板对接仰焊单面焊双面成型操作</td><td rowspan="3">32</td></tr>
<tr><td rowspan="2">1-1-3　能按照工艺文件要求进行厚度 $\delta \geq$ 6 mm 低碳钢板对接仰焊的焊接</td><td rowspan="2">（1）低碳钢板对接仰焊打底层焊接
（2）低碳钢板对接仰焊填充层焊接
（3）低碳钢板对接仰焊盖面层焊接</td><td>2）焊接
①打底层的焊接
②填充层的焊接
③盖面层的焊接</td></tr>
<tr><td>3）焊后清理
①清理要求
②清理内容</td></tr>
<tr><td>1-1-4　能根据工艺文件对中等厚度低碳钢板对接仰焊焊缝外观质量进行自检</td><td>（1）对接仰焊常见表面缺陷识别及其预防
（2）焊缝外观质量检查</td><td>（3）焊缝外观质量检查</td><td>1）焊缝外观质量检查
①检查项目
②检验工具
③检查方法</td><td>（1）方法：讲授法、实训法
（2）重点：对接仰焊表面缺陷的种类
（3）难点：焊缝的外观检验和焊缝检测尺的使用</td><td>2</td></tr>
<tr><td>1-2　管径 $\phi \leq$ 76 mm 低碳钢对接管垂直固定、水平固定或45°固定加排管障碍的单面焊双面成型</td><td>1-2-1　能根据焊接工艺文件选择低碳钢管对接加障碍焊条电弧焊工艺参数</td><td>（1）焊接参数确认与调节</td><td>（1）焊前准备</td><td>1）焊条电弧焊设备、工机具、夹具及周边环境的安全检查
①焊机的安全检查
②电焊钳的安全检查
③焊接电缆的安全检查
④角磨机、直磨机的安全检查
⑤夹具的安全检查
⑥周边环境的安全检查</td><td>（1）方法：讲授法、演示法、实训法
（2）重点：焊料接材的选用
（3）难点：清理范围</td><td>4</td></tr>
</table>

续表

<table>
<tr><th colspan="4">2.1.4　高级职业技能培训要求</th><th colspan="4">2.2.4　高级职业技能培训课程规范</th></tr>
<tr><th>职业功能模块（模块）</th><th>培训内容（课程）</th><th>技能目标</th><th>培训细目</th><th>学习单元</th><th>课程内容</th><th>培训建议</th><th>课堂学时</th></tr>
<tr><td rowspan="9">1. 焊条电弧焊</td><td rowspan="9">1–2　管径 $\phi \leq$ 76 mm 低碳钢管对接垂直固定、水平固定或 45° 固定加排管障碍的单面焊双面成型</td><td>1–2–1　能根据焊接工艺文件选择低碳钢管对接加障碍焊条电弧焊工艺参数</td><td>（1）焊接参数确认与调节</td><td rowspan="3">（1）焊前准备</td><td>2）材料的准备
①焊接材料的准备
②焊件的准备</td><td rowspan="3"></td><td rowspan="3"></td></tr>
<tr><td rowspan="2">1–2–2　能进行管径 $\phi \leq$ 76 mm 低碳钢管对接坡口检查清理、组对及定位焊</td><td rowspan="2">（1）焊件坡口检查清理
（2）焊件组对
（3）焊件定位焊</td><td>3）焊接参数确认与调节</td></tr>
<tr><td>4）坡口检查和焊前清理</td></tr>
<tr><td rowspan="5">1–2–3　能按照工艺文件要求进行管径 $\phi \leq$ 76 mm 低碳钢管加排管障碍的焊接</td><td rowspan="5">（1）低碳钢管垂直固定加排管障碍焊接
（2）低碳钢管水平固定加排管障碍焊接
（3）低碳钢管 45° 固定加排管障碍焊接</td><td rowspan="5">（2）组对、焊接</td><td>1）组对及定位焊</td><td rowspan="5">（1）方法：讲授法、演示法、实训法
（2）重点：打底层的焊接
（3）难点：盖面层的焊接</td><td rowspan="5">54</td></tr>
<tr><td>2）低碳钢管垂直固定加排管障碍的焊接
①打底层的焊接
②填充层的焊接
③盖面层的焊接</td></tr>
<tr><td>3）低碳钢管水平固定加排管障碍的焊接
①打底层的焊接
②填充层的焊接
③盖面层的焊接</td></tr>
<tr><td>4）低碳钢管 45° 固定加排管障碍的焊接
①打底层的焊接
②填充层的焊接
③盖面层的焊接</td></tr>
<tr><td>5）焊后清理
①清理要求
②清理内容</td></tr>
<tr><td>1–2–4　能根据工艺文件对小径低碳钢管对接手工焊条电弧焊焊缝外观质量进行自检</td><td>（1）小径低碳钢管对接手工焊条电弧焊常见表面缺陷识别及其预防
（2）焊缝外观质量检查</td><td>（3）焊缝外观质量检查</td><td>1）焊缝外观质量检查
①检查项目
②检验工具
③检查方法</td><td>（1）方法：讲授法、实训法
（2）重点与难点：焊缝外观质量检验项目</td><td>2</td></tr>
</table>

续表

<table>
<tr><td colspan="4">2.1.4　高级职业技能培训要求</td><td colspan="4">2.2.4　高级职业技能培训课程规范</td></tr>
<tr><td>职业功能模块（模块）</td><td>培训内容（课程）</td><td>技能目标</td><td>培训细目</td><td>学习单元</td><td>课程内容</td><td>培训建议</td><td>课堂学时</td></tr>
<tr><td rowspan="9">1. 焊条电弧焊</td><td rowspan="9">1-3　管径 $\phi \leqslant$ 76 mm 不锈钢管对接水平固定、垂直固定或 45° 倾斜固定的焊接</td><td rowspan="3">1-3-1　能根据焊接工艺文件选择不锈钢管对接焊条电弧焊参数</td><td rowspan="3">（1）焊接参数确认与调节</td><td rowspan="4">（1）焊前准备</td><td>1）焊条电弧焊设备、工机具、夹具及周边环境的安全检查
①焊机的安全检查
②电焊钳的安全检查
③焊接电缆的安全检查
④角磨机、直磨机的安全检查
⑤夹具的安全检查
⑥周边环境的安全检查</td><td rowspan="4">（1）方法：讲授法、实训法
（2）重点与难点：焊接参数确认与调节</td><td rowspan="4">4</td></tr>
<tr><td>2）材料的准备
①焊接材料的准备
②焊件的准备</td></tr>
<tr><td>3）焊接参数确认与调节</td></tr>
<tr><td rowspan="2">1-3-2　能进行管径 $\phi \leqslant$ 76 mm 不锈钢管对接坡口检查清理、组对及定位焊</td><td rowspan="2">（1）焊件坡口检查清理
（2）焊件组对
（3）焊件定位焊</td><td>4）坡口检查和焊前清理</td></tr>
<tr><td rowspan="5">（2）组对、焊接</td><td>1）组对及定位焊</td><td rowspan="5">（1）方法：讲授法、实训法
（2）重点：焊接电流
（3）难点：不锈钢焊接性、打底层的焊接和盖面层的焊接操作</td><td rowspan="5">54</td></tr>
<tr><td rowspan="4">1-3-3　能按照工艺文件要求进行管径 $\phi \leqslant$ 76 mm 不锈钢管的焊接</td><td rowspan="4">（1）不锈钢管对接水平固定焊接
（2）不锈钢管对接垂直固定焊接
（3）不锈钢管对接 45° 固定焊接</td><td>2）不锈钢管对接水平固定的焊接
①打底层的焊接
②填充层的焊接
③盖面层的焊接</td></tr>
<tr><td>3）不锈钢管对接垂直固定的焊接
①打底层的焊接
②填充层的焊接
③盖面层的焊接</td></tr>
<tr><td>4）不锈钢管对接 45° 固定的焊接
①打底层的焊接
②填充层的焊接
③盖面层的焊接</td></tr>
<tr><td>5）焊后清理
①清理要求
②清理内容</td></tr>
</table>

续表

<table>
<tr><th colspan="4">2.1.4 高级职业技能培训要求</th><th colspan="4">2.2.4 高级职业技能培训课程规范</th></tr>
<tr><th>职业功能模块（模块）</th><th>培训内容（课程）</th><th>技能目标</th><th>培训细目</th><th>学习单元</th><th>课程内容</th><th>培训建议</th><th>课堂学时</th></tr>
<tr><td rowspan="6">1. 焊条电弧焊</td><td>1–3 管径 $\phi\leqslant$ 76 mm 不锈钢管对接水平固定、垂直固定或45°倾斜固定的焊接</td><td>1–3–4 能根据工艺文件对小径不锈钢管对接焊缝外观质量进行自检</td><td>（1）小径不锈钢管对接焊条电弧焊常见表面缺陷识别及其预防
（2）焊缝外观质量检查</td><td>（3）焊缝外观质量检查</td><td>1）焊缝外观质量检查
①检查项目
②检验工具
③检查方法</td><td>（1）方法：讲授法、实训法
（2）重点：焊缝外观质量检验方法、内容及评定指标
（3）难点：检验内容与评定指标</td><td>2</td></tr>
<tr><td rowspan="5">1–4 管径 $\phi\leqslant$ 76 mm 异种钢管对接水平固定、垂直固定或45°倾斜固定的焊接</td><td rowspan="4">1–4–1 能根据焊接工艺文件选择不锈钢管对接焊条电弧焊参数</td><td rowspan="4">（1）焊接参数确认与调节</td><td rowspan="5">（1）焊前准备</td><td>1）异种钢焊接性及工艺措施
①异种钢的焊接性
②异种钢焊件的后热及焊后热处理</td><td rowspan="5">（1）方法：讲授法、实训法
（2）重点：异种钢焊接焊条的选择
（3）难点：异种钢焊接工艺</td><td rowspan="5">4</td></tr>
<tr><td>2）焊条电弧焊设备、工机具、夹具及周边环境的安全检查
①焊机的安全检查
②电焊钳的安全检查
③焊接电缆的安全检查
④角磨机、直磨机的安全检查
⑤夹具的安全检查
⑥周边环境的安全检查</td></tr>
<tr><td>3）材料的准备
①焊接材料的准备
②焊件的准备</td></tr>
<tr><td>4）焊接参数确认与调节</td></tr>
<tr><td>1–4–2 能进行管径 $\phi\leqslant$ 76 mm 异种钢管对接坡口检查清理、组对及定位焊</td><td>（1）焊件坡口检查清理
（2）焊件组对
（3）焊件定位焊</td><td>5）坡口检查和焊前清理</td></tr>
</table>

续表

2.1.4 高级职业技能培训要求				2.2.4 高级职业技能培训课程规范			
职业功能模块（模块）	培训内容（课程）	技能目标	培训细目	学习单元	课程内容	培训建议	课堂学时
1. 焊条电弧焊	1-4 管径 $\phi \leqslant$ 76 mm 异种钢管对接水平固定、垂直固定或 45° 倾斜固定的焊接	1-4-3 能按照工艺文件要求进行管径 $\phi \leqslant$ 76 mm 异种钢管的焊接	（1）异种钢管对接水平固定焊接 （2）异种钢管对接垂直固定焊接 （3）异种钢管对接 45° 固定焊接	（2）组对、焊接	1）组对及定位焊 2）异种钢管对接水平固定的焊接 ①打底层的焊接 ②盖面层的焊接 3）异种钢管对接垂直固定的焊接 ①打底层的焊接 ②盖面层的焊接 4）异种钢管对接 45° 固定的焊接 ①打底层的焊接 ②盖面层的焊接 5）焊后清理 ①清理要求 ②清理内容	（1）方法：讲授法、实训法 （2）重点：异种钢管打底层的焊接 （3）难点：异种钢管盖面层的焊接	54
		1-4-4 能根据工艺文件对管径 $\phi \leqslant$ 76 mm 异种钢管对接焊缝外观质量进行自检	（1）异种钢管对接焊条电弧焊常见表面缺陷识别及其预防 （2）焊缝外观质量检查	（3）焊缝外观质量检查	1）焊缝外观质量检查 ①检查项目 ②检验工具 ③检查方法	（1）方法：讲授法、实训法 （2）重点：焊缝外观质量检验工具 （3）难点：焊缝外观质量检查方法	2
2. 熔化极气体保护焊	2-1 厚度 δ=8～12 mm 低碳钢板或低合金钢板的仰焊位置对接熔化极活性气体保护焊单面焊双面成型	2-1-1 能根据焊接工艺文件选择低碳钢板或低合金钢板仰位对接熔化极活性气体保护焊参数	（1）焊接参数确认与调节	（1）焊前准备	1）二氧化碳气体保护焊设备、工机具、夹具及周边环境的安全检查 ①焊机的安全检查 ②供气系统安全检查 ③送丝系统的安全检查 ④角磨机、直磨机的安全检查 ⑤夹具的安全检查 ⑥周边环境的安全检查	（1）方法：讲授法、演示法、实训法 （2）重点与难点：钢板的仰位二氧化碳气体保护焊的操作要领	2

续表

2.1.4 高级职业技能培训要求				2.2.4 高级职业技能培训课程规范			
职业功能模块（模块）	培训内容（课程）	技能目标	培训细目	学习单元	课程内容	培训建议	课堂学时
2. 熔化极气体保护焊	2-1 厚度 δ=8～12 mm 低碳钢板或低合金钢板的仰焊位置对接熔化极活性气体保护焊单面焊双面成型	2-1-1 能根据焊接工艺文件选择低碳钢板或低合金钢板仰位对接熔化极活性气体保护焊参数	(1) 焊接参数确认与调节	(1) 焊前准备	2) 材料的准备 ①焊接材料的准备 ②焊件的准备 3) 焊接参数确认与调节		
		2-1-2 能进行低碳钢板或低合金钢板仰位对接坡口检查清理、组对及定位焊	(1) 焊件坡口检查清理 (2) 焊件组对 (3) 焊件定位焊		4) 坡口检查和焊前清理		
				(2) 组对、焊接	1) 组对及定位焊	(1) 方法：讲授法、演示法、实训法 (2) 重点：钢板的对接仰焊位操作 (3) 难点：对接仰焊单面焊双面成型	26
		2-1-3 能按照工艺文件要求进行厚度 δ=8～12 mm 低碳钢板或低合金钢板仰位对接的熔化极活性气体保护焊	(1) 低碳钢板或低合金钢板对接仰焊打底层焊接 (2) 低碳钢板或低合金钢板对接仰焊填充层焊接 (3) 低碳钢板或低合金钢板对接仰焊盖面层焊接		2) 焊接 ①打底层的焊接 ②填充层的焊接 ③盖面层的焊接 3) 焊后清理 ①清理要求 ②清理内容		
		2-1-4 能根据工艺文件对中等厚度低碳钢板或低合金钢板对接仰焊的焊缝外观质量进行自检	(1) 低碳钢板或低合金钢板对接仰焊常见表面缺陷识别及其预防 (2) 焊缝外观质量检查	(3) 焊缝外观质量检查	1) 焊缝外观质量检查 ①检查项目 ②检验工具 ③检查方法	(1) 方法：讲授法、演示法、实训法 (2) 重点与难点：焊缝外观质量检查方法	2

续表

2.1.4 高级职业技能培训要求				2.2.4 高级职业技能培训课程规范			
职业功能模块（模块）	培训内容（课程）	技能目标	培训细目	学习单元	课程内容	培训建议	课堂学时
2. 熔化极气体保护焊	2-2 不锈钢板对接平焊的富氩混合气体熔化极脉冲气体保护焊	2-2-1 能根据焊接工艺文件选择不锈钢板对接平焊的富氩混合气体熔化极脉冲气体保护焊参数	（1）焊接参数确认与调节	（1）认识富氩混合气体熔化极脉冲保护焊	1）富氩混合气体熔化极脉冲保护焊熔滴过渡形式 ①一脉一滴熔滴过渡 ②一脉多滴熔滴过渡 ③多脉一滴熔滴过渡	（1）方法：讲授法、演示法 （2）重点与难点：富氩混合气体熔化极脉冲保护焊的焊接参数及熔滴形式的确定	2
					2）富氩混合气体熔化极脉冲保护焊弧长的调节		
					3）富氩混合气体熔化极脉冲保护焊设备		
		2-2-2 能进行不锈钢板对接平焊坡口检查清理、组对及定位焊	（1）焊件坡口检查清理 （2）焊件组对 （3）焊件定位焊		4）焊接材料 ①焊丝 ②保护气体		
					5）焊接参数 ①脉冲电流 ②基值电流 ③脉宽比 ④脉冲频率 ⑤电弧电压 ⑥总平均焊接电流 ⑦焊接速度 ⑧气体流量		
					6）富氩混合气体熔化极脉冲保护焊工具及夹具		
					7）富氩混合气体熔化极脉冲保护焊安全操作规程		
				（2）焊前准备	1）熔化极脉冲气体保护焊设备、工机具、夹具及周边环境的安全检查	1）方法：讲授法、演示法、实训法 （2）重点与难点：设备安全检查	2
					2）材料的准备 ①焊接材料的准备 ②焊件的准备		

续表

2.1.4 高级职业技能培训要求				2.2.4 高级职业技能培训课程规范			
职业功能模块（模块）	培训内容（课程）	技能目标	培训细目	学习单元	课程内容	培训建议	课堂学时
2. 熔化极气体保护焊	2-2 不锈钢板对接平焊的富氩混合气体熔化极脉冲气体保护焊	2-2-3 能按照工艺文件要求进行不锈钢板对接平焊的富氩混合气体熔化极脉冲气体保护焊	(1) 不锈钢板对接平焊的富氩混合气体熔化极脉冲气体保护焊焊接	(2) 焊前准备	3) 焊接参数确认与调节 4) 坡口检查和焊前清理		
		2-2-4 能根据工艺文件对不锈钢板的富氩混合气体熔化极脉冲气体保护焊焊缝外观质量进行自检	(1) 不锈钢板对接平焊常见表面缺陷识别及其预防 (2) 焊缝外观质量检查	(3) 组对、焊接	1) 组对及定位焊 2) 焊接 3) 焊后处理 ①焊后清理 ②变形矫正	(1) 方法：讲授法、演示法 (2) 重点与难点：焊接及注意事项	24
				(4) 焊缝外观质量检查	1) 焊缝外观质量检查 ①检查项目 ②检验工具 ③检查方法	(1) 方法：讲授法、演示法 (2) 重点与难点：焊缝外观质量检查方法	2
3. 非熔化极气体保护焊	3-1 管径 $\phi \leq$ 76 mm 低合金钢管对接水平固定、垂直固定或 45°固定加排管障碍的手工钨极氩弧焊	3-1-1 能根据焊接工艺文件选择低合金钢管对接加排管障碍的手工钨极氩弧焊参数	(1) 焊接参数确认与调节	(1) 焊前准备	1) 手工钨极氩弧焊设备、工机具、夹具及周边环境的安全检查 ①焊机的安全检查 ②供气系统的安全检查 ③冷却系统的安全检查 ④角磨机、直磨机的安全检查 ⑤夹具的安全检查 ⑥周边环境的安全检查 2) 材料的准备 ①焊接材料的准备 ②焊件的准备	(1) 方法：讲授法、演示法、实训法 (2) 重点与难点：坡口检查	4
		3-1-2 能进行管径 $\phi \leq$ 76 mm 低合金钢管对接手工钨极氩弧焊坡口检查清理、组对及定位焊	(1) 焊件坡口检查清理 (2) 焊件组对 (3) 焊件定位焊		3) 焊接参数确认与调节 4) 坡口检查和焊前清理		

续表

<table>
<tr><th colspan="4">2.1.4 高级职业技能培训要求</th><th colspan="4">2.2.4 高级职业技能培训课程规范</th></tr>
<tr><th>职业功能模块（模块）</th><th>培训内容（课程）</th><th>技能目标</th><th>培训细目</th><th>学习单元</th><th>课程内容</th><th>培训建议</th><th>课堂学时</th></tr>
<tr><td rowspan="6">3. 非熔化极气体保护焊</td><td rowspan="6">3-1 管径 $\phi \leqslant 76$ mm 低合金钢管对接水平固定、垂直固定或 45° 固定加排管障碍的手工钨极氩弧焊</td><td rowspan="5">3-1-3 能按照工艺文件要求进行管径 $\phi \leqslant 76$ mm 低合金钢管管对接加排管障碍手工钨极氩弧焊</td><td rowspan="5">（1）低合金钢管对接水平固定加排管障碍焊接
（2）低合金钢管对接垂直固定加排管障碍焊接
（3）低合金钢管对接 45° 固定加排管障碍焊接</td><td rowspan="5">（2）组对、焊接</td><td>1）组对及定位焊</td><td rowspan="5">（1）方法：讲授法、演示法、实训法
（2）重点与难点：加排管障碍焊接操作</td><td rowspan="5">54</td></tr>
<tr><td>2）低合金钢管对接水平固定加排管障碍焊接
①打底层的焊接
②填充层的焊接
③盖面层的焊接</td></tr>
<tr><td>3）低合金钢管对接垂直固定加排管障碍焊接
①打底层的焊接
②填充层的焊接
③盖面层的焊接</td></tr>
<tr><td>4）低合金钢管对接 45° 固定加排管障碍焊接
①打底层的焊接
②填充层的焊接
③盖面层的焊接</td></tr>
<tr><td>5）焊后清理
①清理要求
②清理内容</td></tr>
<tr><td>3-1-4 能按照工艺文件规定，对管径 $\phi \leqslant 76$ mm 低合金钢管加排管障碍的手工钨极氩弧焊焊缝外观质量进行自检</td><td>（1）低合金钢管加排管障碍焊常见表面缺陷识别及其预防
（2）焊缝外观质量检查</td><td>（3）焊缝外观质量检查</td><td>1）焊缝外观质量检查
①检查项目
②检验工具
③检查方法</td><td>（1）方法：讲授法、演示法、实训法
（2）重点与难点：焊缝外观质量检查方法</td><td>2</td></tr>
</table>

续表

2.1.4 高级职业技能培训要求				2.2.4 高级职业技能培训课程规范			
职业功能模块（模块）	培训内容（课程）	技能目标	培训细目	学习单元	课程内容	培训建议	课堂学时
3. 非熔化极气体保护焊	3-2 管径 $\phi \leqslant$ 76 mm 不锈钢管对接水平固定、垂直固定或 45° 固定手工钨极氩弧焊	3-2-1 能根据焊接工艺文件选择不锈钢管对接手工钨极氩弧焊参数	（1）焊接参数确认与调节	（1）焊前准备	1）不锈钢焊接焊丝的牌号及其选择 ①不锈钢焊接焊丝的牌号 ②不锈钢焊接焊丝的选择原则	（1）方法：讲授法、演示法、实训法 （2）重点：坡口制备方法和要求 （3）难点：热影响区的组织和性能	4
					2）手工钨极氩弧焊设备、工机具、夹具及周边环境的安全检查 ①焊机的安全检查 ②供气系统的安全检查 ③冷却系统的安全检查 ④角磨机、直磨机的安全检查 ⑤夹具的安全检查 ⑥周边环境的安全检查		
		3-2-2 能进行管径 $\phi \leqslant$ 76 mm 不锈钢管对接手工钨极氩弧焊坡口检查清理、组对及定位焊	（1）焊件坡口检查清理 （2）焊件组对 （3）焊件定位焊		3）材料的准备 ①焊接材料的准备 ②焊件的准备		
					4）焊接参数确认与调节		
					5）坡口检查和焊前清理		
				（2）组对、焊接	1）组对及定位焊	（1）方法：讲授法、演示法、实训法 （2）重点与难点：焊接操作	36
		3-2-3 能按照工艺文件要求进行管径 $\phi \leqslant$ 76 mm 不锈钢管对接手工钨极氩弧焊	（1）不锈钢管水平固定手工钨极氩弧焊 （2）不锈钢管垂直固定手工钨极氩弧焊 （3）不锈钢管 45° 固定手工钨极氩弧焊		2）不锈钢管对接水平固定焊接 ①打底层的焊接 ②填充层的焊接 ③盖面层的焊接		
					3）不锈钢管对接垂直固定焊接 ①打底层的焊接 ②填充层的焊接 ③盖面层的焊接		

续表

2.1.4　高级职业技能培训要求				2.2.4　高级职业技能培训课程规范			
职业功能模块（模块）	培训内容（课程）	技能目标	培训细目	学习单元	课程内容	培训建议	课堂学时
3. 非熔化极气体保护焊	3-2　管径 $\phi \leqslant 76$ mm 不锈钢管对接水平固定、垂直固定或 45° 固定手工钨极氩弧焊	3-2-3　能按照工艺文件要求进行管径 $\phi \leqslant 76$ mm 不锈钢管对接手工钨极氩弧焊	（1）不锈钢管水平固定手工钨极氩弧焊 （2）不锈钢管垂直固定手工钨极氩弧焊 （3）不锈钢管 45° 固定手工钨极氩弧焊	（2）组对、焊接	4）不锈钢管对接 45° 固定焊接 ①打底层的焊接 ②填充层的焊接 ③盖面层的焊接		
					5）焊后清理 ①清理要求 ②清理内容		
		3-2-4　能按照工艺文件规定，对管径 $\phi \leqslant 76$ mm 不锈钢管的对接手工钨极氩弧焊焊缝外观质量进行自检	（1）不锈钢管对接手工钨极氩弧焊常见表面缺陷识别及其预防 （2）焊缝表面质量检查	（3）焊缝外观质量检查	1）焊缝外观质量检查 ①检查项目 ②检验工具 ③检查方法	（1）方法：讲授法、演示法、实训法 （2）重点与难点：焊缝外观质量检查方法	2
	3-3　管径 $\phi \leqslant 76$ mm 异种钢管对接水平固定、垂直固定或 45° 固定手工钨极氩弧焊	3-3-1　能根据焊接工艺文件选择异种钢管对接手工钨极氩弧焊参数	（1）焊接参数确认与调节	（1）焊前准备	1）奥氏体不锈钢与珠光体钢焊接时的焊接性 ①焊缝的稀释 ②过渡层的形成 ③熔合区扩散层的形成 ④焊接接头应力状态的特点	（1）方法：讲授法、演示法、实训法 （2）重点：异种钢的焊接工艺 （3）难点：异种钢的焊接性	4
					2）奥氏体不锈钢与珠光体不锈钢的焊接工艺 ①焊接方法 ②焊接材料 ③焊接工艺		

续表

<table>
<tr><th colspan="4">2.1.4 高级职业技能培训要求</th><th colspan="4">2.2.4 高级职业技能培训课程规范</th></tr>
<tr><th>职业功能模块（模块）</th><th>培训内容（课程）</th><th>技能目标</th><th>培训细目</th><th>学习单元</th><th>课程内容</th><th>培训建议</th><th>课堂学时</th></tr>
<tr><td rowspan="9">3. 非熔化极气体保护焊</td><td rowspan="9">3-3 管径 $\phi \leqslant$ 76 mm 异种钢管对接水平固定、垂直固定或 45°固定手工钨极氩弧焊</td><td rowspan="5">3-3-2 能进行管径 $\phi \leqslant$ 76 mm 异种钢管对接手工钨极氩弧焊坡口检查清理、组对及定位焊</td><td rowspan="5">（1）焊件坡口检查清理
（2）焊件组对
（3）焊件定位焊</td><td rowspan="4">（1）焊前准备</td><td>3）手工钨极氩弧焊设备、工机具、夹具及周边环境的安全检查
①焊机的安全检查
②供气系统的安全检查
③冷却系统的安全检查
④角磨机、直磨机的安全检查
⑤夹具的安全检查
⑥周边环境的安全检查</td><td rowspan="4"></td><td rowspan="4"></td></tr>
<tr><td>4）材料的准备
①焊接材料的准备
②焊件的准备</td></tr>
<tr><td>5）焊接参数确认与调节</td></tr>
<tr><td>6）坡口检查和焊前清理</td></tr>
<tr><td rowspan="5">（2）组对、焊接</td><td>1）组对及定位焊</td><td rowspan="5">（1）方法：讲授法、演示法、实训法
（2）重点：焊接操作
（3）难点：变形控制措施</td><td rowspan="5">54</td></tr>
<tr><td rowspan="4">3-3-3 能按照工艺文件要求进行管径 $\phi \leqslant 76$ mm 异种钢管对接手工钨极氩弧焊</td><td rowspan="4">（1）异种钢管水平固定焊接
（2）异种钢管垂直固定焊接
（3）异种钢管 45°固定焊接</td><td>2）异种钢管对接水平固定焊接
①打底层的焊接
②填充层的焊接
③盖面层的焊接</td></tr>
<tr><td>3）异种钢管对接垂直固定焊接
①打底层的焊接
②填充层的焊接
③盖面层的焊接</td></tr>
<tr><td>4）异种钢管对接 45°固定焊接
①打底层的焊接
②填充层的焊接
③盖面层的焊接</td></tr>
<tr><td>5）焊后清理
①清理要求
②清理内容</td></tr>
</table>

续表

<table>
<tr><th colspan="4">2.1.4 高级职业技能培训要求</th><th colspan="4">2.2.4 高级职业技能培训课程规范</th></tr>
<tr><th>职业功能模块（模块）</th><th>培训内容（课程）</th><th>技能目标</th><th>培训细目</th><th>学习单元</th><th>课程内容</th><th>培训建议</th><th>课堂学时</th></tr>
<tr><td rowspan="5">3. 非熔化极气体保护焊</td><td>3-3 管径 $\phi \leqslant 76$ mm 异种钢管对接水平固定、垂直固定或45°固定手工钨极氩弧焊</td><td>3-3-4 能按照工艺文件规定，对管径 $\phi \leqslant 76$ mm 异种钢管的对接手工钨极氩弧焊焊缝外观质量进行自检</td><td>（1）异种钢管对接手工钨极氩弧焊常见表面缺陷识别及其预防
（2）焊缝外观质量检查</td><td>（3）焊缝外观质量检查</td><td>1）焊缝外观质量检查
①检查项目
②检验工具
③检查方法</td><td>（1）方法：讲授法、演示法、实训法
（2）重点与难点：焊缝外观质量检查方法</td><td>2</td></tr>
<tr><td rowspan="4">3-4 不锈钢薄板等离子弧焊接</td><td rowspan="4">3-4-1 能使用等离子弧焊接设备、工器具、卡具</td><td rowspan="4">（1）等离子弧焊接设备使用
（2）等离子弧焊接工器具使用
（3）等离子弧焊接卡具使用</td><td rowspan="4">（1）认识等离子弧焊接</td><td>1）等离子弧焊接的原理、特点、类型与应用
①等离子弧焊接的原理
②等离子弧焊接的特点
③等离子弧的类型
④等离子弧焊接的应用</td><td rowspan="4">（1）方法：讲授法、演示法
（2）重点：常用工机具及安全操作规程
（3）难点：等离子弧焊接参数</td><td rowspan="4">2</td></tr>
<tr><td>2）等离子弧焊接设备
①等离子弧焊接电源
②焊枪
③水路和气路系统
④控制系统</td></tr>
<tr><td>3）电极及工作气体
①电极
②工作气体</td></tr>
<tr><td>4）等离子弧焊接参数
①电源极性
②钨极直径
③焊接电流
④焊接速度
⑤等离子气体流量
⑥喷嘴直径
⑦喷嘴到工件间的距离
⑧电极尖端到喷嘴端面的距离</td></tr>
</table>

续表

2.1.4 高级职业技能培训要求				2.2.4 高级职业技能培训课程规范			
职业功能模块（模块）	培训内容（课程）	技能目标	培训细目	学习单元	课程内容	培训建议	课堂学时
3. 非熔化极气体保护焊	3-4 不锈钢薄板等离子弧焊接	3-4-1 能使用等离子弧焊接设备、工器具、卡具	(1) 等离子弧焊接设备使用 (2) 等离子弧焊接工器具使用 (3) 等离子弧焊接卡具使用	(1) 认识等离子弧焊接	5) 等离子弧焊接常用工具		
					6) 等离子弧焊接常用夹具		
					7) 等离子弧焊接安全操作规程		
		3-4-2 能根据焊接工艺文件选择不锈钢薄板等离子弧焊接参数	(1) 焊接参数确认与调节	(2) 焊前准备	1) 等离子弧焊设备、工机具、夹具及周边环境的安全检查 ①焊机的安全检查 ②供气系统的安全检查 ③冷却系统的安全检查 ④工机具的安全检查 ⑤夹具的安全检查 ⑥周边环境的安全检查	(1) 方法：讲授法、演示法、实训法 (2) 重点与难点：坡口制备	2
					2) 材料的准备 ①焊接材料的准备 ②焊件的准备		
					3) 焊接参数确认与调节		
		3-4-3 能进行不锈钢薄板等离子弧焊接坡口检查清理、组对及定位焊	(1) 焊件坡口检查清理 (2) 焊件组对 (3) 焊件定位焊		4) 坡口检查和焊前清理		
				(3) 组对、焊接	1) 组对及定位焊	(1) 方法：讲授法、演示法、实训法 (2) 重点与难点：等离子弧焊接操作	12
		3-4-4 能按照工艺文件要求进行不锈钢薄板等离子弧焊接	(1) 不锈钢薄板等离子弧穿透型焊接 (2) 不锈钢薄板等离子弧熔透型焊接		2) 不锈钢薄板等离子弧穿透型焊接		
					3) 不锈钢薄板等离子弧熔透型焊接		
					4) 焊后清理 ①清理要求 ②清理内容		

续表

<table>
<tr><th colspan="4">2.1.4 高级职业技能培训要求</th><th colspan="4">2.2.4 高级职业技能培训课程规范</th></tr>
<tr><th>职业功能模块（模块）</th><th>培训内容（课程）</th><th>技能目标</th><th>培训细目</th><th>学习单元</th><th>课程内容</th><th>培训建议</th><th>课堂学时</th></tr>
<tr><td>3. 非熔化极气体保护焊</td><td>3-4 不锈钢薄板等离子弧焊接</td><td>3-4-5 能按照工艺文件规定，对不锈钢薄板等离子弧焊接外观质量进行自检</td><td>（1）不锈钢薄板等离子焊接常见表面缺陷识别及其预防
（2）焊缝外观质量检查</td><td>（4）焊缝外观质量检查</td><td>1）焊缝外观质量检查
①检查项目
②检验工具
③检查方法</td><td>（1）方法：讲授法、演示法、实训法
（2）重点与难点：焊缝外观质量检查方法</td><td>2</td></tr>
<tr><td rowspan="9">4. 气焊</td><td rowspan="9">4-1 铸铁的气焊</td><td rowspan="4">4-1-1 能根据焊接工艺文件选择铸铁气焊的参数</td><td rowspan="4">（1）焊接参数确认与调节</td><td rowspan="5">（1）焊前准备</td><td>1）铸铁及铸铁气焊的工艺特点及应用
①工艺特点
②应用</td><td rowspan="5">（1）方法：讲授法
（2）重点与难点：火焰类别、火焰能率及预热温度的确认与调节</td><td rowspan="5">2</td></tr>
<tr><td>2）气焊设备、工机具、夹具及周边环境的安全检查
①气瓶及减压器的安全检查
②胶管的安全检查
③焊炬的安全检查
④角磨机、直磨机的安全检查
⑤夹具的安全检查
⑥周边环境的安全检查</td></tr>
<tr><td>3）材料的准备
①焊接材料的准备
②焊件的准备</td></tr>
<tr><td>4）焊接参数确认与调节</td></tr>
<tr><td rowspan="2">4-1-2 能进行铸铁气焊坡口检查清理、组对及定位焊</td><td rowspan="2">（1）焊件坡口检查清理
（2）焊件组对
（3）焊件定位焊</td><td>5）坡口检查和焊前清理</td></tr>
<tr><td rowspan="4">（2）组对、焊接</td><td>1）组对及定位焊</td><td rowspan="4">（1）方法：讲授法
（2）重点与难点：铸铁焊补操作</td><td rowspan="4">26</td></tr>
<tr><td rowspan="3">4-1-3 能根据工艺文件要求进行铸铁的气焊</td><td rowspan="3">（1）铸铁气焊</td><td>2）焊接
①填充层的焊接
②盖面层的焊接</td></tr>
<tr><td>3）焊后处理</td></tr>
<tr><td>4）焊后清理
①清理要求
②清理内容</td></tr>
</table>

续表

<table>
<tr><th colspan="4">2.1.4 高级职业技能培训要求</th><th colspan="4">2.2.4 高级职业技能培训课程规范</th></tr>
<tr><th>职业功能模块（模块）</th><th>培训内容（课程）</th><th>技能目标</th><th>培训细目</th><th>学习单元</th><th>课程内容</th><th>培训建议</th><th>课堂学时</th></tr>
<tr><td rowspan="8">4. 气焊</td><td>4-1 铸铁的气焊</td><td>4-1-4 能根据工艺文件，对铸铁气焊焊缝的外观质量进行自检</td><td>（1）铸铁气焊常见表面缺陷识别及其预防
（2）焊缝外观质量检查</td><td>（3）焊缝外观质量检查</td><td>1）焊缝外观质量检查
①检查项目
②检验工具
③检查方法</td><td>（1）方法：讲授法
（2）重点与难点：焊缝外观质量检验方法</td><td>2</td></tr>
<tr><td rowspan="7">4-2 管径 ϕ < 60 mm 低合金钢管对接 45° 固定气焊</td><td rowspan="3">4-2-1 能根据焊接工艺文件选择低合金钢管气焊参数</td><td rowspan="3">（1）焊接参数确认与调节</td><td rowspan="4">（1）焊前准备</td><td>1）气焊设备、工机具、夹具及周边环境的安全检查
①气瓶及减压器的安全检查
②胶管的安全检查
③焊炬的安全检查
④角磨机、直磨机的安全检查
⑤夹具的安全检查
⑥周边环境的安全检查</td><td rowspan="4">（1）方法：讲授法
（2）重点与难点：火焰能率的调节</td><td rowspan="4">2</td></tr>
<tr><td>2）材料的准备
①焊接材料的准备
②焊件的准备</td></tr>
<tr><td>3）焊接参数确认与调节</td></tr>
<tr><td rowspan="2">4-2-2 能进行管径 ϕ < 60 mm 低合金钢管对接气焊坡口检查清理、组对及定位焊</td><td rowspan="2">（1）焊件坡口检查清理
（2）焊件组对
（3）焊件定位焊</td><td>4）坡口检查和焊前清理</td></tr>
<tr><td rowspan="3">（2）组对、焊接</td><td>1）组对及定位焊</td><td rowspan="3">（1）方法：讲授法、演示法、实训法
（2）重点与难点：气焊操作</td><td rowspan="3">26</td></tr>
<tr><td rowspan="2">4-2-3 能根据工艺文件要求进行管径 ϕ < 60 mm 低合金钢管对接气焊</td><td rowspan="2">（1）低合金钢管对接气焊</td><td>2）焊接
①打底层的焊接
②盖面层的焊接</td></tr>
<tr><td>3）焊后清理
①清理要求
②清理内容</td></tr>
</table>

续表

2.1.4 高级职业技能培训要求				2.2.4 高级职业技能培训课程规范			
职业功能模块（模块）	培训内容（课程）	技能目标	培训细目	学习单元	课程内容	培训建议	课堂学时
4. 气焊	4-2 管径 ϕ < 60 mm 低合金钢管对接45°固定气焊	4-2-4 能根据工艺文件，对低合金钢管对接气焊焊缝的外观质量进行自检	(1) 低合金钢管对接气焊常见表面缺陷识别及其预防 (2) 焊缝外观质量检查	(3) 焊缝外观质量检查	1) 焊缝外观质量检查 ①检查项目 ②检验工具 ③检查方法	(1) 方法：讲授法 (2) 重点与难点：焊缝外观质量检查方法	2
5. 机器人焊接	5-1 厚度 $\delta \geqslant$ 8 mm 低碳钢板V型坡口平位对接机器人弧焊（二氧化碳气体保护焊）	5-1-1 能根据焊接工艺文件选择低碳钢板V型坡口平位对接机器人弧焊参数	(1) 焊接参数确认与调节	(1) 认识中厚板机器人弧焊	1) 编码器电池更换及复位 2) 系统状态数值设定 3) 外部轴及其通信、协调设定 4) 焊缝寻位传感编程 5) 多层、多道焊设定及编程 6) 中厚板机器人焊接工艺	(1) 方法：讲授法、实物示教法、实训法 (2) 重点：中厚板机器人焊接工艺 (3) 难点：多层、多道焊设定	16
		5-1-2 能进行低碳钢板V型坡口平位对接坡口检查、组对及定位焊	(1) 焊件坡口检查 (2) 焊件坡口组对 (3) 焊件定位焊	(2) 焊前准备	1) 机器人弧焊设备、工机具、夹具及周边环境的安全检查 2) 材料准备 3) 焊接参数确认与调节 4) 坡口检查和焊前清理	(1) 方法：讲授法、演示法、实训法 (2) 重点与难点：焊接参数的确定	10
		5-1-3 能按照工艺文件要求进行低碳钢板V型坡口平位对接机器人弧焊	(1) 低碳钢板V型坡口平位对接机器人弧焊	(3) 组对、焊接	1) 组对及定位焊 2) 编程及焊接 ①编程 ②焊接 3) 焊后清理 ①清理要求 ②清理内容	(1) 方法：讲授法、演示法、实训法 (2) 重点与难点：编程及焊接	32
		5-1-4 能根据工艺文件对低碳钢板V型坡口平位对接焊缝外观质量进行自检	(1) 常见表面缺陷识别及其预防 (2) 焊缝外观质量检查	(4) 焊缝外观质量检查	1) 焊缝外观质量检查 ①检查项目 ②检验工具 ③检查方法	(1) 方法：讲授法、演示法、实训法 (2) 重点与难点：检查方法	2
课堂学时合计 焊条电弧焊 / 熔化极气体保护焊 / 非熔化极气体保护焊 / 气焊 / 机器人焊接							216/ 60/ 180/ 60/60

附录 5 技师职业技能培训要求与课程规范对照表

<table>
<tr><th colspan="4">2.1.5 技师职业技能培训要求</th><th colspan="4">2.2.5 技师职业技能培训课程规范</th></tr>
<tr><th>职业功能模块（模块）</th><th>培训内容（课程）</th><th>技能目标</th><th>培训细目</th><th>学习单元</th><th>课程内容</th><th>培训建议</th><th>课堂学时</th></tr>
<tr><td rowspan="9">1. 不锈钢管或异种钢管的焊接</td><td rowspan="9">1-1 管径φ≤76 mm 不锈钢管对接 45°固定加障碍焊条电弧焊</td><td>1-1-1 能根据焊接工艺文件选择不锈钢管 45°固定加障碍焊接参数</td><td>（1）焊接参数确认与调节</td><td rowspan="5">（1）焊前准备</td><td>1）不锈钢管对接加障碍焊接工艺特点
①障碍形式
②工艺特点</td><td rowspan="5">（1）方法：讲授法、演示法、实训法
（2）重点与难点：焊前清理</td><td rowspan="5">2</td></tr>
<tr><td rowspan="3">1-1-2 能选用专用不锈钢打磨工具对试件进行打磨清理，并能根据 45°固定加障碍的特点进行不锈钢管的组对和定位焊</td><td rowspan="3">（1）不锈钢管焊前清理
（2）不锈钢管组对
（3）不锈钢管定位焊</td><td>2）焊条电弧焊设备、工机具、夹具及周边环境的安全检查
①焊机的安全检查
②电焊钳的安全检查
③焊接电缆的安全检查
④角磨机、直磨机的安全检查
⑤夹具的安全检查
⑥周边环境的安全检查</td></tr>
<tr><td>3）材料的准备
①焊接材料准备
②焊件准备</td></tr>
<tr><td>4）焊接参数确认与调节
①不锈钢焊条
②层间温度
③焊接电流</td></tr>
<tr><td rowspan="4">1-1-3 能根据焊接工艺文件要求完成不锈钢管对接 45°固定加障碍的焊接</td><td rowspan="4">（1）打底层焊接
（2）盖面层焊接</td><td>5）焊前清理
①清理范围
②清理方法</td></tr>
<tr><td rowspan="3">（2）组对、焊接</td><td>1）组对及定位焊</td><td rowspan="3">（1）方法：讲授法、演示法、实训法
（2）重点：焊接操作
（3）难点：单面焊双面成型</td><td rowspan="3">26</td></tr>
<tr><td>2）焊接
①打底层的焊接
②盖面层的焊接</td></tr>
<tr><td>3）焊后清理
①清理要求
②清理内容</td></tr>
<tr><td>1-1-4 能根据工艺文件对管径 φ≤76 mm 不锈钢管对接 45°固定加障碍焊条电弧焊焊缝外观质量进行自检</td><td>（1）小径不锈钢管加障碍对接焊接常见表面缺陷识别及其预防
（2）焊缝外观质量检查</td><td>（3）焊缝外观质量检验</td><td>1）焊缝外观质量检查
①检查项目
②检验工具
③检查方法</td><td>（1）方法：讲授法、演示法、实训法
（2）重点：焊接缺陷的预防
（3）难点：焊缝外观质量检查方法</td><td>2</td></tr>
</table>

续表

<table>
<tr><th colspan="4">2.1.5 技师职业技能培训要求</th><th colspan="4">2.2.5 技师职业技能培训课程规范</th></tr>
<tr><th>职业功能模块（模块）</th><th>培训内容（课程）</th><th>技能目标</th><th>培训细目</th><th>学习单元</th><th>课程内容</th><th>培训建议</th><th>课堂学时</th></tr>
<tr><td rowspan="4">1. 不锈钢管或异种钢管的焊接</td><td rowspan="4">1-2 管径φ≤76 mm异种钢管对接45°固定加障碍焊条电弧焊</td><td>1-2-1 能根据焊接工艺文件选择异种钢管45°固定加障碍焊接参数</td><td>（1）焊接参数确认与调节</td><td rowspan="2">（1）焊前准备</td><td rowspan="2">1）异种钢管对接加障碍焊接工艺特点
①障碍形式
②工艺特点
2）焊条电弧焊设备、工机具、夹具及周边环境的安全检查
①焊机的安全检查
②电焊钳的安全检查
③焊接电缆的安全检查
④角磨机、直磨机的安全检查
⑤夹具的安全检查
⑥周边环境的安全检查
3）材料的准备
①焊接材料准备
②焊件准备
4）焊接参数确认与调节
①异种钢焊条
②层间温度
③焊接电流
5）焊前清理
①清理范围
②清理方法</td><td rowspan="2">（1）方法：讲授法、演示法
（2）重点与难点：异种钢加障碍焊接焊条的准备</td><td rowspan="2">2</td></tr>
<tr><td>1-2-2 能选用专用异种钢打磨工具对试件进行打磨清理，并能根据45°固定加障碍的特点进行异种钢管的组对和定位焊</td><td>（1）异种钢管焊前清理
（2）异种钢管组对
（3）异种钢管定位焊</td></tr>
<tr><td>1-2-3 能根据焊接工艺文件要求完成异种钢管对接45°固定加障碍的焊接</td><td>（1）打底层焊接
（2）盖面层焊接</td><td>（2）组对、焊接</td><td>1）组对及定位焊
2）焊接
①打底层的焊接
②盖面层的焊接
3）焊后清理
①清理要求
②清理内容</td><td>（1）方法：讲授法、演示法、实训法
（2）重点：焊接操作
（3）难点：单面焊双面成型</td><td>26</td></tr>
<tr><td>1-2-4 能根据工艺文件对管径φ≤76 mm异种钢管对接45°固定加障碍焊条电弧焊焊缝外观质量进行自检</td><td>（1）小径异种钢管加障碍焊接常见表面缺陷识别及其预防
（2）焊缝外观质量检查</td><td>（3）焊缝外观质量检查</td><td>1）焊缝外观质量检查
①检查项目
②检验工具
③检查方法</td><td>（1）方法：讲授法、演示法、实训法
（2）重点与难点：焊接缺陷的预防</td><td>2</td></tr>
</table>

续表

<table>
<tr><th colspan="4">2.1.5 技师职业技能培训要求</th><th colspan="4">2.2.5 技师职业技能培训课程规范</th></tr>
<tr><th>职业功能模块（模块）</th><th>培训内容（课程）</th><th>技能目标</th><th>培训细目</th><th>学习单元</th><th>课程内容</th><th>培训建议</th><th>课堂学时</th></tr>
<tr><td rowspan="5">1. 不锈钢管或异种钢管的焊接</td><td rowspan="5">1-3 管径φ≤76 mm不锈钢管或异种钢管对接45°加排管障碍的手工钨极氩弧焊</td><td rowspan="2">1-3-1 能根据焊接工艺文件选择不锈钢管或异种钢管45°固定加排管障碍手工钨极氩弧焊焊接参数</td><td rowspan="2">（1）焊接参数确认与调节</td><td rowspan="5">（1）焊前准备</td><td>1）不锈钢管、异种钢管对接加障碍手工钨极氩弧焊工艺特点
①工艺特点
②障碍形式</td><td rowspan="5">（1）方法：讲授法
（2）重点与难点：焊接材料的准备</td><td rowspan="5">2</td></tr>
<tr><td>2）手工钨极氩弧焊设备、工机具、夹具及周边环境的安全检查
①焊机的安全检查
②供气系统的安全检查
③冷却系统的安全检查
④角磨机、直磨机的安全检查
⑤夹具安全检查
⑥周边环境的安全检查</td></tr>
<tr><td rowspan="3">1-3-2 能选用专用不锈钢管或异种钢管打磨工具对焊件进行打磨清理，并能根据45°固定加排管障碍的特点进行不锈钢管或异种钢管的组对和定位焊</td><td rowspan="3">（1）钢管焊前清理
（2）钢管组对
（3）钢管定位焊</td><td>3）材料的准备
①焊接材料准备
②焊件准备</td></tr>
<tr><td>4）焊接参数确认与调节
①不锈钢及异种钢焊丝
②层间温度
③焊接电流及气体流量</td></tr>
<tr><td>5）焊前清理
①清理范围
②清理方法</td></tr>
</table>

续表

2.1.5 技师职业技能培训要求				2.2.5 技师职业技能培训课程规范			
职业功能模块（模块）	培训内容（课程）	技能目标	培训细目	学习单元	课程内容	培训建议	课堂学时
1. 不锈钢管或异种钢管的焊接	1–3 管径$\phi \leqslant 76$ mm 不锈钢管或异种钢管对接45°加排管障碍的手工钨极氩弧焊	1–3–3 能根据障碍情况使用各种操作手法完成打底层、填充层、盖面层的焊接（单面焊双面成型）	（1）不锈钢管对接45°加排管障碍的手工钨极氩弧焊焊接 （2）异种钢管对接45°加排管障碍的手工钨极氩弧焊焊接	（2）组对、焊接	1）组对及定位焊	（1）方法：讲授法、演示法、实训法 （2）重点：加排管障碍焊接操作 （3）难点：单面焊双面成型	26
					2）不锈钢管对接45°加排管障碍的焊接 ①打底层的焊接 ②填充层的焊接 ③盖面层的焊接		
					3）异种钢管对接45°加排管障碍的焊接 ①打底层的焊接 ②填充层的焊接 ③盖面层的焊接		
					4）焊后清理 ①清理要求 ②清理内容		
		1–3–4 能根据工艺文件对不锈钢管或异种钢管对接45°加排管障碍的手工钨极氩弧焊焊缝外观质量进行自检	（1）不锈钢管或异种钢管加排管障碍焊接常见表面缺陷识别及其预防 （2）焊缝外观质量检查	（3）焊缝外观质量检查	1）焊缝外观质量检查 ①检查项目 ②检验工具 ③检查方法	（1）方法：讲授法、演示法、实训法 （2）重点与难点：焊接缺陷的预防	2
2. 铸铁的焊补	2–1 铸铁焊条电弧焊焊补	2–1–1 能根据需要制备铸铁焊补的坡口	（1）铸铁焊补件坡口制备	（1）铸铁基本知识	1）铸铁的分类及牌号	（1）方法：讲授法 （2）重点：铸铁的焊接性 （3）难点：铸铁焊条电弧焊冷焊操作要领	4
					2）铸铁的性能 ①物理性能 ②化学性能 ③力学性能 ④焊接性		
		2–1–2 能完成铸铁焊补焊件的清理	（1）铸铁焊补件焊前清理		3）铸铁的焊条电弧焊 ①铸铁的焊条电弧焊方法 ②铸铁焊条的牌号、型号及选用 ③铸铁焊条电弧焊冷焊操作要领		

续表

<table>
<tr><th colspan="4">2.1.5 技师职业技能培训要求</th><th colspan="4">2.2.5 技师职业技能培训课程规范</th></tr>
<tr><th>职业功能模块（模块）</th><th>培训内容（课程）</th><th>技能目标</th><th>培训细目</th><th>学习单元</th><th>课程内容</th><th>培训建议</th><th>课堂学时</th></tr>
<tr><td rowspan="9">2. 铸铁的焊补</td><td rowspan="9">2–1 铸铁焊条电弧焊焊补</td><td rowspan="2">2–1–3 能根据实际情况选择预热方式与预热温度</td><td rowspan="2">（1）铸铁预热方式选择
（2）铸铁预热温度选择</td><td rowspan="5">（2）焊前准备</td><td>1）焊条电弧焊设备、工机具、夹具及其周边环境的安全检查
①焊机的安全检查
②电焊钳的安全检查
③焊接电缆的安全检查
④角磨机的安全检查
⑤夹具的安全检查
⑥周边环境的安全检查</td><td rowspan="5">（1）方法：讲授法、演示法、实训法
（2）重点与难点：坡口制备</td><td rowspan="5">2</td></tr>
<tr><td>2）材料准备
①焊接材料准备
②焊件准备</td></tr>
<tr><td rowspan="3">2–1–4 能根据工艺文件选择铸铁焊补的焊接工艺参数</td><td rowspan="3">（1）焊接参数确认与调节</td><td>3）焊接参数确认调节
①焊条
②焊接电流</td></tr>
<tr><td>4）坡口制备
①铸铁缺陷清理
②坡口制备</td></tr>
<tr><td>5）焊前清理
①清理要求
②清理内容</td></tr>
<tr><td rowspan="2">2–1–5 能采取工艺措施减少铸铁焊补的焊接残余应力，完成铸铁件焊补</td><td rowspan="2">（1）铸铁件焊补</td><td rowspan="3">（3）预热、焊接</td><td>1）预热
①预热温度
②预热方法</td><td rowspan="3">（1）方法：讲授法、演示法、实训法
（2）重点：铸件焊补
（3）难点：减少焊接残余应力的措施</td><td rowspan="3">16</td></tr>
<tr><td>2）焊接</td></tr>
<tr><td rowspan="2">2–1–6 能根据工艺文件对铸铁焊缝外观质量进行自检</td><td rowspan="2">（1）铸铁焊补常见表面缺陷识别及其预防
（2）焊缝外观质量检查</td><td>3）焊后清理
①清理要求
②清理内容</td></tr>
<tr><td>（4）焊缝外观质量检查</td><td>1）焊缝外观质量检查
①检查项目
②检验工具
③检查方法</td><td>（1）方法：讲授法、演示法、实训法
（2）重点：焊接缺陷的预防
（3）难点：焊缝外观质量检查方法</td><td>2</td></tr>
</table>

续表

2.1.5 技师职业技能培训要求				2.2.5 技师职业技能培训课程规范			
职业功能模块（模块）	培训内容（课程）	技能目标	培训细目	学习单元	课程内容	培训建议	课堂学时
3. 铝及其合金的焊接	3-1 铝及其合金薄板对接平焊位置（加衬垫）的熔化极脉冲氩弧焊	3-1-1 能根据工艺文件选择合适的焊接工艺参数	（1）焊接参数确认与调节	（1）铝及其合金基本知识	1）铝及其铝合金的分类及牌号 2）铝及其铝合金的性能 ①物理性能 ②化学性能 ③力学性能 ④焊接性 3）铝及其合金的常用焊接方法及工艺	（1）方法：讲授法 （2）重点：焊接性 （3）难点：铝及其合金焊接工艺	2
		3-1-2 能进行铝及其合金薄板焊件的清理、组对和定位焊	（1）焊件清理 （2）焊件组对 （3）焊件定位焊	（2）焊前准备	1）熔化极脉冲氩弧焊设备、工机具、夹具及周边环境的安全检查 ①焊机的安全检查 ②供气系统的安全检查 ③冷却系统的安全检查 ④角磨机、直磨机的安全检查 ⑤夹具安全检查 ⑥周边环境的安全检查 2）材料的准备 ①焊接材料准备 ②焊件准备 3）焊接参数确认与调节 ①气体流量 ②焊接电流 4）焊前清理 ①清理要求 ②清理内容	（1）方法：讲授法、演示法、实训法 （2）重点：薄板焊件的清理	2
		3-1-3 能根据焊接工艺参数完成铝及其合金薄板的对接平焊位置（加衬垫）熔化极脉冲氩弧焊	（1）铝及其合金薄板对接平焊位置（加衬垫）焊接	（3）组对、焊接	1）组对及定位焊 2）焊接 3）焊后清理 ①清理要求 ②清理内容	（1）方法：讲授法、演示法、实训法 （2）重点与难点：薄板对接平位焊接操作	18
		3-1-4 能根据工艺文件对铝及其合金薄板对接焊缝外观质量进行自检	（1）铝及其合金薄板对接平焊位置熔化极脉冲氩弧焊常见表面缺陷识别及其预防 （2）焊缝外观质量检查	（4）焊缝外观质量检查	1）焊缝外观质量检查 ①检查项目 ②检验工具 ③检查方法	（1）方法：讲授法、演示法、实训法 （2）重点与难点：焊接缺陷的预防	2

续表

<table>
<tr><th colspan="4">2.1.5 技师职业技能培训要求</th><th colspan="4">2.2.5 技师职业技能培训课程规范</th></tr>
<tr><th>职业功能模块（模块）</th><th>培训内容（课程）</th><th>技能目标</th><th>培训细目</th><th>学习单元</th><th>课程内容</th><th>培训建议</th><th>课堂学时</th></tr>
<tr><td rowspan="8">3. 铝及其合金的焊接</td><td rowspan="8">3-2 铝及其合金薄板对接平焊位置（加衬垫）的钨极氩弧焊</td><td>3-2-1 能根据工艺文件选择合适的焊接工艺参数</td><td>（1）焊接参数确认与调节</td><td rowspan="4">（1）焊前准备</td><td>1）钨极氩弧焊设备、工机具、夹具及周边环境的安全检查
①焊机的安全检查
②供气系统的安全检查
③冷却系统的安全检查
④角磨机、直磨机的安全检查
⑤夹具安全检查
⑥周边环境的安全检查</td><td rowspan="4">（1）方法：讲授法、演示法、实训法
（2）重点与难点：焊接参数确认与调节</td><td rowspan="4">2</td></tr>
<tr><td rowspan="3">3-2-2 能进行铝及其合金薄板焊件的清理、组对和定位焊</td><td rowspan="3">（1）焊件清理
（2）焊件组对
（3）焊件定位焊</td><td>2）材料的准备
①焊接材料准备
②焊件准备</td></tr>
<tr><td>3）焊接参数确认与调节
①气体流量
②焊接电流</td></tr>
<tr><td>4）焊前清理
①清理要求
②清理内容</td></tr>
<tr><td rowspan="3">3-2-3 能采取措施预防焊接变形，使用各种操作手法完成打底层、填充层、盖面层的焊接，并实现加衬垫的单面焊双面成型</td><td rowspan="3">（1）铝及其合金薄板对接平焊位置（加衬垫）打底层焊接
（2）铝及其合金薄板对接平焊位置（加衬垫）填充层焊接
（3）铝及其合金薄板对接平焊位置（加衬垫）盖面层焊接</td><td rowspan="3">（2）组对、焊接</td><td>1）组对及定位焊</td><td rowspan="3">（1）方法：讲授法、演示法、实训法
（2）重点与难点：薄板对接平位焊接操作</td><td rowspan="3">18</td></tr>
<tr><td>2）焊接</td></tr>
<tr><td>3）焊后清理
①清理要求
②清理内容</td></tr>
<tr><td>3-2-4 能根据工艺文件对铝及其合金薄板对接焊缝外观质量进行自检</td><td>（1）铝及其合金薄板对接平焊位置钨极氩弧焊常见表面缺陷识别及其预防
（2）焊缝外观质量检查</td><td>（3）焊缝外观质量检查</td><td>1）焊缝外观质量检查
①检查项目
②检验工具
③检查方法</td><td>（1）方法：讲授法、演示法、实训法
（2）重点与难点：焊接缺陷的预防</td><td>2</td></tr>
</table>

续表

2.1.5 技师职业技能培训要求				2.2.5 技师职业技能培训课程规范			
职业功能模块（模块）	培训内容（课程）	技能目标	培训细目	学习单元	课程内容	培训建议	课堂学时
4. 钛及其合金的焊接	4-1 钛及其合金板的熔化极氩弧焊	4-1-1 能根据工艺文件选择钛及其合金板熔化极氩弧焊的焊接工艺参数	（1）焊接参数确认与调节	（1）认识钛及其合金	1）钛及其合金的分类及牌号	（1）方法：讲授法 （2）重点：钛及其合金的焊接性	2
					2）钛及其合金的性能 ①物理性能 ②化学性能 ③力学性能 ④焊接性		
					3）钛及其合金的常用焊接方法及工艺		
		4-1-2 能进行钛及其合金板焊件的清理、组对和定位焊	（1）焊件清理 （2）焊件组对 （3）焊件定位焊	（2）焊前准备	1）熔化极氩弧焊设备、工机具、夹具及周边环境的安全检查 ①焊机的安全检查 ②供气系统的安全检查 ③冷却系统的安全检查 ④角磨机、直磨机的安全检查 ⑤夹具安全检查 ⑥周边环境的安全检查	（1）方法：讲授法、演示法、实训法 （2）重点与难点：焊前清理	2
					2）材料准备 ①焊接材料准备 ②焊件准备		
					3）焊接参数确认与调节 ①气体流量 ②焊接电流		
					4）焊前清理 ①清理要求 ②清理内容		
		4-1-3 能根据焊接工艺文件完成钛及其合金板的熔化极氩弧焊	（1）钛及其合金板熔化极氩弧焊焊接	（3）组对、焊接	1）组对及定位焊	（1）方法：讲授法、演示法、实训法 （2）重点与难点：焊接操作	24
					2）焊接		
					3）焊后清理 ①清理要求 ②清理内容		
		4-1-4 能根据工艺文件对钛及其合金板焊缝外观质量进行自检	（1）钛及其合金板熔化极氩弧焊常见表面缺陷识别及其预防 （2）焊缝外观质量检查	（4）焊缝外观质量检查	1）焊缝外观质量检查 ①检查项目 ②检验工具 ③检查方法	（1）方法：讲授法、演示法、实训法 （2）重点与难点：焊接缺陷的预防	2

续表

2.1.5 技师职业技能培训要求				2.2.5 技师职业技能培训课程规范			
职业功能模块（模块）	培训内容（课程）	技能目标	培训细目	学习单元	课程内容	培训建议	课堂学时
5. 铜及其合金的焊接	5-1 铜及其合金板的熔化极氩弧焊	5-1-1 能根据工艺文件选择铜及其合金板熔化极氩弧焊的焊接工艺参数	（1）焊接参数确认与调节	（1）铜及其合金基本知识	1）铜及其合金的分类及牌号 2）铜及其合金的性能 ①物理性能 ②化学性能 ③力学性能 ④焊接性 3）铜及其合金常用的焊接方法及工艺	（1）方法：讲授法 （2）重点与难点：铜及其合金的焊接性	2
		5-1-2 能进行铜及其合金焊件的清理、组对和定位焊	（1）焊件清理 （2）焊件组对 （3）焊件定位焊	（2）焊前准备	1）熔化极氩弧焊设备、工机具、夹具及周边环境的安全检查 ①焊机的安全检查 ②供气系统的安全检查 ③冷却系统的安全检查 ④角磨机、直磨机的安全检查 ⑤夹具安全检查 ⑥周边环境 2）材料准备 ①焊接材料准备 ②焊件准备 3）焊接参数确认与调节 ①气体流量 ②焊接电流 4）焊前清理 ①清理要求 ②清理内容	（1）方法：讲授法、演示法、实训法 （2）重点与难点：焊接参数确认与调节	2
		5-1-3 能根据焊接工艺文件完成铜及其合金板的熔化极氩弧焊	（1）铜及其合金板熔化极氩弧焊	（3）组对、焊接	1）焊件预热 ①预热温度 ②预热方法 2）组对及定位焊 3）焊接 4）焊后清理 ①清理要求 ②清理内容	（1）方法：讲授法、演示法、实训法 （2）重点：铜及其合金的焊接操作 （3）难点：焊件预热	24
		5-1-4 能根据工艺文件对铜及其合金板焊缝外观质量进行自检	（1）铜及其合金熔化极氩弧焊常见表缺陷识别及其预防 （2）焊缝外观质量检查	（4）焊缝外观质量检查	1）焊缝外观质量检查 ①检查项目 ②检验工具 ③检查方法	（1）方法：讲授法、演示法、实训法 （2）重点与难点：焊接缺陷的预防	2

续表

<table>
<tr><th colspan="4">2.1.5 技师职业技能培训要求</th><th colspan="4">2.2.5 技师职业技能培训课程规范</th></tr>
<tr><th>职业功能模块（模块）</th><th>培训内容（课程）</th><th>技能目标</th><th>培训细目</th><th>学习单元</th><th>课程内容</th><th>培训建议</th><th>课堂学时</th></tr>
<tr><td rowspan="11">6. 新型材料的焊接</td><td rowspan="11">6-1 镍及其合金的熔焊</td><td rowspan="3">6-1-1 能根据工艺文件选择镍及其合金板钨极氩弧焊的焊接工艺参数</td><td rowspan="3">（1）焊接参数确认与调节</td><td rowspan="3">（1）镍及其合金基本知识</td><td>1）镍及其合金的分类及牌号</td><td rowspan="3">（1）方法：讲授法
（2）重点与难点：镍及其合金的焊接性</td><td rowspan="3">2</td></tr>
<tr><td>2）镍及其合金的性能
①物理性能
②化学性能
③力学性能
④焊接性</td></tr>
<tr><td>3）镍及其合金常用的焊接方法及工艺</td></tr>
<tr><td rowspan="2">6-1-2 能进行镍及其合金焊件的清理、组对和定位焊</td><td rowspan="2">（1）焊件清理
（2）焊件组对
（3）焊件定位焊</td><td rowspan="4">（2）焊前准备</td><td>1）钨极氩弧焊设备、工机具、夹具及周边环境的安全检查
①焊机的安全检查
②供气系统的安全检查
③冷却系统的安全检查
④角磨机、直磨机的安全检查
⑤夹具安全检查
⑥周边环境的安全检查</td><td rowspan="4">（1）方法：讲授法、演示法、实训法
（2）重点与难点：焊接参数确认与调节</td><td rowspan="4">2</td></tr>
<tr><td>2）材料准备
①焊接材料准备
②焊件准备</td></tr>
<tr><td rowspan="2">6-1-3 能根据焊接工艺文件完成镍及其合金板的钨极氩弧焊</td><td rowspan="2">（1）镍及其合金板钨极氩弧焊</td><td>3）焊接参数确认与调节
①气体流量
②焊接电流</td></tr>
<tr><td>4）焊前清理
①清理要求
②清理内容</td></tr>
<tr><td rowspan="4">6-1-4 能根据工艺文件对镍及其合金板焊缝外观质量进行自检</td><td rowspan="4">（1）镍及其合金板钨极氩弧焊常见表面缺陷识别及其预防
（2）焊缝外观质量检查</td><td rowspan="3">（3）组对、焊接</td><td>1）组对及定位焊</td><td rowspan="3">（1）方法：讲授法、演示法、实训法
（2）重点与难点：镍及其合金焊接操作</td><td rowspan="3">12</td></tr>
<tr><td>2）焊接</td></tr>
<tr><td>3）焊后清理
①清理要求
②清理内容</td></tr>
<tr><td>（4）焊缝外观质量检查</td><td>1）焊缝外观质量检查
①检查项目
②检验工具
③检查方法</td><td>（1）方法：讲授法、演示法、实训法
（2）重点与难点：焊接缺陷预防</td><td>2</td></tr>
</table>

续表

2.1.5 技师职业技能培训要求				2.2.5 技师职业技能培训课程规范			
职业功能模块（模块）	培训内容（课程）	技能目标	培训细目	学习单元	课程内容	培训建议	课堂学时
6. 新型材料的焊接	6-2 锆及其合金的熔焊	6-2-1 能根据工艺文件选择锆及其合金板钨极氩弧焊的焊接工艺参数	（1）焊接参数确认与调节	（1）锆及其合金基本知识	1）锆及其合金的分类及牌号 2）锆及其合金的性能 ①物理性能 ②化学性能 ③力学性能 ④焊接性 3）锆及其合金常用的焊接方法及工艺	（1）方法：讲授法 （2）重点与难点：锆及其合金的焊接性	2
		6-2-2 能进行锆及其合金焊件的清理、组对和定位焊	（1）焊件清理 （2）焊件组对 （3）焊件定位焊	（2）焊前准备	1）钨极氩弧焊设备、工机具、夹具及周边环境的安全检查 ①焊机的安全检查 ②供气系统的安全检查 ③冷却系统的安全检查 ④角磨机、直磨机的安全检查 ⑤夹具安全检查 ⑥周边环境的安全检查 2）材料准备 ①焊接材料准备 ②焊件准备 3）焊接参数确认与调节 ①气体流量 ②焊接电流 4）焊前清理 ①清理要求 ②清理内容	（1）方法：讲授法、演示法、实训法 （2）重点与难点：焊接参数确认与调节	2
		6-2-3 能根据焊接工艺文件完成锆及其合金板的钨极氩弧焊	（1）锆及其合金板钨极氩弧焊	（3）组对、焊接	1）组对及定位焊 2）焊接 3）焊后清理 ①清理要求 ②清理内容	（1）方法：讲授法、演示法、实训法 （2）重点与难点：锆及其合金焊接	12
		6-2-4 能根据工艺文件对锆及其合金板焊缝外观质量进行自检	（1）锆及其合金板钨极氩弧焊常见表面缺陷识别及其预防 （2）焊缝外观质量检查	（4）焊缝外观质量检	1）焊缝外观质量检查 ①检查项目 ②检验工具 ③检查方法	（1）方法：讲授法、演示法、实训法 （2）重点与难点：焊接缺陷预防	2

续表

2.1.5 技师职业技能培训要求				2.2.5 技师职业技能培训课程规范			
职业功能模块（模块）	培训内容（课程）	技能目标	培训细目	学习单元	课程内容	培训建议	课堂学时
6. 新型材料的焊接	6-3 铂及其合金的熔焊	6-3-1 能根据工艺文件选择铂及其合金板钨极氩弧焊的焊接工艺参数	(1) 焊接参数确认与调节	(1) 铂及其合金基本知识	1) 铂及其合金的分类、牌号 2) 铂及其合金的性能 ①物理性能 ②化学性能 ③力学性能 ④焊接性 3) 铂及其合金常用的焊接方法及工艺	(1) 方法：讲授法 (2) 重点与难点：铂及其合金的焊接性	2
		6-3-2 能进行铂及其合金焊件的清理、组对和定位焊	(1) 焊件清理 (2) 焊件组对 (3) 焊件定位焊	(2) 焊前准备	1) 钨极氩弧焊设备、工机具、夹具及周边环境的安全检查 ①焊机的安全检查 ②供气系统的安全检查 ③冷却系统的安全检查 ④角磨机、直磨机的安全检查 ⑤夹具安全检查 ⑥周边环境的安全检查 2) 材料准备 ①焊接材料准备 ②焊件准备 3) 焊接参数确认与调节 ①气体流量 ②焊接电流 4) 焊前清理 ①清理要求 ②清理内容	(1) 方法：讲授法、演示法、实训法 (2) 重点与难点：焊接参数确认与调节	2
		6-3-3 能根据焊接工艺文件完成铂及其合金板的钨极氩弧焊	(1) 铂及其合金板钨极氩弧焊	(3) 组对、焊接	1) 组对及定位焊 2) 焊接 3) 焊后清理 ①清理要求 ②清理内容	(1) 方法：讲授法、演示法、实训法 (2) 重点与难点：铂及其合金焊接操作	12
		6-3-4 能根据工艺文件对铂及其合金板焊缝外观质量进行自检	(1) 铂及其合金钨极氩弧焊常见表面缺陷识别及其预防 (2) 焊缝外观质量检查	(4) 焊缝外观质量检查	1) 焊缝外观质量检查 ①检查项目 ②检验工具 ③检查方法	(1) 方法：讲授法、演示法、实训法 (2) 重点与难点：焊接缺陷预防	2

续表

2.1.5 技师职业技能培训要求				2.2.5 技师职业技能培训课程规范			
职业功能模块（模块）	培训内容（课程）	技能目标	培训细目	学习单元	课程内容	培训建议	课堂学时
6. 新型材料的焊接	6-4 低温钢的熔焊	6-4-1 能根据工艺文件选择低温钢钨极氩弧焊的焊接工艺参数	（1）焊接参数确认与调节	（1）低温钢基本知识	1）低温钢的牌号 2）低温钢的性能 ①低温韧性 ②焊接性 3）低温钢常用的焊接方法及工艺	（1）方法：讲授法 （2）重点与难点：低温钢的焊接性	2
		6-4-2 能进行低温钢焊件的清理、组对和定位焊	（1）焊件清理 （2）焊件组对 （3）焊件定位焊	（2）焊前准备	1）钨极氩弧焊设备、工机具、夹具及周边环境的安全检查 ①焊机的安全检查 ②供气系统的安全检查 ③冷却系统的安全检查 ④角磨机、直磨机的安全检查 ⑤夹具安全检查 ⑥周边环境的安全检查 2）材料准备 ①焊接材料准备 ②焊件准备 3）焊接参数确认与调节 ①气体流量 ②焊接电流 4）焊前清理 ①清理要求 ②清理内容	（1）方法：讲授法、演示法、实训法 （2）重点与难点：焊接参数确认与调节	2
		6-4-3 能根据焊接工艺文件完成低温钢板的钨极氩弧焊	（1）低温钢板钨极氩弧焊	（3）组对、焊接	1）组对及定位焊 2）焊接 3）焊后清理 ①清理要求 ②清理内容	（1）方法：讲授法、演示法、实训法 （2）重点与难点：道间温度的控制	12
		6-4-4 能根据工艺文件对低温钢板焊缝外观质量进行自检	（1）低温钢板钨极氩弧焊常见表面缺陷识别及其预防 （2）焊缝外观质量检查	（4）焊缝外观质量检查	1）焊缝外观质量检查 ①检查项目 ②检验工具 ③检查方法	（1）方法：讲授法、演示法、实训法 （2）重点与难点：焊接缺陷预防	2

续表

2.1.5 技师职业技能培训要求				2.2.5 技师职业技能培训课程规范			
职业功能模块（模块）	培训内容（课程）	技能目标	培训细目	学习单元	课程内容	培训建议	课堂学时
6. 新型材料的焊接	6-5 高合金细晶粒钢的熔焊	6-5-1 能根据工艺文件选择高合金细晶粒钢板钨极氩弧焊的焊接工艺参数	（1）焊接参数确认与调节	（1）高合金细晶粒钢基本知识	1）高合金细晶粒钢的种类、牌号 2）高合金细晶粒钢的性能 ①力学性能 ②焊接性 3）高合金细晶粒钢常用的焊接方法及工艺	（1）方法：讲授法 （2）重点与难点：高合金细晶粒钢的焊接性	2
		6-5-2 能进行高合金细晶粒钢板焊件的清理、组对和定位焊	（1）焊件清理 （2）焊件组对 （3）焊件定位焊	（2）焊前准备	1）钨极氩弧焊设备、工机具、夹具及周边环境的安全检查 ①焊机的安全检查 ②供气系统的安全检查 ③冷却系统的安全检查 ④角磨机、直磨机的安全检查 ⑤夹具安全检查 ⑥周边环境的安全检查 2）材料准备 ①焊接材料准备 ②焊件准备 3）焊接参数确认与调节 ①气体流量 ②焊接电流 4）焊前清理 ①清理要求 ②清理内容	（1）方法：讲授法、演示法、实训法 （2）重点与难点：焊接参数确认与调节	2
		6-5-3 能根据焊接工艺文件完成高合金细晶粒钢板的钨极氩弧焊	（1）高合金细晶粒钢板钨极氩弧焊	（3）组对、焊接	1）组对及定位焊 2）焊接 3）焊后清理 ①清理要求 ②清理内容	（1）方法：讲授法、演示法、实训法 （2）重点与难点：道间温度的控制	12
		6-5-4 能根据工艺文件对高合金细晶粒钢板焊缝外观质量进行自检	（1）高合金细晶粒钢板钨极氩弧焊常见表面缺陷识别及其预防 （2）焊缝外观质量检查	（4）焊缝外观质量检查	1）焊缝外观质量检查 ①检查项目 ②检验工具 ③检查方法	（1）方法：讲授法、演示法、实训法 （2）重点与难点：焊接缺陷预防	2

续表

<table>
<tr><th colspan="4">2.1.5 技师职业技能培训要求</th><th colspan="4">2.2.5 技师职业技能培训课程规范</th></tr>
<tr><th>职业功能模块（模块）</th><th>培训内容（课程）</th><th>技能目标</th><th>培训细目</th><th>学习单元</th><th>课程内容</th><th>培训建议</th><th>课堂学时</th></tr>
<tr><td rowspan="10">7. 机器人焊接</td><td rowspan="10">7-1 复杂工件多机器人焊接系统的建立</td><td>7-1-1 能进行机器人弧焊系统备份</td><td>（1）机器人弧焊系统备份</td><td rowspan="7">（1）认识多机器人焊接系统</td><td>1）机器人弧焊系统备份</td><td rowspan="7">（1）方法：讲授法、演示法
（2）重点与难点：时序控制、PLC 编程</td><td rowspan="7">10</td></tr>
<tr><td>7-1-2 能进行多机器人系统的示教编程</td><td>（1）多机器人系统示教编程</td><td>2）多机器人系统示教编程</td></tr>
<tr><td rowspan="2">7-1-3 能进行弧焊机器人系统的时序控制</td><td>（1）机器人时序控制</td><td>3）多机器人系统时序控制</td></tr>
<tr><td>（2）PLC 编程</td><td>4）PLC 编程</td></tr>
<tr><td rowspan="6">7-1-4 能建立复杂工件多机器人焊接系统仿真模型并调试</td><td rowspan="3">（1）多机器人焊接系统模型建立</td><td>5）多机器人系统干涉区设置</td></tr>
<tr></tr>
<tr></tr>
<tr><td rowspan="3">（2）仿真模型调试优化</td><td rowspan="3">（2）复杂工件多机器人焊接系统仿真模型的建立</td><td>1）建立模型</td><td rowspan="3">（1）方法：讲授法、演示法、实训法
（2）重点与难点：建立模型</td><td rowspan="3">20</td></tr>
<tr><td>2）离线编程</td></tr>
<tr><td>3）调试优化</td></tr>
<tr><td rowspan="3">8. 焊接生产</td><td rowspan="3">8-1 焊接性试验和焊接工艺评定</td><td rowspan="3">8-1-1 能根据焊接工艺要求进行材料的焊接性试验</td><td rowspan="3">（1）金属焊接性试验</td><td rowspan="3">（1）焊接性试验</td><td>1）焊接性概念
①金属焊接性
②工艺焊接性
③影响工艺焊接性的因素</td><td rowspan="3">（1）方法：讲授法
（2）重点与难点：焊接性试验方法</td><td rowspan="3">4</td></tr>
<tr><td>2）焊接性试验基本知识
①焊接性试验内容
②焊接性试验方法</td></tr>
<tr><td>3）常用的焊接性直接试验法
①斜 Y 形坡口焊接裂纹试验
②插销试验
③压板对接裂纹试验
④ Z 向拉伸试验
⑤可变拘束试验</td></tr>
</table>

续表

<table>
<tr><th colspan="4">2.1.5 技师职业技能培训要求</th><th colspan="4">2.2.5 技师职业技能培训课程规范</th></tr>
<tr><th>职业功能模块（模块）</th><th>培训内容（课程）</th><th>技能目标</th><th>培训细目</th><th>学习单元</th><th>课程内容</th><th>培训建议</th><th>课堂学时</th></tr>
<tr><td rowspan="8">8. 焊接生产</td><td rowspan="2">8-1 焊接性试验和焊接工艺评定</td><td rowspan="2">8-1-2 能根据焊接工艺评定文件进行工艺评定试件的焊接</td><td rowspan="2">（1）焊接工艺评定试件焊接</td><td rowspan="2">（2）焊接工艺评定与试件焊接</td><td>1）焊接工艺评定
①焊接工艺评定的目的和意义
②影响焊接工艺评定的因素
③焊接工艺评定的原则和程序</td><td rowspan="2">（1）方法：讲授法、讨论法
（2）重点与难点：试件焊接</td><td rowspan="2">2</td></tr>
<tr><td>2）试件焊接
①焊接要求
②焊接参数记录
③注意事项</td></tr>
<tr><td rowspan="6">8-2 焊接设备的使用</td><td rowspan="2">8-2-1 能进行焊接设备的验收</td><td rowspan="2">（1）焊接设备验收</td><td rowspan="2">（1）焊接设备的验收</td><td>1）焊接设备的验收标准</td><td rowspan="2">（1）方法：讲授法、讨论法
（2）重点与难点：焊接设备验收的步骤和实操</td><td rowspan="2">3</td></tr>
<tr><td>2）焊接设备的验收内容和步骤
①外观检查
②绝缘性能检查
③调试
④焊接试验</td></tr>
<tr><td rowspan="4">8-2-2 能进行焊接设备故障分析</td><td rowspan="4">（1）焊条电弧焊设备故障分析
（2）氩弧焊设备故障分析
（3）埋弧自动焊机设备故障分析
（4）二氧化碳气体保护焊机设备故障分析</td><td rowspan="4">（2）常用焊接设备故障分析</td><td>1）焊条电弧焊设备故障分析</td><td rowspan="4">（1）方法：讲授法、演示法
（2）重点：二氧化碳气体保护焊机设备故障分析
（3）难点：氩弧焊设备故障分析</td><td rowspan="4">3</td></tr>
<tr><td>2）氩弧焊设备故障分析</td></tr>
<tr><td>3）埋弧自动焊机设备故障分析</td></tr>
<tr><td>4）二氧化碳气体保护焊机设备故障分析</td></tr>
</table>

续表

<table>
<tr><th colspan="4">2.1.5 技师职业技能培训要求</th><th colspan="4">2.2.5 技师职业技能培训课程规范</th></tr>
<tr><th>职业功能模块（模块）</th><th>培训内容（课程）</th><th>技能目标</th><th>培训细目</th><th>学习单元</th><th>课程内容</th><th>培训建议</th><th>课堂学时</th></tr>
<tr><td rowspan="4">8. 焊接生产</td><td rowspan="3">8–3 焊接质量验收</td><td>8–3–1 能进行焊接接头的质量检查</td><td>（1）焊接接头质量检查</td><td rowspan="3">（1）焊接接头的质量检查与缺陷分析</td><td rowspan="3">1）焊接接头质量检查
①焊接质量检查依据
②焊接接头质量检查项目
③焊接接头质量检查方法
④外观质量检查
⑤识别无损检测报告
⑥缺陷分析</td><td rowspan="3">（1）方法：讲授法、演示法、实操法
（2）重点与难点：常见焊接缺陷分析</td><td rowspan="3">9</td></tr>
<tr><td>8–3–2 能撰写质量检查报告</td><td>（1）焊接接头质量检查报告撰写</td></tr>
<tr><td>8–3–3 能进行焊接接头的缺陷分析</td><td>（1）焊接接头常见缺陷分析</td></tr>
<tr><td>8–4 工装夹具的应用</td><td>8–4–1 能根据实际工作情况进行工装夹具的选择与改进</td><td>（1）工装夹具选择
（2）工装夹具改进</td><td>（1）工装夹具的选择与改进</td><td>1）常用工装夹具
①工装夹具的种类、组成及作用
②工装夹具的选用原则
③工装夹具的改进</td><td>（1）方法：讲授法
（2）重点与难点：工装夹具的选择和改进</td><td>3</td></tr>
<tr><td rowspan="5">9. 焊接技术管理</td><td rowspan="5">9–1 焊接生产管理</td><td rowspan="3">9–1–1 能进行成本核算</td><td rowspan="3">（1）成本核算</td><td rowspan="3">（1）成本核算</td><td>1）成本核算的含义、目的、内容及方法
①产品成本的构成
②成本核算的目的
③焊接成本核算的内容
④产品成本核算方法</td><td rowspan="3">（1）方法：讲授法
（2）重点与难点：成本控制</td><td rowspan="3">2</td></tr>
<tr><td>2）成本控制
①事前控制
②事中控制
③事后控制</td></tr>
<tr><td>3）降低焊接生产成本的途径</td></tr>
<tr><td rowspan="2">9–1–2 能进行定额管理</td><td rowspan="2">（1）原材料消耗定额管理
（2）电力消耗定额管理</td><td rowspan="2">（2）定额管理</td><td>1）焊接原材料的消耗定额管理
①焊条消耗定额的制定
②焊丝消耗定额的制定
③焊剂消耗定额的制定
④保护气体消耗定额的制定</td><td rowspan="2">（1）方法：讲授法、练习法</td><td rowspan="2">2</td></tr>
<tr><td>2）电力消耗定额管理</td></tr>
</table>

续表

<table>
<tr><td colspan="4">2.1.5 技师职业技能培训要求</td><td colspan="4">2.2.5 技师职业技能培训课程规范</td></tr>
<tr><td>职业功能模块（模块）</td><td>培训内容（课程）</td><td>技能目标</td><td>培训细目</td><td>学习单元</td><td>课程内容</td><td>培训建议</td><td>课堂学时</td></tr>
<tr><td rowspan="11">9. 焊接技术管理</td><td rowspan="2">9–1 焊接生产管理</td><td rowspan="2">9–1–2 能进行定额管理</td><td rowspan="2">（3）劳动工时定额管理
（4）成本分析对比</td><td rowspan="2">（2）定额管理</td><td>3）劳动工时定额管理
①工时定额的组成
②制定工时定额的方法</td><td rowspan="2">（2）重点与难点：焊接原材料消耗定额的制定</td><td rowspan="2"></td></tr>
<tr><td>4）成本分析对比
①焊接方法分析
②焊接成本对比样例</td></tr>
<tr><td rowspan="6">9–2 技术文件编写</td><td rowspan="3">9–2–1 能进行技术总结</td><td rowspan="3">（1）技术总结撰写</td><td rowspan="3">（1）技术总结撰写</td><td>1）技术总结定义</td><td rowspan="3">（1）方法：讲授法
（2）重点与难点：技术总结的内容</td><td rowspan="3">2</td></tr>
<tr><td>2）技术总结内容</td></tr>
<tr><td>3）编写技术总结</td></tr>
<tr><td rowspan="3">9–2–2 能撰写技术论文</td><td rowspan="3">（1）技术论文撰写</td><td rowspan="3">（2）技术论文撰写</td><td>1）论文定义</td><td rowspan="3">（1）方法：讲授法
（2）重点与难点：论文的构成要素</td><td rowspan="3">2</td></tr>
<tr><td>2）论文构成要素</td></tr>
<tr><td>3）撰写技术论文</td></tr>
<tr><td rowspan="3">9–3 焊工培训</td><td>9–3–1 能编制初级、中级、高级工技能培训教案</td><td>（1）培训教案编写</td><td rowspan="3">（1）焊工培训</td><td>1）国内焊工培训及考核
①特种作业操作人员培训及考核
②焊工技能操作证培训及考核
③焊工职业等级培训及考核</td><td rowspan="3">（1）方法：讲授法、讨论法
（2）重点：培训教案编写
（3）难点：技术要领讲解</td><td rowspan="3">4</td></tr>
<tr><td rowspan="2">9–3–2 能利用教学仪器向初级、中级、高级焊工讲解技能操作要领</td><td rowspan="2">（1）技能操作要领讲解</td><td>2）培训教案编写</td></tr>
<tr><td>3）授课
①教学仪器、资料、设备、工具的准备
②方法的选择
③示范与指导</td></tr>
<tr><td colspan="7">课堂学时合计
不锈钢管或异种钢管的焊接 / 铸铁的焊补 / 铝及其合金的焊接 / 钛及其合金的焊接 / 铜及其合金的焊接 / 新型材料的焊接 / 机器人焊接 / 焊接生产 / 焊接技术管理</td><td>90/24/46/30/30/90/30/24/12</td></tr>
</table>

附录 6　高级技师职业技能培训要求与课程规范对照表

2.1.6 高级技师职业技能培训要求				2.2.6 高级技师职业技能培训课程规范			
职业功能模块（模块）	培训内容（课组）	技能目标	培训细目	学习单元	课程内容	培训建议	课堂学时
1. 焊接问题的解决	1-1 复杂环境障碍、可达性差的结构焊接	1-1-1 能根据焊接工艺文件进行复杂环境障碍、可达性差的结构焊接	（1）焊接方法确认 （2）焊接操作	（1）复杂环境障碍、可达性差的结构焊接	1）复杂环境障碍位置、可达性差的结构焊接工艺措施 ①焊接工艺特点 ②实施焊接工艺措施的原则	（1）方法：讲授法、演示法 （2）重点与难点：复杂环境障碍、可达性差的结构焊接操作	12
					2）焊接接头的受力分析 ①对接接头 ②搭接接头 ③ T 形接头		
					3）汽轮机叶片补焊 ①焊前准备 ②操作步骤 ③注意事项		
					4）转炉托圈固定口焊接 ①焊前准备 ②操作步骤 ③注意事项		
					5）可达性差结构的焊接 ①焊前准备 ②操作步骤 ③注意事项		
		1-1-2 能处理焊后出现的各种问题	（1）焊后常见问题分析 （2）焊后问题处理	（2）焊后处理	1）焊后出现的常见问题 ①裂纹 ②变形	（1）方法：讲授法、讨论法 （2）重点与难点：常见问题的解决方法	4
					2）常见问题的解决方法		

续表

<table>
<tr><th colspan="4">2.1.6 高级技师职业技能培训要求</th><th colspan="4">2.2.6 高级技师职业技能培训课程规范</th></tr>
<tr><th>职业功能模块（模块）</th><th>培训内容（课组）</th><th>技能目标</th><th>培训细目</th><th>学习单元</th><th>课程内容</th><th>培训建议</th><th>课堂学时</th></tr>
<tr><td rowspan="10">1. 焊接问题的解决</td><td rowspan="10">1-2 厚度δ>3 mm的不锈钢与纯铜的焊条电弧焊</td><td>1-2-1 能进行坡口形式的选择</td><td>（1）坡口形式选择</td><td rowspan="6">（1）焊前准备</td><td>1）不锈钢与纯铜焊接时容易出现的焊接缺陷
①热裂纹
②渗透裂纹
③裂纹倾向</td><td rowspan="6">（1）方法：讲授法、演示法
（2）重点与难点：不锈钢与纯铜焊接的方法及工艺</td><td rowspan="6">4</td></tr>
<tr><td rowspan="2">1-2-2 能进行坡口的清理</td><td rowspan="2">（1）坡口清理</td><td>2）不锈钢与纯铜焊接的方法及工艺</td></tr>
<tr><td>3）焊条电弧焊设备、工具、夹具及周边环境的安全检查</td></tr>
<tr><td rowspan="2">1-2-3 能选用不锈钢与纯铜焊接的焊条</td><td rowspan="2">（1）不锈钢与纯铜焊接焊条领取与确认</td><td>4）材料准备
①焊件的准备
②焊接材料的准备</td></tr>
<tr><td>5）焊接参数确认与调节</td></tr>
<tr><td rowspan="5">1-2-4 能根据焊接工艺文件进行焊接</td><td rowspan="5">（1）不锈钢与纯铜焊条电弧焊焊接</td><td>6）焊前清理
①清理范围
②清理方法</td></tr>
<tr><td rowspan="3">（2）组对、焊接</td><td>1）组对、定位焊</td><td rowspan="3">（1）方法：演示法、实训法
（2）重点与难点：不锈钢与纯铜焊接操作</td><td rowspan="3">12</td></tr>
<tr><td>2）焊接</td></tr>
<tr><td>3）焊后清理
①清理要求
②清理内容</td></tr>
<tr><td>（3）焊缝外观质量检查</td><td>1）焊缝外观质量检查
①检查项目
②检验工具
③检查方法</td><td>（1）方法：讲授法、演示法、实训法
（2）重点与难点：焊缝外观质量检查方法</td><td>2</td></tr>
</table>

续表

2.1.6 高级技师职业技能培训要求				2.2.6 高级技师职业技能培训课程规范			
职业功能模块（模块）	培训内容（课组）	技能目标	培训细目	学习单元	课程内容	培训建议	课堂学时
1. 焊接问题的解决	1-3 管径ϕ≥168 mm高合金马氏体钢管的手工钨极氩弧焊打底，焊条电弧焊盖面	1-3-1 能领取和确认高合金马氏体钢焊条和焊丝	(1) 马氏体钢焊条和焊丝领取和确认	(1) 焊前准备	1) 焊条电弧焊及钨极氩弧焊设备、工机具、夹具及周边环境的安全检查	(1) 方法：讲授法、演示法 (2) 重点与难点：焊接参数确认与调节	2
		1-3-2 能进行管径ϕ≥168 mm高合金马氏体钢管的焊件清理、组对及定位	(1) 焊件清理 (2) 焊件组对 (3) 焊件定位焊		2) 材料的准备 ①焊件的准备 ②焊接材料的准备		
					3) 焊接参数确认与调节		
					4) 焊前清理 ①清理范围 ②清理方法		
		1-3-3 能根据焊接工艺文件进行管径ϕ ≥ 168 mm高合金马氏体钢管的焊前预热	(1) 马氏体钢管焊前预热	(2) 组对、焊接	1) 充氩保护及预热	(1) 方法：讲授法、演示法、实训法 (2) 重点与难点：预热及焊接操作	16
					2) 组对、定位焊		
					3) 焊接 ①打底层的焊接 ②填充层的焊接 ③盖面层的焊接		
		1-3-4 能根据焊接工艺文件要求控制层间温度，通过调整运条手法和焊接速度实现多层、多道焊接	(1) 层间温度控制 (2) 多层、多道焊接		4) 焊后清理 ①清理要求 ②清理内容		
		1-3-5 能根据焊接工艺文件要求进行后热与焊后热处理，对焊缝外观质量进行自检	(1) 焊接后热与焊后热处理 (2) 高合金马氏体钢管焊接常见表面缺陷识别及其预防 (3) 焊缝外观质量检查	(3) 焊缝外观质量检查	1) 高合金马氏体钢管的后热与焊后热处理工艺	(1) 方法：讲授法、讨论法 (2) 重点与难点：焊缝外观质量检查方法	2
					2) 焊缝外观质量检查 ①检查项目 ②检验工具 ③检查方法		

续表

2.1.6 高级技师职业技能培训要求				2.2.6 高级技师职业技能培训课程规范			
职业功能模块（模块）	培训内容（课组）	技能目标	培训细目	学习单元	课程内容	培训建议	课堂学时
1. 焊接问题的解决	1–4 铝及其他有色金属合金薄管或薄板材料制成组合结构件的焊接	1–4–1 能识读结构件的装配图和零件图	（1）结构件装配图识读 （2）结构件零件图识读	（1）结构件装配图和零件图的识读	1）结构件的零件图识读	（1）方法：讲授法 （2）重点与难点：结构件的装配图和零件图识读	2
					2）结构件的装配图识读		
		1–4–2 能对铝及其他有色金属合金薄管或薄板组合结构件进行清理、坡口制备、组对、固定和定位焊	（1）焊件清理与坡口制备 （2）焊件组对 （3）结构件定位焊	（2）焊前准备	1）钨极氩弧焊设备、工机具、夹具及周边环境的安全检查	（1）方法：讲授法、实物示教法 （2）重点与难点：工机具的安全检查	2
					2）材料的准备 ①焊件的准备 ②焊接材料的准备		
					3）焊件的清理 ①清理范围 ②清理方法		
		1–4–3 能采取工艺措施降低焊接变形和焊接残余应力，改善焊接接头的性能，完成结构件的焊接	（1）结构件焊接	（3）组对、焊接	1）组对、定位焊	（1）方法：讲授法、演示法、实训法 （2）重点：结构件的焊接 （3）难点：结构件焊接变形的控制	12
					2）焊接		
					3）焊后清理 ①清理要求 ②清理内容		
		1–4–4 能根据焊接工艺文件对焊缝外观质量进行自检	（1）铝及其他有色金属组合结构件焊接常见表面缺陷识别及其预防 （2）焊缝外观质量检查	（4）焊缝外观质量检查	1）焊缝外观质量检查 ①检查项目 ②检验工具 ③检查方法	（1）方法：讲授法、演示法、实训法 （2）重点与难点：焊缝外观质量检查方法	2

续表

<table>
<tr><th colspan="4">2.1.6 高级技师职业技能培训要求</th><th colspan="4">2.2.6 高级技师职业技能培训课程规范</th></tr>
<tr><th>职业功能模块（模块）</th><th>培训内容（课组）</th><th>技能目标</th><th>培训细目</th><th>学习单元</th><th>课程内容</th><th>培训建议</th><th>课堂学时</th></tr>
<tr><td rowspan="18">1. 焊接问题的解决</td><td rowspan="18">1-5 机器人焊接新工艺与问题解决</td><td rowspan="5">1-5-1 能进行低碳钢板机器人激光焊的编程及焊接</td><td rowspan="5">（1）机器人激光焊编程、仿真及焊接</td><td rowspan="5">（1）低碳钢板机器人激光焊</td><td>1）机器人激光焊原理、特点及应用</td><td rowspan="5">（1）方法：讲授法、演示法、实训法
（2）重点与难点：机器人激光焊焊接工艺</td><td rowspan="5">10</td></tr>
<tr><td>2）机器人激光焊示教、离线编程</td></tr>
<tr><td>3）机器人激光焊模拟仿真</td></tr>
<tr><td>4）机器人激光焊组对、焊接</td></tr>
<tr><td>5）机器人激光焊焊缝外观质量检查</td></tr>
<tr><td rowspan="5">1-5-2 能进行铝合金机器人搅拌摩擦焊的编程及焊接</td><td rowspan="5">（1）机器人搅拌摩擦焊编程、仿真及焊接</td><td rowspan="5">（2）铝合金机器人搅拌摩擦焊</td><td>1）机器人搅拌摩擦焊原理、特点及应用</td><td rowspan="5">（1）方法：讲授法、演示法、实训法
（2）重点与难点：机器人搅拌摩擦焊焊接工艺</td><td rowspan="5">10</td></tr>
<tr><td>2）机器人搅拌摩擦焊示教、离线编程</td></tr>
<tr><td>3）机器人搅拌摩擦焊模拟仿真</td></tr>
<tr><td>4）机器人搅拌摩擦焊组对、焊接</td></tr>
<tr><td>5）机器人搅拌摩擦焊焊缝外观质量检查</td></tr>
<tr><td rowspan="2">1-5-3 能解决不规则工件、难焊结构的机器人焊接工艺问题</td><td rowspan="2">（1）不规则工件、难焊结构编程及焊接</td><td rowspan="8">（3）机器人焊接工艺问题解决</td><td>1）不规则工件焊接机器人编程</td><td rowspan="8">（1）方法：讲授法、演示法、实训法
（2）重点与难点：焊接机器人系统故障的分析和解决</td><td rowspan="8">10</td></tr>
<tr><td>2）空间狭窄、可达性差的结构编程及焊接</td></tr>
<tr><td rowspan="6">1-5-4 能解决焊接机器人系统故障及生产问题</td><td rowspan="3">（1）焊接机器人工作站工艺调试</td><td rowspan="3">3）机器人工作站焊接工艺调试</td></tr>
<tr></tr>
<tr></tr>
<tr><td rowspan="3">（2）机器人系统故障解决</td><td rowspan="3">4）焊接机器人系统故障分析与解决</td></tr>
<tr></tr>
<tr></tr>
</table>

续表

<table>
<tr><td colspan="4">2.1.6 高级技师职业技能培训要求</td><td colspan="4">2.2.6 高级技师职业技能培训课程规范</td></tr>
<tr><td>职业功能模块（模块）</td><td>培训内容（课组）</td><td>技能目标</td><td>培训细目</td><td>学习单元</td><td>课程内容</td><td>培训建议</td><td>课堂学时</td></tr>
<tr><td rowspan="12">2. 焊接生产</td><td rowspan="12">2-1 焊接设备调试</td><td rowspan="3">2-1-1 能进行焊条电弧焊机调试</td><td rowspan="3">（1）焊机性能参数调试
（2）焊机操作调试
（3）焊机工艺调试</td><td rowspan="3">（1）焊条电弧焊机调试</td><td>1）焊机性能参数调试</td><td rowspan="3">（1）方法：讲授法
（2）重点与难点：焊机操作调试</td><td rowspan="3">2</td></tr>
<tr><td>2）焊机操作调试</td></tr>
<tr><td>3）焊机工艺调试</td></tr>
<tr><td rowspan="3">2-1-2 能进行埋弧焊机调试</td><td rowspan="3">（1）焊机性能参数调试
（2）焊机操作调试
（3）焊机工艺调试</td><td rowspan="3">（2）埋弧焊机调试</td><td>1）焊机性能参数调试</td><td rowspan="3">（1）方法：讲授法、演示法
（2）重点与难点：焊机操作调试</td><td rowspan="3">2</td></tr>
<tr><td>2）焊机操作调试
①引弧试验
②收弧、填弧坑调试
③电弧长度控制调试</td></tr>
<tr><td>3）焊机工艺调试</td></tr>
<tr><td rowspan="3">2-1-3 能进行钨极氩弧焊机调试</td><td rowspan="3">（1）焊机性能参数调试
（2）焊机操作调试
（3）焊机工艺调试</td><td rowspan="3">（3）钨极氩弧焊机调试</td><td>1）焊机性能参数调试</td><td rowspan="3">（1）方法：讲授法、演示法
（2）重点与难点：焊机操作调试</td><td rowspan="3">2</td></tr>
<tr><td>2）焊机操作调试
①供气系统的调试
②焊枪使用检查</td></tr>
<tr><td>3）焊机工艺调试</td></tr>
<tr><td rowspan="3">2-1-4 能进行二氧化碳气体保护焊焊机调试</td><td rowspan="3">（1）焊机性能参数调试
（2）焊机操作调试
（3）焊机工艺调试</td><td rowspan="3">（4）二氧化碳气体保护焊焊机调试</td><td>1）焊机性能参数调试</td><td rowspan="3">（1）方法：讲授法、演示法
（2）重点与难点：焊机操作调试</td><td rowspan="3">2</td></tr>
<tr><td>2）焊机操作调试
①送丝系统的调试
②气路调试
③焊枪使用检查</td></tr>
<tr><td>3）焊机工艺调试</td></tr>
</table>

续表

2.1.6 高级技师职业技能培训要求				2.2.6 高级技师职业技能培训课程规范			
职业功能模块（模块）	培训内容（课组）	技能目标	培训细目	学习单元	课程内容	培训建议	课堂学时
2. 焊接生产	2-2 技术创新	2-2-1 能进行工装夹具的改进	(1) 工装夹具改进	(1) 工装夹具设计	1) 机械设计基础知识 ①机器的组成、机械零件和部件 ②机械设计的主要内容和一般程序	(1) 方法：讲授法、讨论法 (2) 重点与难点：工装夹具的改进方案	8
					2) 工装夹具结构和组成 ①工装夹具的结构及作用 ②工件的定位		
					3) 工装夹具结构的设计 ①工装夹具的设计原则 ②工装夹具与生产工艺的关系 ③焊接工装夹具改进设计方案的制定		
	2-3 结构焊接	2-3-1 能解决焊接结构生产中的焊接问题	(1) 复杂焊接结构生产	(1) 焊接结构件的生产	1) 焊接结构生产的一般工艺流程 ①生产准备 ②备料加工 ③装配与焊接 ④质量检验	(1) 方法：讲授法、实训法 (2) 重点与难点：焊接结构的工艺分析	6
					2) 典型焊接结构生产的工艺流程 ①桁架的焊接工艺流程 ②压力容器的焊接工艺流程		
					3) 复杂焊接结构的生产 ①焊接结构的工艺审查 ②焊接结构的工艺分析		

续表

<table>
<tr><th colspan="4">2.1.6 高级技师职业技能培训要求</th><th colspan="4">2.2.6 高级技师职业技能培训课程规范</th></tr>
<tr><th>职业功能模块（模块）</th><th>培训内容（课组）</th><th>技能目标</th><th>培训细目</th><th>学习单元</th><th>课程内容</th><th>培训建议</th><th>课堂学时</th></tr>
<tr><td rowspan="6">2. 焊接生产</td><td rowspan="6">2-4 焊接生产安全管理</td><td rowspan="3">2-4-1 能根据焊接安全操作规程进行安全生产</td><td rowspan="3">（1）焊接安全生产影响因素
（2）焊接安全法规和标准
（3）特殊焊接安全技术</td><td rowspan="3">（1）焊接安全操作规程的构成</td><td>1）焊接生产的危害因素和有害因素
①焊接安全生产的意义和方法
②焊接生产的危害因素和有害因素
③焊接车间的主要危险源及危害</td><td rowspan="3">（1）方法：讲授法
（2）重点与难点：特殊焊接安全技术</td><td rowspan="3">4</td></tr>
<tr><td>2）与焊接安全卫生相关的法规和标准
①相关的法规和标准
②工程技术和管理人员对焊接安全生产工作的职责</td></tr>
<tr><td>3）特殊焊接安全技术</td></tr>
<tr><td rowspan="3">2-4-2 能对焊工进行安全生产指导</td><td rowspan="3">（1）焊工车间安全生产注意事项及三级安全培训</td><td rowspan="3">（2）安全生产指导</td><td>1）焊工车间安全生产注意事项</td><td rowspan="3">（1）方法：讲授法
（2）重点与难点：安全生产注意事项及三级安全培训</td><td rowspan="3">4</td></tr>
<tr><td>2）三级安全培训</td></tr>
<tr><td>3）案例分析
①安全操作规程
②安全生产事故案例分析</td></tr>
<tr><td rowspan="3">3. 焊接技术管理</td><td rowspan="3">3-1 焊接接头静载强度计算</td><td rowspan="3">3-1-1 能进行焊接接头静载强度计算</td><td rowspan="3">（1）焊接接头静载强度计算</td><td rowspan="3">（1）焊接接头的静载强度计算</td><td>1）假设</td><td rowspan="3">（1）方法：讲授法、练习法
（2）重点与难点：对接接头静载强度计算</td><td rowspan="3">4</td></tr>
<tr><td>2）许用应力</td></tr>
<tr><td>3）接头静载强度计算
①对接接头
②T 形接头
③搭接接头</td></tr>
</table>

续表

<table>
<tr><th colspan="4">2.1.6 高级技师职业技能培训要求</th><th colspan="4">2.2.6 高级技师职业技能培训课程规范</th></tr>
<tr><th>职业功能模块（模块）</th><th>培训内容（课组）</th><th>技能目标</th><th>培训细目</th><th>学习单元</th><th>课程内容</th><th>培训建议</th><th>课堂学时</th></tr>
<tr><td rowspan="7">3. 焊接技术管理</td><td rowspan="7">3-2 施工过程管理</td><td rowspan="3">3-2-1 能在施工中进行焊接技术指导和监督</td><td rowspan="3">（1）焊接技术指导与监督</td><td rowspan="3">（1）焊接技术指导和监督</td><td>1）工程管理程序基本知识</td><td rowspan="3">（1）方法：讲授法
（2）重点与难点：焊接组织结构和制度的建立</td><td rowspan="3">2</td></tr>
<tr><td>2）焊接组织结构和制度的建立</td></tr>
<tr><td>3）技术责任制</td></tr>
<tr><td rowspan="4">3-2-2 能按照工程管理程序开展工作</td><td rowspan="4">（1）工程管理</td><td rowspan="4">（2）工程管理</td><td>1）现场检查</td><td rowspan="4">（1）方法：讲授法
（2）重难点：现场管理</td><td rowspan="4">2</td></tr>
<tr><td>2）焊接记录和资料</td></tr>
<tr><td>3）指导
4）配合</td></tr>
<tr><td>5）现场管理
①技术指导和监督
②现场监督
③安全检查和特种检查</td></tr>
<tr><td rowspan="9">4. 焊接质量控制</td><td rowspan="3">4-1 质量检查</td><td rowspan="3">4-1-1 能根据验收标准进行焊接结构的质量检验</td><td rowspan="3">（1）典型焊接结构及工程质量验收</td><td rowspan="2">（1）焊接结构及工程质量验收标准</td><td>1）焊接结构质量验收标准
①焊接结构的焊后质量检查
②焊工自检、交接检</td><td rowspan="2">（1）方法：讲授法
（2）重点与难点：焊接结构及工程质量验收标准</td><td rowspan="2">2</td></tr>
<tr><td>2）工程质量验收标准</td></tr>
<tr><td>（2）典型焊接结构及工程焊后质量的验收</td><td>1）典型焊接结构及工程质量的验收
①钢结构质量验收
②锅炉质量验收
③压力容器质量验收
④压力管道质量验收</td><td>（1）方法：讲授法、讨论法
（2）重点与难点：典型焊接结构焊后质量验收</td><td>4</td></tr>
<tr><td rowspan="6">4-2 质量管理</td><td rowspan="3">4-2-1 能使用质量管理方法进行质量分析并提出解决质量问题的方法</td><td rowspan="3">（1）焊接质量分析
（2）焊接质量改进</td><td rowspan="3">（1）焊接质量分析与改进</td><td>1）质量管理内容</td><td rowspan="3">（1）方法：讲授法、讨论法
（2）重点与难点：质量分析方法的应用</td><td rowspan="3">6</td></tr>
<tr><td>2）质量分析方法</td></tr>
<tr><td>3）现场质量管理和改进</td></tr>
<tr><td rowspan="3">4-2-2 能根据质量管理体系要求指导焊接生产</td><td rowspan="3">（1）焊接质量管理</td><td rowspan="3">（2）焊接质量管理</td><td>1）质量管理体系</td><td rowspan="3">（1）方法：讲授法
（2）重点与难点：质量管理体系</td><td rowspan="3">2</td></tr>
<tr><td>2）焊接质量管理保证体系</td></tr>
<tr><td>3）焊接质量管理体系的执行</td></tr>
</table>

续表

2.1.6 高级技师职业技能培训要求				2.2.6 高级技师职业技能培训课程规范			
职业功能模块（模块）	培训内容（课组）	技能目标	培训细目	学习单元	课程内容	培训建议	课堂学时
5. 培训与指导	5-1 焊工培训	5-1-1 能编制高级工和技师培训教案	(1) 培训教案编写	(1) 焊工培训与指导	1) 国际焊接培训与资格认证	(1) 方法：讲授法、练习法 (2) 重点与难点：培训教案编写	6
					2) 培训教案编写 ①编写要求 ②编写方法		
		5-1-2 能利用教学仪器向高级工和技师讲解技能操作要领	(1) 技能操作要领讲解		3) 常用教学仪器及使用方法		
	5-2 指导	5-2-1 能对高级工和技师进行焊接作业指导	(1) 焊接作业指导		4) 教学组织和实施		
课堂学时合计 焊接问题的解决 / 焊接生产 / 焊接技术管理 / 焊接质量控制 / 培训与指导							102/30/8/14/6